程序设计基础（C语言）

主　编　孔繁之
副主编　滕剑锋　王玉锋　王　猛　孔　英

科学出版社

北　京

内 容 简 介

本书是按照教育部关于应用型大学计算机课程的基本要求，根据作者多年的实际教学经验，结合当前编程技术发展状况而编写的，是一本介绍程序设计基础知识和应用的普及教材。本书内容翔实，图文并茂，将理论介绍与上机实践紧密结合，重点放在对基础知识和基本操作技能的培养上。本书分为基础篇、进阶篇、考试篇和实验篇四篇，主要包括程序设计概述，数据类型、运算符和表达式，顺序结构，选择结构，循环结构，数组，函数，编译预处理，地址和指针，字符型数据与字符串，结构体、共用体和用户定义类型，位运算，文件，数据结构与算法，软件工程基础，数据库基础，全国计算机等级考试二级 C 考试大纲，以及 10 个实验。

本书适合高等院校、高职高专非计算机类专业"程序设计基础"课程的教学，可作为计算机专业程序设计课程的教材或参考书，也可作为计算机等级考试二级 C 的考试指导用书，也可用于国家公务员和社会人员 C 语言培训。

图书在版编目(CIP)数据

程序设计基础：C 语言/孔繁之主编. —北京: 科学出版社, 2013
ISBN 978-7-03-036894-2

Ⅰ. ①程… Ⅱ. ①孔… Ⅲ. ① C 语言–程序设计–教材 Ⅳ. ①TP312

中国版本图书馆 CIP 数据核字 (2013) 第 040674 号

责任编辑：石 悦／责任校对：鲁 京
责任印制：赵 博／封面设计：华路天然设计工作室

科学出版社 出版
北京东黄城根北街 16 号
邮政编码：100717
http://www.sciencep.com
三河市骏杰印刷有限公司印刷
科学出版社发行 各地新华书店经销

2013 年 3 月第 一 版 开本：787×1092 1/16
2015 年 8 月第四次印刷 印张：20 3/4
字数：517 000
定价：39.00元
(如有印装质量问题，我社负责调换)

本书编委会

主　编　孔繁之

副主编　滕剑锋　　王玉锋　　王　猛　　孔　英

编　委　（按姓氏笔画排序）

王玉锋　　王忠华　　王胜川　　王　猛　　孔　英

孔繁之　　厉　群　　邢　丹　　乔　静　　任宪东

刘二林　　李庆玲　　张　明　　屈志强　　胡珊珊

姚　青　　姚俊明　　倪　燕　　徐　琦　　曹　灿

滕剑锋　　魏国辉

前　言

随着数字技术、信息技术的飞速发展，我们的生活变了，工作环境也变了，作为当代大学生，不仅要掌握专业技术知识、具备专业能力，还要具备较高的信息素养。

为有助于学生信息技术能力的提高与信息素养的培养，有利于高等院校学生达到各种专业认证水平，根据教育部高等学校计算机基础课程教学指导委员会编写的《高等学校医药类计算机基础课程教学基本要求与实施方案》，各医学院校各专业相继开设了《程序设计基础》课程。本书以 C 语言作为学习程序设计的语言，讲授计算机程序设计的基础知识，并积极探索了如何将程序设计理论与全国计算机等级考试（NCRE）二级 C 考试（以下简称 NCRE2C）、实验教学内容密切结合。

本书作为教材，适合非计算机类专业的初学者，每一个知识点的讲解都深入浅出、循序渐进，力争用最少的语言把问题讲明白、讲透彻。由于受讲授学时的限制，本书对一些内容做了适当删减，并增加实训与等级考试内容。作者在以下三个方面力求形成特色。

首先，理论与应用并重。以教育部关于应用型大学计算机课程培养要求为准则，以项目教学法为指导，以培养学生创造能力与实际动手能力为目的，以解决实际问题为主题，精心编排了程序设计基础篇与进阶篇理论内容，凝练了广泛涉及的软件工程、数据库等内容，独立设计了 10 个实验项目，还收集整理了部分 NCRE2C 真题。

其次，全面与精炼同在。从内容上看，本书涵盖了程序设计基础理论、C 语言、软件工程、数据库等内容，还包含实验设计、NCRE2C 指导等，内容全面，但是在叙述上简洁明了，把复杂的问题简单化，深入浅出，通俗易懂，而且内容取舍得当，删繁就简，适合非计算机专业学生学习并可作为等级考试参考用书。

再次，系统与特色兼具。本书的结构是篇、章、节体系结构，层次分明，在内容组织方面，力求做到系统、准确、完整和实用。每章节的内容叙述清楚，思路清晰，主线明确，适合不同学校、不同专业、不同学时的读者，典型例题结合趣味化的问题，既强化知识点、算法、编程方法与技巧，又能激发学习兴趣。

本书可供高等学校临床医学、护理学、口腔医学、精神医学、公共卫生、法医学、生物技术、市场营销、公共卫生事业管理、药学、药物制剂等专业的本专科学生使用，也可供高校教师参考使用。

本书具体编写分工如下：王玉锋（第 1 章，第 13 章），邢丹与姚俊明（第 2 章，第 10 章 10.1 节），孔英与李庆玲（第 3 章），徐琦（第 4 章），滕剑锋（第 5 章），王猛（第 6 章，第 10 章 10.2、10.3、10.5、10.6 节，第 11 章 11.3 节），屈志强与乔静（第 7 章），魏国辉（第 8 章），姚青（第 9 章 9.1、9.2、9.3 节，第 10 章 10.4 节），曹灿（第 9 章 9.4、9.5、9.6、9.7 节），倪燕（第 11 章 11.1、11.2 节），王忠华（第 12 章），厉群（第 14 章，第 15 章），胡珊珊（第 16 章，实验 3，实验 4），王胜川（实验 1，实验 2），张明（实验

5，实验 6，实验 7），任宪东（第 17 章，实验 8），刘二林（实验 9，实验 10）。全书由孔繁之教授负责统稿，滕剑锋协助做了大量工作，曲阜师范大学高仲合教授负责审阅。

本书的编写和出版得到了济宁医学院领导与教务处的大力支持，得到了国家级教学名师司传平教授的指点，得到了兄弟院校的领导、学者和同仁的支持与肯定，得到了科学出版社的领导与编辑倾心关注与辛勤付出，在此表示衷心感谢！

由于作者水平有限，书中难免有不足之处，恳请专家与同行赐教。

孔繁之

2012 年 12 月

目　录

第二篇 进 阶 篇

第三篇 考 试 篇

第四篇 实 验 篇

第一篇 基 础 篇

第 1 章 概 述

随着计算机技术的发展，程序设计语言（Programming Language）（即用于书写计算机程序的语言）经历了机器语言、汇编语言、高级语言等发展阶段。早期的高级语言（如ALGOL60、FORTRAN、COBOL 等）开创了最初的软件业，但这些语言的数据类型单调，程序设计主要依赖于程序设计人员的个人技巧，缺乏规范化的设计方法，因此当程序规模较大时，其复杂性和可靠性就变得难以控制。到了 20 世纪 70 年代，结构化程序设计（Structured Programming）兴起，其概念最早由迪杰斯特拉（E.W.Dijikstra）在 1965 年提出，它是软件发展的一个重要的里程碑。它的主要观点是采用自顶向下、逐步求精及模块化的程序设计方法；使用 3 种基本控制结构构造程序，任何程序都可由顺序、选择、循环 3 种基本控制结构构造。结构化程序设计主要强调程序的模块化、易读性。C 程序设计语言就是这种结构化程序设计语言的杰出代表之一。在深入学习 C 程序设计语言之前，本章将简要介绍一些程序设计的基本概念和 C 程序设计的基础知识。

1.1 程序与程序设计语言

1.1.1 程序与程序设计

程序是对所要解决问题的各个对象和处理规则的描述，或者说是为了解决某一问题而设计的一系列计算机所能识别的指令。

程序设计语言是规定如何生成可被计算机处理和执行的指令的一系列语法规则。

程序设计是一个使用程序设计语言产生一系列的指令，告诉计算机该做什么的过程。程序设计人员（简称程序员）的工作就是用程序设计语言生成一系列可以被计算机接收和执行的指令，完成各种制定的任务。

程序设计的过程一般由 4 个步骤组成。

（1）分析问题。在着手解决问题之前，应该通过分析充分理解问题，明确原始数据、解题要求、需要输出的数据及形式等。

（2）设计算法。算法（Algorithm）是一步一步的解题过程。首先集中于算法的总体规划，然后逐层降低问题的抽象性，逐步充实细节，直到最终把抽象的问题具体化成可用程序语句表达的算法。这是一个自上而下、逐步细化的过程。

（3）编码。利用程序设计语言表示算法的过程称为编码。程序是一个用程序设计语言通过编码实现的算法。

（4）调试程序。调试程序包括编译和连接等操作。编译程序对程序员编写的源程序进行语法检查，程序员根据编译过程中的错误提示信息，查找并改正源程序中的错误后再重新编译，直到没有语法错误为止，编译程序将源程序转换为目标程序。大多数程序设计语言往往还要使用连接程序把目标程序与系统提供的库文件进行连接以得到最终的可执行文件。对于经过成功编译和连接，并最终顺利运行结束的程序，程序员还要对程序执行的结果进行分析，只有得到正确结果的程序才是正确的程序。

1.1.2　指令与指令系统

指令（Instruction）是指计算机完成某个基本操作的命令。指令能被计算机硬件理解并执行。一条指令就是计算机机器语言的一条语句，是程序设计的最小语言单位。

一条计算机指令是用一串二进制代码表示的，它用来规定计算机执行什么操作以及操作对象所在的位置。它通常包括两方面的信息：操作码和地址码。操作码用来表征该指令的操作特性和功能，即指出进行什么操作，如加法、减法、乘法、除法、取数、存数等各种基本操作；地址码指出参与操作的数据在存储器中的地址。一般情况下，参与操作的源数据或操作后的结果数据都在存储器中，通过地址可访问该地址中的内容，即得到操作数。

一台计算机所能执行的全部指令的集合，称为这台计算机的指令系统（Instruction System），它描述了计算机内全部的控制信息和"逻辑判断"能力。指令系统比较充分地说明了计算机对数据进行处理的能力。不同种类的计算机，其指令系统的指令数目与格式也不同。一般均包含算术运算型、逻辑运算型、数据传送型、判定和控制型、输入和输出型等指令。指令系统是表征一台计算机性能的重要因素，它的格式与功能不仅直接影响到机器的硬件结构，也直接影响到系统软件，影响到机器的适用范围。指令系统越丰富完备，编制程序就越方便灵活。

我们所使用的计算机都是基于数学家冯·诺依曼（Von Neumann）提出的"存储程序控制"原理进行工作的。简单地说，计算机执行程序，就是由 CPU（Central Processing Unit）不断地从存储器中取一条指令，分析指令，然后执行指令，再取指令，分析，再执行，如此反复，直到程序执行完毕。总之，程序就是由一连串的指令及与此相关的数据（原始数据、中间结果和最后结果）组成，指令和数据都存放在存储器中，计算机运行程序的过程就是一条一条执行指令的过程。

1.1.3　算法及其表示

1. 算法的定义

设计程序的目的就是要利用计算机帮助完成某项工作。为此，程序设计需要解决两个核心问题："做什么"和"如何做"。"做什么"，即确定程序的功能；"如何做"　就是要针对具体问题设计算法。

在生活中完成任何工作都需要一定的步骤。例如，要做一道菜，首先要准备原材料，然后开火烹炒，最后出锅装盘。在编写程序的过程中，同样需要为求解问题设计一个合理的步骤，这就是算法。

广义地说，为解决一个问题而采取的方法和步骤，都称为算法。一个算法应当具有以下 5 个特性。

（1）有穷性。算法中执行的步骤总是有限次数的，不能无休止地执行下去，并且每一步都在合理的时间内完成。

（2）确定性。算法中的每一步操作的内容和顺序必须含义确切，不能有二义性，对于相同的输入必能得出相同的执行结果。

（3）可行性。算法中的每一步操作都必须是可执行的，也就是说算法中的每一步都能通过手工和机器在有限的时间内完成。

（4）有零个或多个输入。在计算机上实现的算法是处理数据对象的，在大多数情况下这些数据对象需要通过输入得到。

（5）有一个或多个输出。算法的目的是求解，这些"解"就是要输出的内容。

2. 算法的表示

一个设计好的算法需要一种语言描述。算法的基本特性，特别是确定性，要求有一种精确的、无歧义的描述语言对算法进行描述。因此，一个好的算法表达工具无论对算法的设计、描述、实现、程序的维护都是必不可少的。目前，常用的算法表达工具有自然语言、伪代码语言、流程图、N-S 图、PAD 等。

例如：已知 3 个数 a，b，c，求 3 个数中最大值并输出。

1）用自然语言表达

所谓"自然语言"指的是日常生活中使用的语言。如汉语、英语或数学语言。那么，例题算法可描述如下。

S1：先比较 a 和 b 的大小。

S2：把较大的数赋值给 a。

S3：比较 a 和 c 的大小。

S4：把较大的数赋值给 a。

S5：输出 a。

2）用传统流程图描述算法

流程图是用各种几何图形、流程线及文字说明描述计算过程的框图，如图 1-1 所示。

流程图符号	含义
▱	数据输入/输出框，表示数据的输入和输出
▭	处理框，描述基本的操作功能，如"赋值"操作、数学运算等
◇	两分支判断框，根据框中给定的条件是否满足，选择两条执行路径中的一条
⬭	开始/结束框，表示算法的开始与结束
○	连接符，连接流程图中不同地方的流程线
↓ →	流程线，表示流程的路径和方向
条件 1 2 … n	多分支判断框，根据框中的"条件值"，选择执行多条路径中的一条
▭	注释框，框中内容是对某部分流程图的解释说明

图 1-1　流程图符号

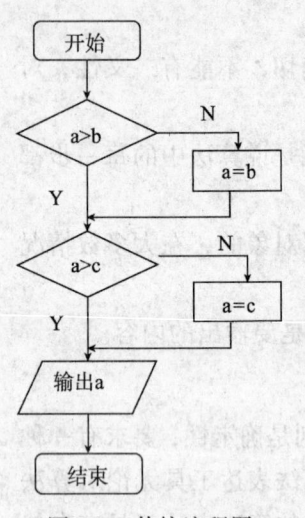

图 1-2 传统流程图

美国国家标准协会（American National Standards Institute，ANSI）规定了一些常用的流程图符号，已被世界各国程序工作者普遍采用。

该实例用传统流程图表示，如图 1-2 所示。

3）用 N-S 结构化流程图表示

N-S 流程图的名称取自其提出者 Nassi 和 Shneiderman 两人名字首字母。与传统流程图相比，它去掉了控制流线和箭头，更加简化。

该实例用 N-S 流程图表示，如图 1-3 所示。

4）用伪代码表示

伪代码是一种介于自然语言与计算机语言之间的算法描述方法。它结构性强，容易书写、理解和修改。伪代码没有统一的标准。用它表示算法并无严格的语法规则，只要把意思表达清楚，书写格式清晰易读即可。该实例可描述如下：

```
if (a>b)
else a=b
if (a>c)
else a=c
print c
```

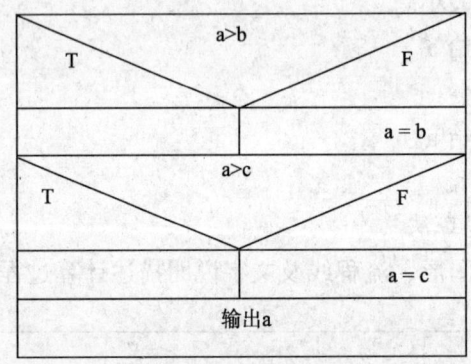

图 1-3 N-S 流程图

1.1.4 结构化程序设计和模块化结构

1. 结构化程序

结构化程序设计强调程序设计风格和结构的规范化，提倡清晰的结构。其基本思路是把一个复杂问题的求解过程分阶段进行，每个阶段处理的问题都控制在人们容易理解和处理的范围内。具体说就是自顶向下，逐步求精（细化），模块化设计，结构化编码。

任何复杂的程序都可以由顺序结构、选择结构和循环结构 3 种基本结构组成。在构造算法时，也仅以这 3 种结构作为基本单元，同时规定基本结构之间可以并列和互相包含，不允许交叉和从一个结构直接转到另一个结构的内部，这种方法就是结构化方法，遵循这种方法的程序设计，就是结构化程序设计。结构化程序的 3 种基本结构如下：

（1）顺序结构。当执行由这些语句构成的程序时，将按这些语句在程序中的先后顺序逐条执行，没有分支，没有转移。顺序结构可用如图 1-4 所示的流程图表示。

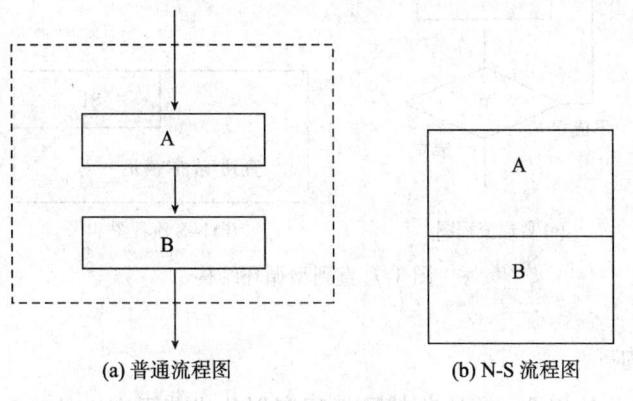

(a) 普通流程图　　　　　　　(b) N-S 流程图

图 1-4　顺序结构

（2）选择结构。当执行到这些语句时，将根据不同的条件执行不同分支中的语句。选择结构可用如图 1-5 所示的流程图表示。

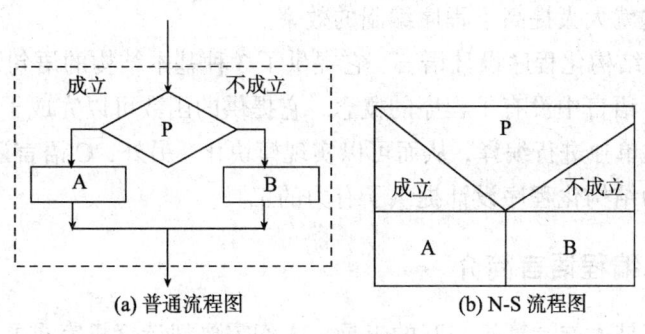

(a) 普通流程图　　　　　　　(b) N-S 流程图

图 1-5　选择结构

（3）循环结构。当执行到这些语句时，将根据条件，使同一组语句重复执行多次或一次也不执行。循环结构可用如图 1-6、图 1-7 所示的流程图表示。

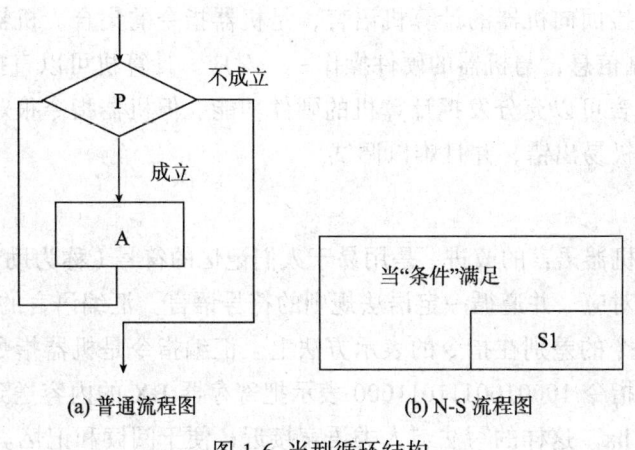

(a) 普通流程图　　　　　　　(b) N-S 流程图

图 1-6　当型循环结构

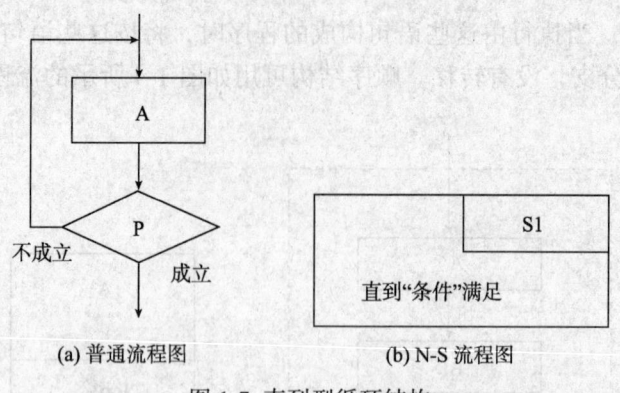

(a) 普通流程图   (b) N-S 流程图

图 1-7 直到型循环结构

2. 模块化结构

模块是程序对象的集合，模块化就是把程序划分成若干个模块，每个模块完成一个确定的子功能，把这些模块集中起来组成一个整体，就可以完成对问题的求解。

由于把一个大程序分解成若干相对独立的子程序，对程序设计人员编写程序代码不再困难。这时只需对程序之间的数据传递做出统一规范，同一程序可由一组人员同时编写，分别进行调试，这就大大提高了程序编制的效率。

C 语言是一种结构化程序设计语言，它提供了 3 种基本结构的语句，提供了定义"函数"的功能。在 C 语言中没有子程序的概念，它提供的函数可以完成子程序的所有功能，C 语言允许对函数单独进行编译，从而可以实现模块化。另外，C 语言还提供了丰富的数据类型。这些都为结构化程序设计提供了有力的工具。

1.1.5 常见编程语言简介

程序设计语言是人与计算机交互的工具，人们需要把计算机完成的工作告诉计算机，就需要使用程序设计语言编写程序，让计算机执行以完成相应的工作。随着计算机技术的发展，程序设计语言经历了机器语言、汇编语言和高级程序设计语言等阶段。

1. 机器语言

机器语言是直接面向机器的计算机语言，是机器指令的集合。机器指令代码是由 0 和 1 构成的二进制信息，与机器的硬件操作一一对应。计算机可以直接识别、执行机器代码，使用机器语言可以充分发挥计算机的硬件功能。但机器指令很难记忆，直接使用机器语言编制程序极易出错，并且难以调试。

2. 汇编语言

汇编语言是对机器语言的改进，是用易于人们记忆的符号（称为助记符）书写，与机器指令基本上一一对应，并遵循一定语法规则的符号语言。汇编语言的主体是汇编指令。汇编指令和机器指令的差别在指令的表示方法上。汇编指令是机器指令便于记忆的书写格式。例如，机器指令 1000100111011000 表示把寄存器 BX 的内容送到 AX 中。汇编指令则写成 mov ax, bx。这样的写法与人类语言接近，便于阅读和记忆。

3. FORTRAN 语言

FORTRAN 语言是世界上第一个被正式推广使用的高级语言。它于 1954 年被提出，1956 年开始正式使用。作为数值计算领域所使用的主要语言，至今仍历久不衰。

FORTRAN 是 Formula Translation 的缩写，意为"公式翻译"。它是为科学、工程问题或企事业管理中的那些能够用数学公式表达的问题而设计的，其数值计算的功能较强。

4. Pascal 语言

Pascal 是一种计算机通用的高级程序设计语言。Pascal 的取名是为了纪念 17 世纪法国著名哲学家和数学家 Blaise Pascal。它由瑞士 Niklaus Wirth 教授于 20 世纪 60 年代末设计并创立。其主要特点有：严格的结构化形式，丰富完备的数据类型，运行效率高，查错能力强，程序易写，具有很强的可读性，是第一个结构化的编程语言。正因为上述特点，Pascal 语言可以方便地用于描述各种算法与数据结构。尤其是对于程序设计的初学者，Pascal 语言有益于培养良好的程序设计风格和习惯。

5. Basic 语言

Basic（Beginner's All-Purpose Symbolic Instruction Code），就名称的含义来看，是"适用于初学者的多功能符号指令码"，是由 Dartmouth 学院 John G. Kemeny 与 Thomas E. Kurtz 两位教授于 20 世纪 60 年代中期所创。Basic 是一种交互式高级程序设计语言。该语言简单易学，具有人机对话功能，它的程序便于修改和调试。最初它是为了便于教学而设计的，后广泛用于科学计算和数据处理，是一种在计算机发展史上应用最为广泛的程序语言。

6. C 语言

C 语言作为一种计算机程序设计语言，既具有高级语言的特点，又具有汇编语言的特点。它由美国贝尔实验室的 D.M.Ritchie 于 1972 年推出，1978 年后，C 语言已先后被移植到大、中、小及微型机上，它可以作为工作系统设计语言，编写系统应用程序，也可以作为应用程序设计语言，编写不依赖计算机硬件的应用程序。它的应用范围广泛，具备很强的数据处理能力，不仅在软件开发上，各类科研也都需要用到 C 语言，适于编写系统软件，三维、二维图形和动画，具体应用如单片机以及嵌入式系统开发。

7. C++语言

C++语言是一种优秀的面向对象的程序设计语言，它在 C 语言的基础上发展而来，但它比 C 语言更容易为人们学习和掌握。C++以其独特的语言机制在计算机科学的各个领域中得到了广泛的应用。面向对象的设计思想是在原来结构化程序设计方法基础上的一个质的飞跃，C++完美地体现了面向对象的各种特性。

8. C#语言

C#是一种安全的、稳定的、简单的、优雅的，由 C 和 C++衍生出来的面向对象的编程语言。它在继承 C 和 C++强大功能的同时去掉了一些它们的复杂特性（如没有宏和模板，不允许多重继承）。C#综合了 VB 简单的可视化操作和 C++的高运行效率，以其强大的操作能力、优雅的语法风格、创新的语言特性和便捷的面向组件编程的支持成为.NET 开发的首选语言，并且 C#成为 ECMA（European Computer Manufactures Association，欧洲计算机制造商协会）与 ISO（International Standard Organization，国际标准化组织）的标准规范。C#基于 C++写成，但又融入其他语言如 Pascal、Java、VB 等。

9. Java 语言

Java 是一种可以撰写跨平台应用软件的面向对象的程序设计语言，由 Sun Micro Systems 公司于 1995 年 5 月推出的 Java 程序设计语言和 Java 平台（即 JavaSE, JavaEE, JavaME）的总称。Java 技术具有卓越的通用性、高效性、平台移植性和安全性，广泛应用于个人 PC、数据中心、游戏控制台、科学超级计算机、移动电话和互联网，同时拥有全球最大的开发者专业社群。在全球云计算和移动互联网的产业环境下，Java 更具备了显著优势和广阔前景。

作为编程领域主流的开发语言之一，Java 可以编写嵌入在 Web 网页中运行的 Java Applet 小程序，也可以编写独立运行的 Java Application 应用程序。

1.2 C 程序设计基础

1.2.1 C 语言出现的历史背景

C 语言是国际上广泛流行的计算机高级语言，既可用来编写系统软件，也可用来编写应用软件。C 语言是在 B 语言的基础上发展起来的，它的根源可以追溯到 ALGOL 60。1960 年出现的 ALGOL 60 是一种面向问题的高级语言，它离硬件比较远，不宜用来编写系统程序。1963 年英国的剑桥大学推出了 CPL（Combined Programming Language）语言。CPL 语言在 ALGOL 60 的基础上更接近硬件一些，但规模比较大，难以实现。1967 年，英国剑桥大学的 Matin Richards 对 CPL 语言做了简化，推出了 BCPL（Basic Combined Programming Language）语言。1970 年，美国贝尔实验室的 Ken Thompson 以 BCPL 语言为基础，又做了进一步简化，设计出了很简单的而且很接近硬件的 B 语言（取 BCPL 的第一个字母），并用 B 语言写了第一个 UNIX 操作系统，在 PDP 7 上实现。1971 年在 PDP 11/20 上实现了 B 语言，并写了 UNIX 操作系统。但 B 语言过于简单，功能有限。

1972~1973 年，贝尔实验室的 D.M.Ritchie 在 B 语言的基础上设计出了 C 语言（取 BCPL 的第二个字母）。C 语言既保持了 BCPL 和 B 语言的优点（精练，接近硬件），又克服了它们的缺点（过于简单，数据无类型等）。最初的 C 语言只是为描述和实现 UNIX 操作系统提供一种工作语言而设计的。1973 年，K.Thompson 和 D.M.Ritchie 两人合作把 UNIX 的 90%以上用 C 改写，即 UNIX 第 5 版。原来的 UNIX 操作系统是 1969 年由美国的贝尔实验室的 K.Thompson 和 D.M.Ritchie 开发成功的，是用汇编语言写的。

后来，C 语言作了多次改进，但主要还是在贝尔实验室内部使用。直到 1975 年 UNIX 第 6 版公布后，C 语言的突出优点才引起人们的普遍注意。1977 年出现了不依赖于具体机器的 C 语言编译文本《可移植 C 语言编译程序》，简化了 C 移植到其他机器时所需做的工作，推动了 UNIX 操作系统迅速地在各种机器上实现。例如，VAX、AT&T 等计算机系统都相继开发了 UNIX。随着 UNIX 的日益广泛使用，C 语言也迅速得到推广。C 语言和

UNIX 可以说是一对孪生兄弟，在发展过程中相辅相成。1978 年以后，C 语言已先后移植到大、中、小、微型机上，已独立于 UNIX 和 PDP 了。现在 C 语言已风靡全世界，成为世界上应用最广泛的几种计算机语言之一。以 1978 年发表的 UNIX 第 7 版中的 C 编译程序为基础，Brian W.Kernighan 和 Dennis M.Ritchie（合称 K&R）合著了影响深远的名著 *The C Programming Language*，这本书中介绍的 C 语言成为后来广泛使用的 C 语言版本的基础，它被称为标准 C。1983 年，ANSI 根据 C 语言问世以来各种版本对 C 的发展和扩充，制定了新的标准，称为 ANSI C。 ANSI C 比原来的标准 C 有了很大的发展。K & R 在 1988 年修改了他们的经典著作 *The C Programming Language*，按照 ANSI C 标准重新写了该书。1987 年，ANSI 又公布了新标准——87 ANSIC。

1990 年，ISO 接受 87 ANSI C 做为 ISO C 的标准（ISO 9899—1990）。目前流行的 C 编译系统都是以它为基础的。目前广泛流行的各种版本 C 语言编译系统基本部分是相同的，但也有一些差异。在微型机上使用的有 Microsoft C、Turbo C、Quick C、BORLAND C 等，它们的不同版本间也略有差异。因此，读者应了解所用的计算机系统配置的 C 编译系统的特点和规定。

1.2.2　C 语言的风格

1. 简洁紧凑、灵活方便

C 语言一共只有 32 个关键字，9 种控制语句，程序书写形式自由，区分大小写。

2. 运算符丰富

C 语言的运算符包含的范围很广泛，共有 34 种运算符。C 语言把括号、赋值、强制类型转换等都作为运算符处理。从而使 C 语言的运算类型极其丰富，表达式类型多样化。灵活使用各种运算符可以实现在其他高级语言中难以实现的运算。

3. 数据类型丰富

C 语言的数据类型有整型、实型、字符型、数组类型、指针类型、结构体类型、共用体类型等。C 语言能实现各种复杂的数据结构，并引入了指针概念，使程序效率更高。另外，C 语言具有强大的图形功能，支持多种显示器和驱动器，且计算功能、逻辑判断功能强大。

4. 结构化语言

结构化语言的显著特点是代码及数据的分隔化，即程序的各个部分除了必要的信息交流彼此独立。这种结构化方式可使程序层次清晰，便于使用、维护以及调试。C 语言是以函数形式提供给用户的，这些函数可方便地调用，并具有多种循环、条件语句控制程序流向，从而使程序完全结构化。

5. 语法限制不太严格，程序设计自由度大

虽然 C 语言也是强类型语言，但它的语法比较灵活，允许程序编写者有较大的自由度。

6. 允许直接访问物理地址，对硬件进行操作

由于 C 语言允许直接访问物理地址，可以直接对硬件进行操作，因此它既具有高级

语言的功能，又具有低级语言的许多功能，能够像汇编语言一样对位、字节和地址进行操作，而这三者是计算机最基本的工作单元，可用来写系统软件。

7. 生成目标代码质量高，程序执行效率高

C 语言一般只比汇编程序生成的目标代码效率低 10%~20%。

8. 适用范围大，可移植性好

C 语言有一个突出的优点就是适用于多种操作系统，如 DOS、UNIX、Windows；也适用于多种机型。C 语言具有强大的绘图能力，可移植性好，并具备很强的数据处理能力，因此适于编写系统软件，三维、二维图形和动画，它也是数值计算的高级语言。

1.2.3 简单 C 语言程序的构成和格式

为了解 C 语言程序的构成和编写格式，下面先看一个简单的 C 程序例子。

【例 1-1】 输出 "Hello world!"

```
#include <stdio.h>
void main()
{
    Printf("Hello world!");
}
```

本程序的作用是在显示器上显示（输出）以下信息：

```
Hello world!
```

以上程序中，main 是主函数名，C 语言规定必须用 main 作为主函数名。main 前面的 void 表示此函数执行后不产生一个函数值（有的函数在执行后会得到一个函数值，如正弦函数 sin(x)）。main 函数后面的一对括号中间是空的，但空括号不能省略。程序中的 main() 是主函数的起始行，也是 C 程序执行的起始行，每一个可执行的 C 程序都必须有一个且只能有一个主函数。一个 C 程序中可以包含任意多个不同名的函数，但只能有一个主函数。一个 C 程序总是从主函数开始执行。

在函数的起始行后面用一对花括号 "{}" 括起来的部分为函数体。函数体内通常有定义（说明）部分和执行语句部分。本例中主函数内只有一个执行语句，printf 是 C 编译系统提供的标准函数库中的输出函数（详见第 3 章）。语句最后有一个分号作为结束标志。

在使用标准函数库中的输入输出函数时，编译系统要求程序提供有关的信息（如对这些输入输出函数的声明），程序第 1 行 "#include <stdio.h>" 的作用就是提供这些信息的，stdio.h 是 C 编译系统提供的一个文件名，stdio 是 "standard input & output" 的缩写，即有关标准输入输出的信息。对此读者不必深究，只须记住：在程序中用到系统提供的标准函数库中的输入输出函数时，应在程序的开头写上。

```
#include <stdio.h>
```

或者写成

```
#include "stdio.h"
```

注意：行尾不能加分号，因为它不是 C 程序中的语句。

【例 1-2】 求两数之和。

```
#include <stdio.h>
void main()                       /*求两数之和*/
{
  int a,b,sum;                    /*声明部分，定义变量 a、b、sum 为整形*/
  a = 2;                          /*以下 4 行为执行部分*/
  b = 3;
  sum = a + b;
  printf("sum is %d\n",sum);
}
```

本程序的作用是求两个整数 a 和 b 之和。在 main 函数中，首先声明 3 个变量 a,b,sum，指定它们为整型变量；然后对变量 a 和 b 进行赋值，分别赋值 2 和 3，并把 a+b 的运算结果赋值给变量 sum；最后调用 printf 函数将 sum 的值输出到显示器上。

各行右侧的/*……*/表示注释部分。注释可以用汉字或英文字符表示，可以出现在程序中的任何合适的地方。注释部分只是用于阅读的，对程序的编译和运行不起任何作用。

注意：注释从"/*"开始到最近的一个"*/"结束，其间的任何内容都被编译程序忽略。

通过上面两个例子，可以对 C 语言程序的结构特点总结如下。

（1）C 程序是由函数构成的。一个 C 程序至少且只能有一个 main 函数，也可以包含若干其他函数。一个 C 程序总是从 main 函数开始执行。函数是 C 程序的基本单位。

（2）一个函数由两部分组成。① 函数首部：即函数第一行，包括函数名、函数返回值类型、函数参数等。② 函数体：花括号内的内容。包括声明部分和执行部分，其中声明部分为定义函数中用到的变量和对所调用的函数的声明；执行部分由若干语句组成。

注意：声明部分和执行部分要严格分开，不能交叉；每条声明和执行语句后面都有一个分号作为结束标志。

（3）C 语言本身没有输入输出语句。输入和输出操作时由库函数 scanf 和 printf 等函数完成。

（4）可以用/*……*/对 C 程序中的任何部分做注释，以增加程序的可读性。

1.2.4　VC++上机环境介绍

1. 运行 C 程序的步骤

用 C 语言编写的程序称为"源程序"，而计算机只能识别和执行由 0 和 1 组成的二进制指令，而不能识别和执行用高级语言写的指令，所以需要一种称为"编译程序"的翻译软件，把高级语言源程序翻译成二进制形式的"目标程序"，然后再将该目标程序与系统的库函数以及其他目标程序连接起来，形成可执行程序。

常用的 C 语言编译程序有 Turbo C 2.0、Win TC、Visual C++等，这些编译程序都是集成开发环境，把程序的编辑、编译、连接和运行等操作全部集中在一个界面进行，功能丰富、使用方便，直观易用。

2. VC++集成环境

Visual C++是目前国内广为流行的新一代面向对象的可视化软件开发工具，所有用C语言编写的程序都可以在 Visual C++编译环境下运行。因为 VC++功能强大，用法较多，这里只介绍 VC++最基本的用法。

1）进入 VC++6.0 集成环境

第一种方法：双击桌面 VC++图标，如图 1-8 所示。

图 1-8　VC++桌面图标

第二种方法：通过开始菜单进入，如图 1-9 所示。

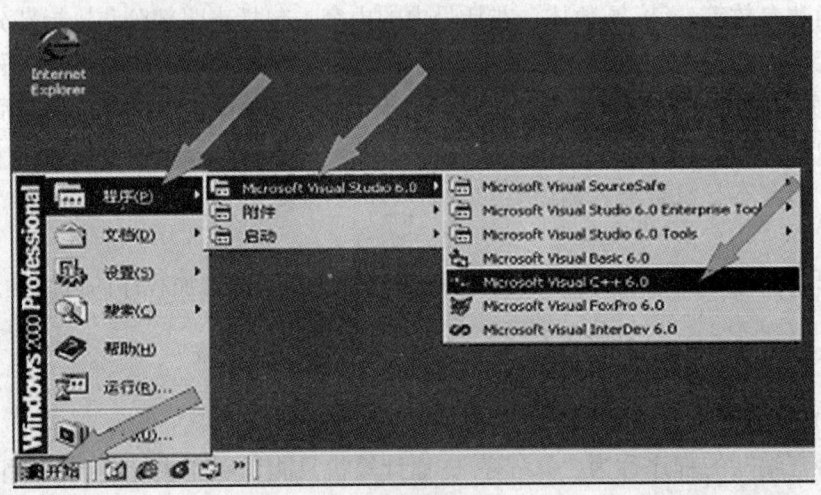

图 1-9　开始菜单

2）VC++6.0 集成环境，如图 1-10 所示。

从图 1-10 可以看到，在 VC++集成环境中，包括标题栏、菜单栏、标准工具栏、向导栏、构造工具栏、工作区窗口、编辑窗口、输出窗口、状态栏。

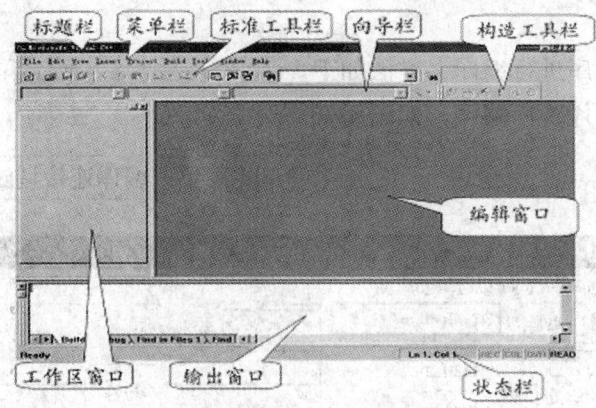

图 1-10 VC++窗口环境

3. VC++中运行 C 程序的方法

1）编辑

创建一个新的 C 源程序。

（1）File 菜单，New 选项，如图 1-11 所示。

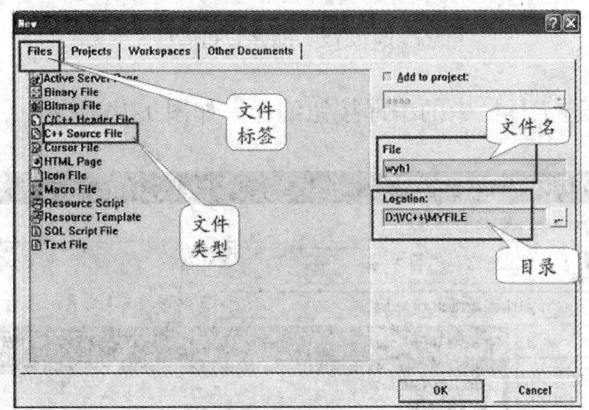

图 1-11 New 窗口

（2）在编辑窗口编写源程序，如图 1-12 所示。

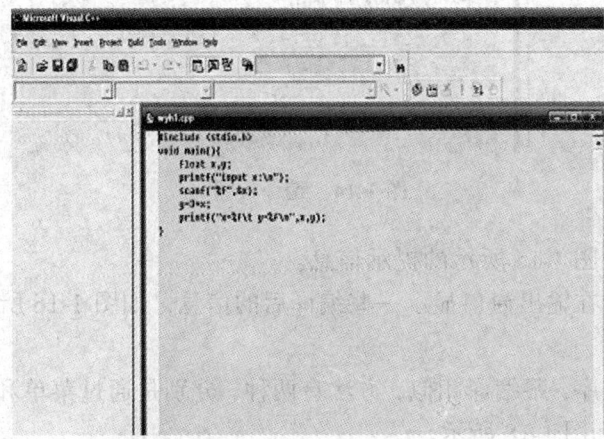

图 1-12 编辑窗口

2）编译

对编写好的源程序进行编译，方法如下。

方法一：通过编译菜单编译，如图 1-13 所示。

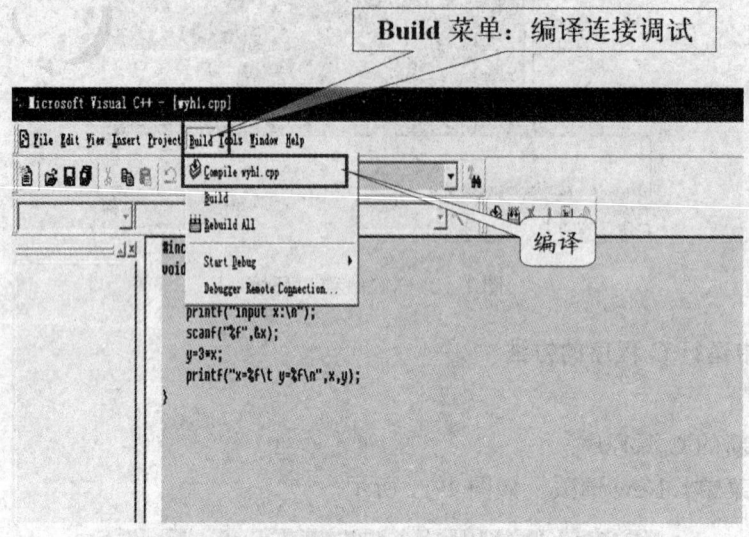

图 1-13　编译菜单

方法二：通过构造工具栏中的编译按钮编译，如图 1-14 所示。

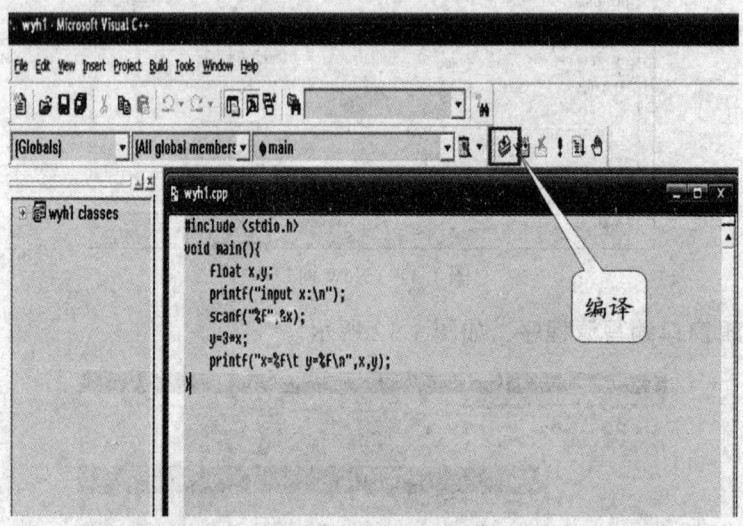

图 1-14　编译按钮

编译时会出现如图 1-15 所示的提示信息。

编译完成后，会在输出窗口显示一些编译后的信息，如图 1-16 所示。

3）运行

运行编译好的程序，跟编译相似，方法有两种，分别是通过菜单和构造工具栏按钮运行程序，如图 1-17 和图 1-18 所示。

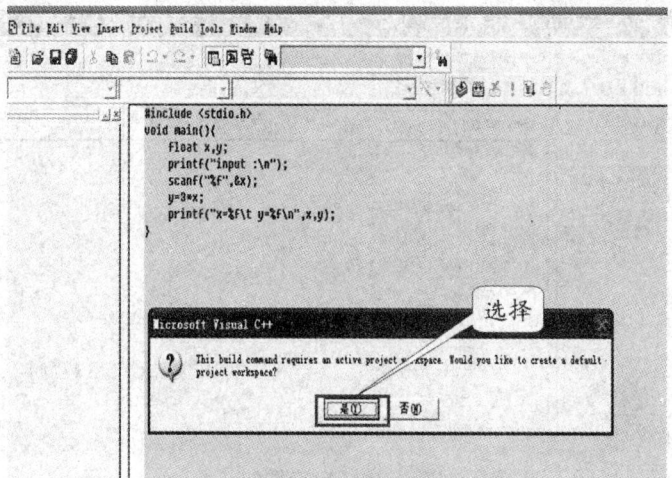

图 1-15　提示信息

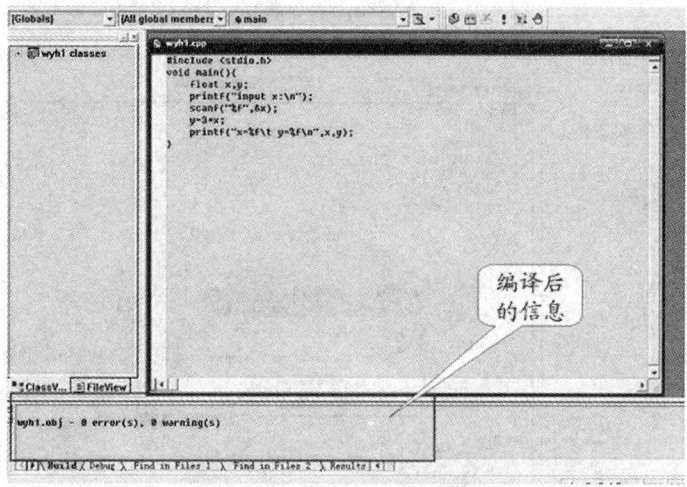

图 1-16　编译后的信息

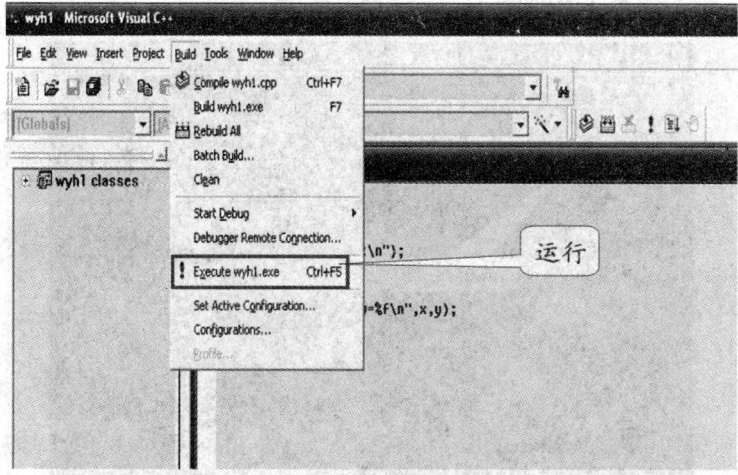

图 1-17　运行菜单

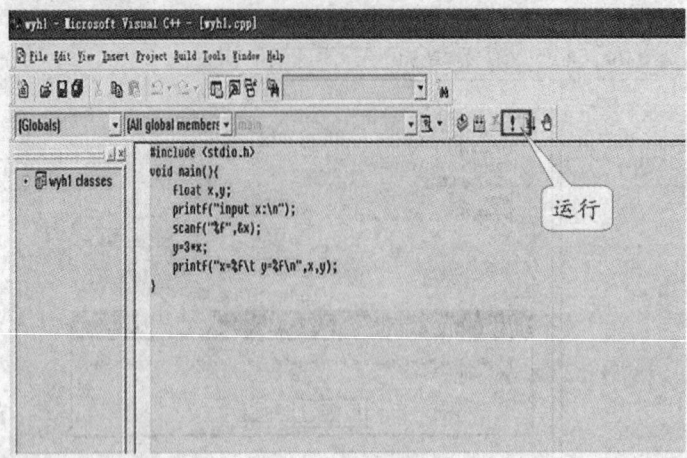

图 1-18　运行按钮

运行前会出现如图 1-19 所示窗口。

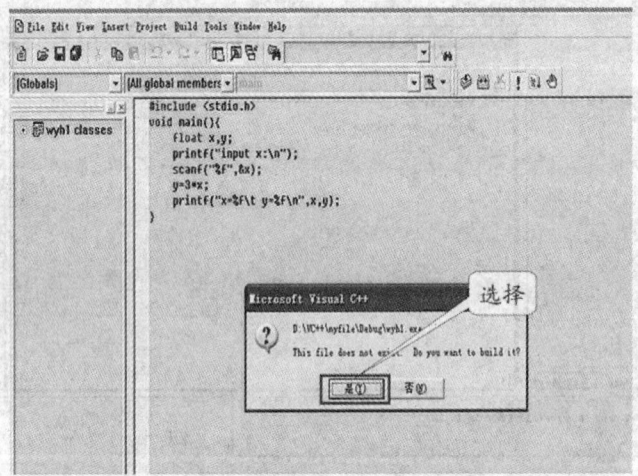

图 1-19　提示信息

显示运行结果，如图 1-20 所示。

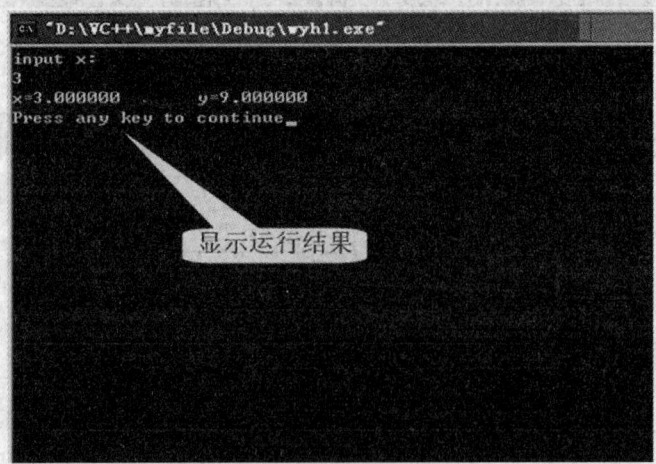

图 1-20　运行结果

4）关闭工作区

当完成一个程序的调试，再开始一个新的程序时，必须先将前面一个程序的工作环境清除，即关闭其工作区，如图 1-21 所示。

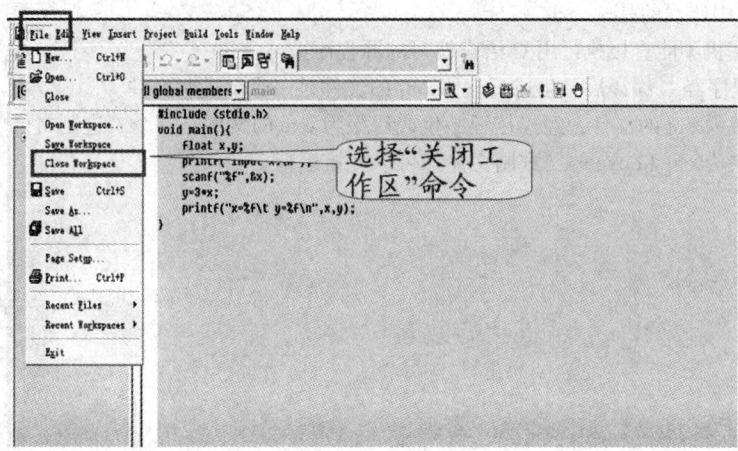

图 1-21 关闭工作区

习 题 1

1. 以下叙述中错误的是（ ）。
    （A）C 语言编写的函数源程序，其文件名后缀可以是.C
    （B）C 语言编写的函数都可以作为一个独立的源程序文件
    （C）C 语言编写的每个函数都可以进行独立的编译并执行
    （D）一个 C 语言程序只能有一个主函数
2. 计算机高级语言程序的运行方法有编译执行和解释执行两种，以下叙述中正确的是（ ）。
    （A）C 语言程序仅可以编译执行
    （B）C 语言程序仅可以解释执行
    （C）C 语言程序既可以编译执行又可以解释执行
    （D）以上说法都不对
3. 以下叙述中错误的是（ ）。
    （A）C 语言的可执行程序是由一系列机器指令构成的
    （B）用 C 语言编写的源程序不能直接在计算机上运行
    （C）通过编译得到的二进制目标程序需要连接才可以运行
    （D）在没有安装 C 语言集成开发环境的机器上不能运行 C 源程序生成的.exe 文件
4. 以下叙述中正确的是（ ）。
    （A）C 程序的基本组成单位是语句   （B）C 程序中的每一行只能写一条语句
    （C）简单 C 语句必须以分号结束   （D）C 语句必须在一行内写完
5. 计算机能直接执行的程序是（ ）。
    （A）源程序   （B）目标程序   （C）汇编程序   （D）可执行程序
6. 以下叙述中正确的是（ ）。
    （A）C 程序中的注释只能出现在程序的开始位置和语句的后面
    （B）C 程序书写格式严格，要求一行内只能写一个语句

（C）C 程序书写格式自由，一个语句可以写在多行上

（D）用 C 语言编写的程序只能放在一个程序文件中

7. C 语言源程序名的后缀是（　　）。

（A）.exe　　　　　（B）.C　　　　　（C）.obj　　　　　（D）.cp

8. 下列叙述中错误的是（　　）。

（A）计算机不能直接执行用 C 语言编写的源程序

（B）C 程序经 C 编译后，生成后缀为.obj 的文件是一个二进制文件

（C）后缀为.obj 的文件，经连接程序生成后缀为.exe 的文件是一个二进制文件

（D）后缀为.obj 和.exe 的二进制文件都可以直接运行

第2章 数据类型、运算符和表达式

在本章中，将对 C 语言中的基本数据类型进行详细的讲解。所谓数据类型是按被定义变量的性质、表示形式、占据存储空间的多少、构造特点划分的。C 语言有 4 种常用基本数据类型：字符型、整型、单精度实型、双精度实型。除此之外，C 语言还提供了几种其他类型，包括数组、指针、结构体、共用体（联合体）和枚举等。这些复杂类型将在以后的章节中陆续介绍。同时，本章还将介绍 C 语言中丰富的运算符，利用运算符构造表达式参与运算。

2.1 标识符、常量和变量

2.1.1 标识符

在 C 语言中，标识符是对变量、函数和其他各种用户定义对象的命名。标识符的长度可以是一个或多个字符。绝大多数情况下，标识符的第一个字符必须是字母或下划线(_)，随后的字符必须是字母、数字或下划线（某些 C 语言编译器可能不允许下划线作为标识符的起始字符）。

ANSI 标准规定，标识符的使用应遵循以下规范：

（1）由大小写英文字母，下划线(_)以及阿拉伯数字组成；

（2）标识符的第一个字符必须是大小写英文字母或者下划线，而不能是数字；

（3）标识符不能和 C 语言的关键字相同，也不能和用户已编制的函数或 C 语言库函数同名。例如：

合法命名	非法命名	
wiggles	$Z]**	/* $、] 和 * 都是非法字符 */
cat2	2cat	/* 不能以数字开头 */
Hot_Tub	Hot-Tub	/* - 是非法字符 */
taxRate	tax rate	/* 不能有空格 */
_kcab	don't	/* '是非法字符 */

ANSI 标准规定，标识符可以为任意长度，但外部名必须至少能由前 8 个字符唯一区分。

外部名指的是在链接过程中所涉及的标识符，其中包括文件间共享的函数名和全局变量名。这是因为对某些仅能识别前 8 个字符的编译程序而言，下面的外部名将被当成同一个标识符处理。

```
counters     counters1     counters2
```

ANSI 标准还规定内部名必须至少能由前 31 个字符唯一区分。内部名指的是仅出现于定义该标识符的文件中的那些标识符。

C 语言中的字母是有大小写区别的，因此 count、Count、COUNT 是 3 个不同的标识符。

2.1.2 常量

C 语言中的常量是指在程序运行过程中其值固定不变的量，常量可为任意数据类型，例如：

数据类型   常量举例

```
char              'a'、'\n'、'9'
int               21、123 、2100 、-234
long int          35000、-34
short int         10、-12、90
unsigned int      10000、987、40000
float             123.23、4.34e-3
double            123.23、12312333、-0.9876234
```

2.1.3 符号常量

在 C 语言中，可对常量命名，也就是用符号代替常量。该符号称为符号常量，一般用大写字母表示。使用前要用宏定义命令先定义，然后再使用。

宏定义命令 # define 用来定义一个标识符和一个字符串，在程序中每次遇到该标识符时就用所定义的字符串替换它。这个标识符叫做宏名，替换过程叫做宏替换或宏展开。宏定义命令 # define 的一般形式：

```
#define 宏名 字符串
```

例如：

```
#define  PI 3.14159
```

这样在编译时，每当在源程序中遇到 PI 就自动用 3.14159 代替，这就是宏展开。

使用符号常量有两点好处：

（1）增加可读性；

（2）增强程序的可维护性。

应注意宏替换仅是简单地用所说明的字符串来替换对应的宏名，无实际的运算发生，也不作语法检查。例如：

```
#define PI  3.14159;
area=PI*r*r;
```

经过宏替换后，该语句展开为

```
area=3.14159; *r*r;
```

然后经编译将出现语法错误。

2.1.4 变量

在程序运行过程中其值可以变化的量称为变量。每一个变量都对应计算机内存中相应的存储单元。在该单元中存放变量的值。

每一个变量都有一个变量名标识，其命名规则同标识符的命名规则。要注意区分变量名和变量值是两个不同的概念。变量名实际上是一个符号地址，是在编译连接时由系统分配给每一个变量的内存地址。变量的值实际上是这个存储单元中存放的数据。

所有的 C 语言变量必须在使用之前定义。定义变量的一般形式：

```
type variable_list;
```

这里的 type 必须是有效的 C 语言数据类型，variable_list（变量列表）可以由一个或多个由逗号分隔的多个标识符名构成。下面给出一些定义的范例。

```
int i,j,l;
short int si;
unsigned int ui;
double balance,profit,loss;
```

2.2 整 型 数 据

2.2.1 整型常量

整型常量也称为整型常数或整数。

C 整型常量按进制可分为十进制整数、八进制整数和十六进制整数。

1）十进制整数

十进制数：以正负号开头，后跟 0~9 的若干位数字构成，如 123，–456，0 等。

2）八进制整数

八进制数：以正负号开头，第一位数字一定是 0，后面跟 0~7 的数字，如 0123，054 等。八进制数 0123 相当于十进制数 83；八进制数–012 相当于十进制数–10。

3）十六进制整数

十六进制数：以正负号开头，前两位为 0x，后面跟 0~9 和 a~f 的数字。其中，a 代表 10，b 代表 11，其余类推，如十六进制数 0x123 相当于十进制数 291；十六进制数–0x12 相当于十进制数–18。

整型常数在不加特别说明时总是正值。如果需要的是负值，则负号"–"必须放置于常数表达式的前面。每个常数依其值要给出一种类型。当整型常数应用于一表达式时，或出现有负号时，常数类型自动执行相应的转换。

注意：空白字符不可出现在整数数字之间。

2.2.2 整型变量

前面已提到，C 语言规定在程序中所有用到的变量都必须在程序中指定其类型，即"定义"。

整型(int)变量用于存贮整数。因其字长有限，故可表示的整数的范围也有限。

2.2.3 整型数据的分类

整型(int)数据依据其字节长度、可表示的整数的范围主要分为 signed、short、long 和 unsigned 整数。具体如表 2-1 所示。

表 2-1　整型数据的分类

类型	长度/bit	范围
int（整型）	16	−32768~32767
unsigned int（无符号整型）	16	0~65535
signed int（有符号整型）	16	同 "int"
short int（短整型）	8	−128~127
unsigned short int（无符号短整型）	8	0~255
signed short int（有符号短整型）	8	同 "short int"
long int（长整型）	32	2147483648~2147483649
signed long int（有符号长整型）	32	2147483648~2147483649
unsigned long int（无符号长整型）	32	0~4294967296

2.2.4 整数在内存中的存储形式

整数在内存中以二进制本数的补码的形式存放，其中正整数的原码、反码、补码形式相同，所以正整数的补码还是原来的二进制数；负整数的原码、反码、补码形式不同；负数的反码：符号位不动，其余各位对原码取反，其补码是它的反码+1。

例如：

−8 <-------> 1000 0000 0000 1000　原码

−8 <-------> 1111 1111 1111 0111　反码

−8 <-------> 1111 1111 1111 1000　补码

2.3　实　型　数　据

2.3.1　实型常量

1. 小数形式

一个实数可以是正负号开头，有若干位 0~9 的整数，后跟一个小数点（必须有），再有若干位小数部分，如 123.456,−21.37。数 12 用实数表示必须写成 12.0 或 12.。

一个实数有数值范围和有效位数的限制。实数的数值范围是 $3.4 \times 10^{-38} \leq x \leq 3.4 \times 10^{38}$，当小于 3.4×10^{-38} 时按 0 对待（下溢），而大于 3.4×10^{38} 时则上溢，一个溢出的数是无意义的。实数仅有七位有效数字，超过七位的将是不精确的。

如 1.2345678，在计算机内仅保留为 1.234567，第八位数无法保留而失去，并不是第八位向第七位四舍五入。当上面的数要求用小数五位表示时，则表达为 1.23457，即第七位向第六位四舍五入。

2. 指数形式

实数的指数形式也称为科学计数法。一个实数的指数形式分成尾数部分和指数部分。尾数部分可以是整数形式或小数形式，指数部分是一个字母"e"后跟一个整数，如 123e+01，–456.78e–01，0e0 等。由于实数仅有七位有效数字，因此在内存中用 3 个字节表示尾数，用一个字节表示指数，所以指数部分用两位整数表示。在书写时"e"与"E"完全等价。"e"前面必须有数字，"e"后面必须是整数。

3. 双精度实数

当一个数用实数表达时，仅有七位有效数字，用长整型表达时仅有十位有效数字，实数的数值范围也只能小于 3.4×10^{38}。当超过以上范围时，可以用双精度常量表达。双精度常量的取值范围由 $1.7 \times 10^{-308} \leqslant |x| \leqslant 1.7 \times 10^{308}$，有效位可达 16 位左右。一个数当超过长整型数表达范围或超过实数表达范围时均按双精度常量对待。一个双精度常量在内存中占 8 个字节。

长双精度常量取值范围在 $10^{-4931} \sim 10^{4932}$，有 19 位有效数字，在内存中占 16 个字节。但它是由计算机系统决定的，在 Turbo C 中，与 double 型一致。

2.3.2 实型变量

实型变量分为单精度（float 型）和双精度（double 型）。对每一个实型变量都应在使用前先定义。例如：

```
float x,y; /*指定 x , y 为单精度实数*/
double z;  /*指定 z 为双精度实数*/
```

在一般系统中，一个 float 型数据在内存中占 4 个字节（32 位）；一个 double 型数据占 8 个字节（64 位）。单精度实数提供七位有效数字，双精度提供 15~16 位有效数字，数值的范围随机器系统而异。

值得注意的是，实型常量是 double 型，当把一个实型常量赋给一个 float 型变量时，系统会截取相应的有效位数。例如：

```
float a;
a=111111.111;
```

由于 float 型变量只能接收七位有效数字，因此最后两位小数不起作用。如果将 a 改为 double 型，则能全部接收上述 9 位数字并存储在变量 a 中。

在 C 语言中，字符型数据用于表示一个字符值，但字符数据的内部表示是字符的 ASCII 代码，并非字符本身。详细内容将在第 10 章专门讲解。

2.4 算术运算符和算术表达式

2.4.1 基本的算术运算符

用于各类数值运算。包括加(+)、减(–)、乘(*)、除(/)、求余（或称模运算，%）、自增(++)、自减(––)，共 7 种。

（1）加法运算符"+"，双目运算符，即应有两个量参与加法运算，如 a+b,4+8 等。具有右结合性。

（2）减法运算符"–"，双目运算符。但"–"也可作负值运算符，此时为单目运算，如–x, –5 等具有左结合性。

（3）乘法运算符"*"，双目运算符，具有左结合性。

（4）除法运算符"/"，双目运算符，具有左结合性。参与运算量均为整型时，结果也为整型，舍去小数。如果运算量中有一个是实型，则结果为双精度实型。

【例 2-1】

```
main()
{
  printf("\n\n%d,%d\n",20/7,-20/7);
  printf("%f,%f\n",20.0/7,-20.0/7);
}
```

运行结果为

```
2,-2
2.857143,-2.857143
```

本例中，20/7，–20/7 的结果均为整型，小数全部舍去。而 20.0/7 和–20.0/7 由于有实数参与运算，因此结果也为实型。

（5）求余运算符（模运算符）%"，双目运算符，具有左结合性。要求参与运算的量均为整型。求余运算的结果等于两数相除后的余数。

```
main()
{
  printf("%d,%d,%d,%d\n",7%4,7%-4,-7%4,-7%-4);
}
```

运行结果：3,3,-3,-3

本例说明参加求余运算左侧的数据为正则取余结果为正,左侧的数据为负则取余结果为负。

2.4.2 运算符的优先级、结合性和算术表达式

*, /, %运算的优先级别相同，高于+, – 运算；+, – 优先级相同；同一优先级按从左到右顺序计算。要改变运算顺序只要加括号就可以了，括号全部为圆括号，必须注意括号的配对。

用算术运算符和括号将运算对象（也称操作数）连接起来的、符合 C 语法规则的式子，称 C 语言算术表达式。运算对象包括常量、变量、函数等。例如，下面是一个合法的 C 语言算术表达式：

```
a*b/c-1.5+'a'
```

C 语言规定了运算符的优先级和结合性。在表达式求值时，先按运算符的优先级别高低次序执行，如先乘除后加减。例如，表达式 a–b*c，b 的左侧为减号，右侧为乘号，而乘号优先于减号，因此，相当于 a–(b*c)。如果在一个运算对象两侧的运算符的优先级别相同，如 a–b+c，则按规定的"结合方向"处理。C 语言规定了各种运算符的结合方向（结

合性），算术运算符的结合方向为"自左至右"，即先左后右，因此 b 先与减号结合，执行 a–b 的运算，再执行加 c 的运算。"自左至右的结合方向"又称"左结合性"，即运算对象先与左面的运算符结合。有些运算符的结合方向为"自右至左"，即右结合性（例如，赋值运算符）。关于"结合性"的概念在其他一些高级语言中是没有的，是 C 语言的特点之一。

2.4.3　强制类型转换表达式

C 语言中，数据类型的转换有显式类型转换（强制转换）和隐式类型转换两种。

1. 显式类型转换

C 中类型强制转换时格式：（类型说明符）（表达式）。其功能是把表达式的运算结果强制转换成类型说明符所表示的类型。

例如，int　i=9; 转换为 char c:c=(char)i。

在使用强制转换时应注意以下问题。

（1）类型说明符和表达式都必须加括号（单个变量可以不加括号），如把(int)(x+y)写成(int)x+y 则成了把 x 转换成 int 型之后再与 y 相加了。

（2）无论是强制转换或是隐式转换，都只是为了本次运算的需要而对变量的数据长度进行的临时性转换，而不改变数据说明时对该变量定义的类型。

【例 2-2】

```
main()
{
  float f=5.75;
  printf("(int)f=%d,f=%.2f\n",(int)f,f);
}
```

运行结果：(int)f=5,f=5.75

本例表明，f 虽强制转为 int 型，但只在运算中起作用，是临时的，而 f 本身的类型并不改变。因此，(int)f 的值为 5（删去了小数）而 f 的值仍为 5.75。

2. 隐式类型转换

隐式转换发生在不同数据类型的量混合运算时，由编译系统自动完成。自动转换遵循以下规则。

（1）若参与运算的量的类型不同，则先转换成同一类型，然后进行运算。

（2）转换按数据长度增加的方向进行，以保证精度不降低，如 int 型和 long 型运算时，先把 int 量转成 long 型后再进行运算。

（3）所有的浮点运算都是以双精度进行的，即使仅含 float 单精度量运算的表达式，也要先转换成 double 型，再作运算。

（4）char 型和 short 型参与运算时，必须先转换成 int 型。

（5）在赋值运算中，赋值号两边量的数据类型不同时，赋值号右边量的类型将转换为左边量的类型。如果右边量的数据类型长度左边长时，将丢失一部分数据，这样会降低精度，丢失的部分按四舍五入向前舍入。

如果一个运算符两边的运算数类型不同，先要将其转换为相同的类型，即较低类型转换为较高类型，然后再参加运算，转换规则如图 2-1 所示。

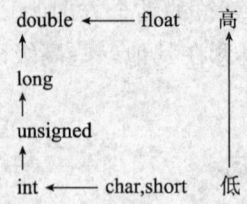

图 2-1　数据类型转换规则

2.5　赋值运算符和赋值表达式

2.5.1　赋值运算符和赋值表达式

用于赋值运算，分为简单赋值(=)、复合算术赋值(+=,-=,*=,/=,%=)和复合位运算赋值(&=,|=,^=,>>=,<<=)3 类共 11 种。

简单赋值运算符即 "="，又称为赋值号。赋值号左边必须是变量、数组元素等有存贮单元的元素，赋值号的右边可以是各类表达式，也可以是另一个赋值表达式。因此 a=b=c=5 是合法的，即相当于 a=(b=(c=5))，因为它是自右至左结合的，即 5 先赋给以 c，c 值先赋给 b，b=c 赋值表达式的值为 b 的值，然后再赋给 a，整个表达式的值也为 a 的值。

赋值表达式的求值顺序是先计算赋值号右边表达式的值，再转换成表达式左边变量的类型，再进行赋值，此值也是赋值表达式的值。

2.5.2　复合赋值表达式

在赋值符 "=" 前加上其他双目运算符可构成复合赋值符。

如+=,-=,*=, / =,%=,<<=,>>=,&=,^=,|=。

例如，a+=5 等价于 a=a+5，x*=y+7 等价于 x=x*(y+7)，r%=p 等价于 r=r%p。复合赋值符这种写法，对初学者可能不习惯，但十分有利于编译处理，能提高编译效率并产生质量较高的目标代码。

由赋值运算符将一个变量和一个表达式连起来的式子叫赋值表达式，它是最常用的表达式，包括简单赋值表达式和复合赋值表达式,其形式如下：

<变量><赋值运算符><表达式>

例如：x=a+b

w=sin(a)+sin(b)

x=a+b

其处理过程是先计算赋值号右边的表达式 a+b 的值,再将 a+b 的值赋给出赋值号左边的变量 x。

2.5.3　赋值运算中的类型转换

如果赋值运算符两侧的类型不一致，但都是数值型或字符型时，在赋值时要进行类型转换。

（1）将实型数据（包括单、双精度）赋给整型变量时，舍弃实数的小数部分。例如，i 为整型变量，执行"i=3.56"的结果是使 i 的值为 3，在内存中以整数形式存储。

（2）将整型数据赋给单、双精度变量时，数值不变，但以浮点数形式存储到变量中，如将 23 赋给 float 变量 f，即 f=23，先将 23 转换成 23.00000，再存储在 f 中。例如，将 23 赋给 double 型变量 d，即 d=23，则将 23 补足有效位数字为 23.00000000000000，然后以双精度浮点数形式存储到 d 中。

（3）将一个 double 型数据赋给 float 变量时，截取其前面 7 位有效数字，存放到 float 变量的存储单元（32 位）中。但应注意数值范围不能溢出。例如：

```
float f;
double d=123.456789e100;
f=d;
```

就出现溢出的错误。

将一个 float 型数据赋给 double 变量时，数值不变，有效位数扩展到 16 位，在内存中以 64 位（bit）存储。

（4）字符型数据赋给整型变量时，由于字符只占 1 个字节，而整型变量为 2 个字节，因此将字符数据（8 位）放到整型变量低 8 位中。有两种情况：

① 如果所用系统将字符处理为无符号的量或对 unsigned char 型变量赋值，则将字符的 8 位放到整型变量低 8 位，高 8 位补零。例如：将字符'\376'赋给 int 型变量 i。

② 如果所用系统（如 Turbo C）将字符处理为带符号的（即 signed char），若字符最高位为 0，则整型变量高 8 位补 0；若字符最高位为 1，则高 8 位全补 1。这称为"符号扩展"，这样做的目的是使数值保持不变，如变量 c（字符'\376'）以整数形式输出为–2，i 的值也是–2。

（5）将一个 int、short、long 型数据赋给一个 char 型变量时，只将其低 8 位原封不动地送到 char 型变量（即截断）。例如：

```
int i=289;
char c='a';
c=i;
```

c 的值为 33，如果用"%c"输出 c，将得到字符"!"（其 ASCII 码为 33）。

2.6 自加、自减运算符和逗号运算符

2.6.1 自加运算符"++"和自减运算符"––"

自加运算符"++"和自减运算符"––"的作用是使变量的值增加或减少 1，例如：

i++　i––　i 参与运算后，i 的值再自增（减）1。

++i　––i　i 参与运算前，i 的值自增（减）1。

自增 1 运算符记为"++"，其功能是使变量的值自增 1。自减 1 运算符记为"––"，其功能是使变量值自减 1。自增 1，自减 1 运算符均为单目运算，都具有右结合性。可有以

下几种形式：++i 是 i 自增 1 后再参与其他运算。--i 是 i 自减 1 后再参与其他运算。

在理解和使用上容易出错的是 i++ 和 i--。特别是当它们出在较复杂的表达式或语句中时，常常难于弄清，因此应仔细分析。

【例 2-3】

```
main()
{
  int i=8;
  printf("%d\n",++i);
  printf("%d\n",--i);
  printf("%d\n",i++);
  printf("%d\n",i--);
  printf("%d\n",-i++);
  printf("%d\n",-i--);
}
```

变量变化过程为

```
i<--8
i<--i+1
i<--i-1
i<--i+1
i<--i-1
i<--i+1
i<--i-1
```

i 的初值为 8

第 2 行 i 加 1 后输出故为 9;

第 3 行减 1 后输出故为 8;

第 4 行输出 i 为 8 之后再加 1(为 9);

第 5 行输出 i 为 9 之后再减 1(为 8);

第 6 行输出-8 之后再加 1(为 9);

第 7 行输出-9 之后再减 1(为 8)

【例 2-4】

```
main()
{
  int i=5,j=5,p,q;
  p=(i++)+(i++)+(i++);
  q=(++j)+(++j)+(++j);
  printf("%d,%d,%d,%d",p,q,i,j);
}
```

变量变化过程为

```
i<--5,j<--5,p<--0,q<--0
i+i+i--->p,i+1-->i,i+1-->i,i+1-->i
j+1->j,j+1->j,j+1->j,j+j+j->q
```

在程序中，对 P=(i++)+(i++)+(i++)应理解为 3 个 i 相加，故 P 值为 15。然后 i 再自增 1 三次相当于加 3 故 i 的最后值为 8。而对于 q 的值则不然，q=(++j)+(++j)+(++j)应理解为 q 先自增 1，再参与运算，由于 q 自增 1 三次后值为 8，三个 8 相加的和为 24，j 的最后值仍为 8。

注意：

（1）自增运算符(++)和自减运算符(--)，只能用于变量，而不能用于常量和表达式，如 6++，(x–y) --都是不合法的。

（2）++和--结合方向是"自右至左"的，而其他算术运算符的结合方向是"自左至右"的。

（3）自增运算符(++)和自减运算符(--)常用于数组下标改变和循环次数的控制。例如：

```
x=10;
i=5;
…
a[i++]=x;       /*把 10 赋给 a[5],然后 I 变为 6*/
```

2.6.2　逗号运算符和逗号表达式

C 语言中逗号","也是一种运算符，称为逗号运算符。其功能是把两个表达式连接起来组成一个表达式，称为逗号表达式。

其一般形式为

表达式 1，表达式 2，…，表达式 n

其求值过程是分别求 n 个表达式的值，并以表达式 n 的值作为整个逗号表达式的值。

【例 2-5】

```
main()
{
  int a=2,b=4,c=6,x,y;
  y=(x=a+b),(b+c);
  printf("y=%d,x=%d",y,x);
}
```

处理过程为：

```
a<--2, b<--4, c<--6, x<--0, y<--0 , x<--a+b, y<---x
```

本例中，x 是第一个表达式的值；由于赋值符号"="优先级别高于逗号运算符，y 等于 x 的值，而不等于整个逗号表达式的值，也就是不等于表达式 2 的值。若改为

```
y=(x=a+b,b+c);
```

则 y 等于整个逗号表达式的值，也就是等于表达式 2 的值。

对于逗号表达式要注意三点：

（1）逗号表达式一般形式中的表达式 1 和表达式 2 也可以又是逗号表达式。例如：表达式 1,（表达式 2，表达式 3）形成了嵌套情形。因此可以把逗号表达式扩展为以下形式：表达式 1，表达式 2，…，表达式 n 整个逗号表达式的值等于表达式 n 的值。

（2）程序中使用逗号表达式，通常是要分别求逗号表达式内各表达式的值，并不一定要求整个逗号表达式的值。

（3）并不是在所有出现逗号的地方都组成逗号表达式，如在变量说明中，函数参数表中逗号只是用做各变量之间的间隔符。

习 题 2

1. 通过定义变量求各种类型的数据在内存中所占的位数。

2. 编写程序，输入 3 个数，求它们的平均值并输出，用浮点数据处理。

3. 编写程序，输入长方形的长和宽，求长方形的面积和周长并输出，用浮点数据处理。

4. 编写程序，将输入数据的单位由英里转换到千米。已知每英里等于 5280 英尺，每英尺等于 12 英寸，每英寸等于 2.54 厘米，1 千米等于 100000 厘米。

5. 假设美元与人民币的汇率是 1 美元兑换 8.27 元人民币，编写程序输入人民币的金额，输出能兑换的美元金额。

6. 编写程序，输入年利率 I 和存款总数 S（如 50000 元），计算一年后的本息合计并输出。

7. 双层生日蛋糕有 3 层黄油，每层黄油的半径为 R，深度为 H。编写程序输入半径和深度，计算制作双层蛋糕所需使用的黄油的体积。

第 3 章 顺 序 结 构

在程序中若按语句的先后顺序逐条执行，由这样的语句构成的程序结构称为顺序结构，它是程序中最基本、最简单的结构。这类结构主要使用赋值语句以及由输入、输出函数构成语句。

3.1 赋 值 语 句

由赋值表达式的尾部加上一个分号就构成了赋值语句。如 "a=b+c" 是赋值表达式，"a=b+c;" 则是赋值语句。即

变量=表达式；

例如：

```
x=1;      /*给 x 赋值为 1*/
x=x*3*cos(x);     /*计算表达式的值，并赋给 x*/
```

赋值语句左边只能是变量，不能是表达式；赋值语句在执行时，右边表达式运算结果一定有一个确切的值。如果右边表达式的值未定，语句是不能执行的；赋值语句的最后不能少了分号，如果忘了写分号，它只是一个赋值表达式而不是语句。C 语言的特点就是所有语句都以分号结尾。

3.2 数 据 输 出

从计算机外部设备将数据送入计算机内部的操作称为 "输入"，如从键盘输入数据送入计算机。将数据从计算机内部送到计算机外部设备上的操作称为 "输出"，如将计算结果显示在屏幕上或打印在纸上。

C 语言本身没有提供输入输出语句，但可以通过调用 C 标准函数库中的输入输出函数实现输入和输出操作。在使用 C 语言标准输入输出库函数时，要求在源程序中包含有关的头文件 "stdio.h"，在头文件中包含与用到的函数有关的信息。在源程序中应有以下预编译命令：

```
#include  <stdio.h>或
#include  "stdio.h"
```

3.2.1 printf 函数的一般调用形式

从前面的例子中，读者应该能够体会到 printf 函数的作用，printf 函数是 C 语言提供的标准输出函数，其功能是按格式控制规定的格式，向缺省输出设备（一般为显示器）

输出在输出项列表中列出的各输出项，printf 函数的一般调用形式为

printf（格式控制，输出项列表）

例如：`printf("a=%d,c=%c\n",a,c)`

输出项可以是常量、变量、表达式，其类型与个数必须与格式说明的类型、个数一致。当有多个输出项时，各项之间用逗号分隔。

格式控制必须用双引号""括起，由格式说明和普通字符两部分组成。格式说明是将要输出的数据按照指定的格式输出，由"%"和格式字符组成，如%d，%f 等。普通字符要原样输出。例如，上例中的"a="、"c="、逗号、空格和换行符都将按原样输出。

举例说明：

```
int a=10,b=5;
printf("2a=%d,b+5=%d/n",2*a,10);
```

实际输出：`2a=20,b+5=10`

注意：格式说明与输出项列表中的输出项按顺序一一对应，且输出项的数据类型要与格式字符相容，否则会导致执行出错。

3.2.2 printf 函数中常用的格式说明

在格式控制中，每个格式说明总是由"%"字符开始的，对不同类型的数据用不同的格式字符。常用的有以下几种。

1. d 格式符

含义是按十进制整型数据格式输出。几种用法如下。

（1）%d，按十进制整型数据的实际长度输出。

例如：

```
printf("%d",100);
```

输出结果：100

（2）%md，m 为指定的输出字段的宽度。如果数据的位数小于 m，则输出时会右对齐，左端补以空格。若大于 m，则输出时会自动突破，按实际位数输出。

例如：n=100;

```
printf("%6d\n%6d",n,n*100);
```

输出结果为

```
   100
 10000
```

格式控制"%6d \ n%6d"的意义是：先输出一个整型数据，占 6 个字符宽，换行后输出第二个整型数据，也占 6 个字符宽。

（3）%ld：输出长整型数据。

输出项为长整型数据时，格式控制要用%ld，即按长整型数据的实际位数，以十进制形式输出整数，也可以指定数据输出宽度。例如：

```
long  a=1234567; /* 定义 a 为长整型变量*/
```

```
printf("%8ld",a);
```

输出结果为：

⊔ 1234567

如果用%d 输出，就会发生错误，因为整型数据的范围为–32768 ~ 32767。对 long 型数据应当用%ld 格式输出。

2. o 格式符

以八进制整数形式输出内存单元中各位的值。输出的数值不带符号，符号位也一起作为八进制数的一部分输出，不输出带负号的八进制整数。

例如：

```
int n= -1;
printf("%d,%o",n,n);
```

–1 在内存单元中以补码形式存放，表示为

　　1111111111111111

输出结果为

–1,177777

对长整数可以用 "%lo" 格式输出。还可以指定字段宽度。

例如：printf（"%6o"，a）和 printf（"%lo"，a）两条指令的输出都是 177777。

3. x 格式符

以十六进制数形式输出整数，即内存单元中的各二进制位的值按十六进制形式输出。也不会出现负的十六进制数。仍以–1 为例：

```
int n= -1;
printf("%x,%X,%d",a,a,a);
```

输出结果为

ffff,FFFF,-1

可以用 "%lx" 输出长整型数，也可以指定输出字段的宽度，例 "%10x"。

4. u 格式符。

以十进制形式输出 unsigned 型数据。

例如：

```
int n= -1;
printf("%d,%u",n,n);
```

输出结果为

–1,65535

可见，对于同一两个字节二进制码

1111111111111111

从有符号数的角度看，它表示–1，从无符号数的角度看，它表示 65535。

一个有符号整数（int 型）也可以用%u 格式输出；一个 unsigned 型数据也可以用%d 格式输出；unsigned 型数据也可用%o 或%x 格式输出。

5. c 格式符

用来输出一个字符。

例如：

```
char  d='a';
printf("%c",d);
```

输出字符 a。

一个整数，只要它的值在 0 ~ 255 范围内，可以用"%c"使之按字符形式输出，在输出前，系统会将该整数作为 ASCII 码转换成相应的字符；一个字符数据也可以用整数形式输出。

6. s 格式符

输出字符串。

（1）%s。例如：

```
printf("%s","Name:")
```

输出结果：Name:（不包括双引号）。

（2）%ms，当字符串长度大于指定的输出宽度 m 时，按字符串的实际长度输出；当字符串长度小于指定的输出宽度 m，则在左端补空格。

（3）%-ms，当字符串长度大于指定的输出宽度 m 时，按字符串的实际长度输出；当字符串长度小于指定的输出宽度 m，则在右端补空格。例如：

```
printf("%-7s","Name: ")
```

输出结果：Name:⊔⊔

（4）%m.ns，输出字符串占 m 个字符位置，但只输出字符串中开头的 n 个字符，且字符串靠右齐，在左补空格。例如：

```
printf("%6.3s","Name:");
```

输出结果：⊔⊔⊔ Nam

（5）%-m.ns，n 个字符输出在 m 列的左侧，右补空格，若 n>m，m 自动取 n 值。

7. f 格式符。

用来以小数形式输出实数（包括单双精度）

（1）%f。不指定字段宽度，由系统自动指定字段宽度，使整数部分全部输出，并输出 6 位小数。应当注意，在输出的数字中并非全部数字都是有效数字。单精度实数的有效位数一般为 7 位。例如：

```
printf("%f",1000.7654321);
```

输出结果：1000.765432

（2）%m.nf。指定输出的数据共占 m 个字符位置，其中有 n 位小数。如果数值长度小于 m，则左端补空格。例如：

```
printf("%10.3f",1000.7654321);
```

输出结果：⊔⊔1000.765

若实际字符数超出规定的宽度，则整数部分按实际输出，小数仍只有 n 位。例如：

```
printf("%10.3f", 1111000.7654321);
```

输出结果：1111000.765

（3）% – m.nf 与%m.nf 基本相同，只是使输出的数值向左端靠，右端补空格。

8. e 格式符

以指数形式按标准宽度输出十进制实数。

（1）%e。标准输出宽度共占 13 位，分别为尾数的整数部分为非零数字占 1 位，小数点占 1 位，小数占 6 位，e 占 1 位，指数正（负）号占 1 位，指数占 3 位。例如：

```
printf("%e",1000. 7654321);
```

输出结果：1. 000765e+003

（2）%m.ne 和%-m.ne。m、n 和 " – " 字符的含义与前相同。此处 n 为尾数部分的小数位数，不足则在左端补空格，多出则按实际输出。例如：

```
printf("%10.9e",1000. 7654321);
```

输出结果：1.000765432e+003

若没有指定小数部分的宽度，则按标准宽度输出 6 位小数，例如：

```
printf("%10e", 1000. 7654321);
```

输出结果：1.000765e+003

由本节所学的 printf()函数，并结合前面学习的数据类型，对下面的例子进行分析，以加深对数据类型的了解。

9. g 格式符。

用来输出实数，它根据数值的大小，自动选 f 格式或 e 格式（选择输出时占宽度较小的一种），且不输出无意义的零。例如：

若 f=123.468，则 printf("%f　%e　%g", f, f, f);
输出如下：

```
123.468000  1.234680e+002  123.468
```

【例 3-1】

```
#include <stdio.h>
#include <string.h>
main()
{
    char c,s[20],*p;
    int a=1234,*i;
    float f=3.141592653589;
```

```
double x=0.12345678987654321;
p="How do you do";
strcpy(s, "Hello, Comrade");
*i=12;
c='\x41';
printf("a=%d\n", a);          /*结果输出十进制整数 a=1234*/
printf("a=%6d\n", a);         /*结果输出 6 位十进制数 a=   1234*/
printf("a=%06d\n", a);        /*结果输出 6 位十进制数 a=001234*/
printf("a=%2d\n", a);         /*a 超过 2 位，按实际值输出 a=1234*/
printf("*i=%4d\n", *i);       /*输出 4 位十进制整数*i=12*/
printf("*i=%-4d\n", *i);      /*输出左对齐 4 位十进制整数*i=12*/
printf("i=%p\n", i);          /*输出地址 i=06E4*/
printf("f=%f\n", f);          /*输出浮点数 f=3.141593*/
printf("f=6.4f\n", f);        /*输出 6 位其中小数点后 4 位的浮点数 f=3.1416*/
printf("x=%lf\n", x);         /*输出长浮点数 x=0.123457*/
printf("x=%18.16lf\n", x);/ *输出 18 位其中小数点后 16 位的长浮点数
                              x=0.1234567898765432*/
printf("c=%c\n", c);          /*输出字符 c=A*/
printf("c=%x\n", c);          /*输出字符的 ASCII 码值 c=41*/
printf("s[]=%s\n", s);        /*输出数组字符串 s[]=Hello, Comrade*/
printf("s[]=%6.9s\n", s);/ *输出最多 9 个字符的字符串 s[]=Hello, Co*/
printf("s=%p\n", s);          /*输出数组字符串首字符地址 s=FFBE*/
printf("*p=%s\n", p);         /*输出指针字符串 p=How do you do*/
printf("p=%p\n", p);          /*输出指针的值 p=0194*/
returnr 0;
}
```

3.2.3　使用 printf 函数时的注意事项

（1）printf 的输出格式为自由格式，是否在两个数之间留逗号、空格或回车，完全取决于格式控制，如果不注意，很容易造成数字连在一起，使输出结果没有意义。例如：若 k=1234，f=123.456，则 printf("%d%d%f\n",k,k,f)；语句的输出结果是 12341234123.456，无法分辨其中的数字含义。而如果改为 printf("%d%d%f\n", k,k,f)；其输出结果是 1234 1234　1234.456，那么就一目了然了。

（2）格式控制中必须含有与输出项一一对应的输出格式说明，类型必须匹配。若格式说明与输出项的类型不一一对应匹配，则不能正确输出，而且编译时不会报错。若格式说明个数少于输出项个数，则多余的输出项不予输出；若格式说明个数多余输出项个数，则将输出一些毫无意义的数字乱码。

（3）在格式控制中，除了前面要求的输出格式，还可以包含任意的合法字符（包括汉字和转义符），这些字符输出时将"原样照印"。此外，还可利用\n（回车）、\r（回行但不回车）、\t（制表）、\a（响铃）等控制输出格式。

（4）如果要输出%符号，可以在格式控制中用%%表示，将输出一个%符号。

（5）printf 函数有返回值，返回值是本次调用输出字符的个数，包括回车等控制符。

（6）尽量不要在输出语句中改变输出变量的值，因为可能会造成输出结果的不确定性。例如：int k=8;printf("%d,%d\n",k,++k)；输出结果不是 8,9，而是 9,9。这是因为调用函数 printf 时，其参数是从右至左进行处理的，将先进行++k 运算。

（7）输出数据时的域宽可以改变。若变量 m、n、i 和 f 都已正确定义并赋值，则语句 `printf("%*d",m,i);` 将按照 m 指定的域宽输出 i 的值，并不输出 m 的值。而语句 `printf("%*.*f",m,n,i);` 将按照 m 和 n 指定的域宽输出浮点型变量 f 的值，并不输出 m、n 的值。

3.3　数　据　输　入

scanf 函数是 C 语言提供的标准输入函数，其作用是从终端键盘上读入数据。

3.3.1　scanf 函数的一般调用形式

scanf 函数的一般调用形式如下。

scanf（格式控制，地址表列）

例如，若 k 为 int 型变量，a 为 float 型变量，y 为 double 型变量，可通过以下函数调用语句进行输入：

`scanf("%d%f%lf",&k,&a,&y);`

其中，scanf 是函数名，双引号括起来的字符串部分为格式控制部分，其后的&k,&a,&y 为输入项。

格式控制的主要作用是指定输入时的数据转换格式，scanf 的格式转换说明与 printf 的类似。地址表列是由若干个地址组成的表列，可以是变量的地址，或字符串的首地址。

3.3.2　scanf 函数中常用的格式说明

和 printf 函数中的格式说明相似，以%开始，以一个格式字符结束，中间可以插入附加的字符。scanf 函数中的格式字符说明如表 3-1 所示。

表 3-1　scanf 函数中的格式字符说明

格式字符	说明
C	输入一个字符
D	输入带符号的十进制整型数
I	输入整型数，整型数可以使带先导 0 的八进制数，也可以是带先导 0x（或 0X）的十六进制数
O	以八进制格式输入整型数，可以带先导 0，也可以不带
X	以十六进制格式输入整型数，可以带先导 0x 或 0X，也可以不带
U	以无符号十进制形式输入整型数
f(lf)	以带小数点的数学形式或指数形式输入浮点数（单精度数用 f，双精度数用 lf）
e(le)	同上
S	输入一个字符串，直到遇到 "\0"。若字符串长度超过指定的精度则自动突破，不会截断字符串

说明如下：

（1）在格式串中，必须含有与输入项一一对应的格式转换说明符。若格式说明与输入项的类型不一一对应匹配，则不能正确输入，而且编译时不会报错。若格式说明个数少于输入项个数，scanf 函数结束输入，则多余的输入项将无法得到正确的输入值；若格式转换说明个数多余输入项个数，scanf 函数也结束输入，多余的数据作废，不会作为下一个输入语句的数据。

（2）在 scanf 函数的格式字符前可以加入一个正整数指定输入数据所占的宽度，但不可以对实数指定小数位的宽度。

（3）由于输入时一个字符流，scanf 从这个流中按照格式控制指定的格式解析出相应数据，送到指定地址的变量中。因此当输入的数据少于输入项时，运行程序将等待输入，直到满足要求为止。当输入的数据多余输入项时，多余的数据在输入流中没有作废，而是等待下一个输入操作语句继续从输入流读取数据。

（4）scanf 函数有返回值，其值就是本次 scanf 调用正确输入的数据项的个数。

3.3.3 通过 scanf 函数从键盘输入数据

当用 scanf 函数从键盘输入数据时，每行数据在未按下回车键之前，可以任意修改，但按下回车键后，不能再回去修改。

1. 输入数值数据分隔处理

在输入整数或实数这类数值型数据时，输入的数据之间必须用空格、回车符、制表符等间隔符隔开，间隔符个数不限。即使在格式说明中人为指定了输入宽度，也可以用此方式输入。例如，若 k 为 int 型变量，a 为 float 型变量，y 为 double 型变量，有以下输入：

```
scanf("%d%f%le",&k,&a,&y);
```

若要给 k 赋值 10，a 赋值 12.3，y 赋值 1234567.89，输入格式可以是

　　10 12.3 1234567.89<CR>

此处<CR>表示回车键。也可以是

```
10<CR>
12.3<CR>
1234567.89<CR>
```

只要能把 3 个数据正确输入，就可以按任何形式添加间隔符。

2. 指定输入数据所占的宽度

可以在格式字符前加入一个正整数指定输入数据所占的宽度。则上例可改为

```
scanf("%3d%5f%5le",&k,&a,&y);
```

若从键盘上从第一列开始输入：

```
123456.789.123
```

用 printf("%d %f %f\n",k,a,y);打印的结果是

```
123  456.700000  89.120000
```

可以看出，由于格式控制是%3d，因此把输入数字串的前三位 123 赋值给了 k；由于对应于变量 a 的格式控制是%5f，因此把输入数字串中随后的五位数（包括小数点）456.7 赋值给了 a；由于格式控制是%5e，因此把数字串中随后的五位 89.12 赋值给了 y。一般不

提倡指定输入数据所占的宽度，也不允许规定精度，如%10.4f是错误的。

3. 跳过某个输入数据

如果在%后有一个"*"附加说明符，表示跳过它指定的列数。例如：

```
scanf("%2d %*3c %2d",&a,&b);
```

若输入：

```
12 345 67
```

则系统将 12 赋给 a，跳过 345，把 67 赋给 b。

4. 在格式控制中插入其他字符

如果在格式控制字符串中除了格式说明还有其他字符，则在输入数据时在对应位置应输入与这些字符相同的字符。例如：

```
int x, y, z;
scanf ("Please input x,y,z:%d%d%d",&x,&y,&z);
```

输入数据时应按照一一对应的位置原样输入这些字符，必须从第一列起以下面的形式输入：

```
Please input x,y,z:12 34 56
```

包括"Please input x,y,z:"中字符的大小写、字符间的间隔等必须与 scanf 中的完全一致。这些字符被称为通配符。

如果在 scanf 函数中，在每个格式说明之间加一个逗号作为通配符：

```
scanf ("%d,%d,%d",&x,&y,&z);
```

则输入数据时，必须在前两个数据后面紧跟一个逗号，以便于格式控制中的逗号一一匹配，否则不能正确读入数据，举例如下。

输入：`12,34,56`

能正确读入。输入：

```
12, 34, 56
```

也能正确读入，因为空格是间隔符，将全部被忽略掉。但输入：

```
12, 34, 56
```

将不能正确读入，因为逗号没有紧跟在输入数据后面。所以，为了避免不必要的麻烦，尽量不要使用通配符。

5. 如果输入时类型不匹配，scanf()将停止处理，其返回值为零

例如：

```
int a,b;
char ch;
scanf("%d%c%3d",&a,&ch,&b);
```

若输入：12 a 23

则函数将 12 存入地址&a，空格作为字符存入地址&ch，字符'a'作为整型数读入，因此，以上数据为非法输入数据，程序将被终止。

3.4 复合语句和空语句

3.4.1 复合语句

把多个语句用括号 "{}" 括起来组成的语句称为复合语句。 在程序中应把复合语句看成是单条语句，而不是多条语句，例如：

```
{
  x=y+z;
  a=b+c;
  printf("%d%d",x,a);
}
```

是一条复合语句。复合语句内的各条语句都必须以分号 ";" 结尾，在括号 "}" 外不能加分号。

3.4.2 空语句

只有分号 ";" 组成的语句称为空语句，空语句是什么也不执行的语句。在程序中空语句用来做空循环体。例如：

```
while(getchar()!='\n');
```

本语句的功能是，只要从键盘输入的字符不是回车则重新输入。这里的循环体为空语句。

3.5 顺序结构程序举例

顺序结构程序的特点是，程序中的语句按先后顺序执行。顺序结构程序的设计可按如下步骤进行。

（1）根据问题和要求，找出要处理的数据及其相互关系。

（2）设计解决问题的算法。

（3）按算法画出 N-S 图。

（4）根据 N-S 图，写出源代码。

（5）调试和测试程序。

【例 3-2】

设圆半径 r=2，圆柱高 h=3.5，写程序求圆周长、圆面积、圆球表面积、圆球体积、圆柱体积，要求小数点后面保留两位小数。

算法如下。

输入部分：输入单精度型变量 r、h 的值，可利用格式输入 scanf 完成。

求值部分：圆周长、圆面积等通过相应计算公式来求解，具有方法如下。

圆周长：l=2*PI*r;

圆面积：s=PI*r*r;

圆球表面积：sq=4*PI*r*r;

圆球体积：vq=4.0/3.0*PI*r*r*r;

圆柱体积：vz=PI*r*r*h

PI 为前面介绍过的符号常量，代表 3.1415926；

输出部分：利用格式输出 printf 完成各个数据的输出，可采用%m.nf 格式，N-S 图如图 3-1 所示。

源代码：

```
#include <stdio.h>
#define PI 3.1415926
main()
{
    float r,h,l,s,sq,vq,vz;
    printf("please input r,h:\n");
    scanf("%f,%f",&r,&h);
    l=2*PI*r;
    s=PI*r*r;
    sq=4*PI*r*r;
    vq=4.0/3.0*PI*r*r*r;
    vz=PI*r*r*h;
    printf("%6.2f\n",l);
    printf("%6.2f\n",s);
    printf("%6.2f\n",sq);
    printf("%6.2f\n",vq);
    printf("%6.2f\n",vz);
}
```

输入r、h的值
圆周长 l = 2*PI*r
圆面积 s = PI*r*r
圆球表面积 sq = 4*PI*r*r
圆球体积 vq = 4.0/3.0*PI*r*r*r
圆柱体积 vz = PI*r*r*h
输出l、s、sq、vq、vz的值

图 3-1　例 3-2 的 N-S 图

运行结果如图 3-2 所示。

图 3-2　例 3-2 运行结果

【例 3-3】

输入两个整数 a 和 b，求 a 除以 b 的商和余数，写完整程序，并按如下形式输入结果。（□表示空格）

a=□1500,b=□350

a/b=□□4,the□a□mod□b =□100

算法如下。

输入部分：输入整型变量 a,b 的值，可利用格式输入 scanf 完成；

计算处理部分：求 a/b 的商和余数，利用赋值语句完成；

输出部分：利用格式输入 printf 完成格式输出，可采用%md 格式。

N-S 图如图 3-3 所示。

源代码：

输入 a，b 的值
c=a/b
d=a%b
输出 a，b，c，d 的值

图 3-3　例 3-3 的 N-S 图

```
#include <stdio.h>
main()
{
  int a,b,c,d;
  scanf("%d,%d",&a,&b);
  c=a/b;
  d=a%b;
  printf("a=%5d,b=%4d\n",a,b);
  printf("a/b=%3d,the a mod b=%4d\n",c,d);
}
```

运行结果如图 3-4 所示。

图 3-4　例 3-3 运行结果

【例 3-4】

用*号输出字母 C 的图案。

```
#include <stdio.h>
Main()
{
  printf("Hello C-world!\n");
  printf(" ****\n");
  printf(" *\n");
  printf(" * \n");
  printf(" ****\n");
}
```

运行结果如图 3-5 所示。

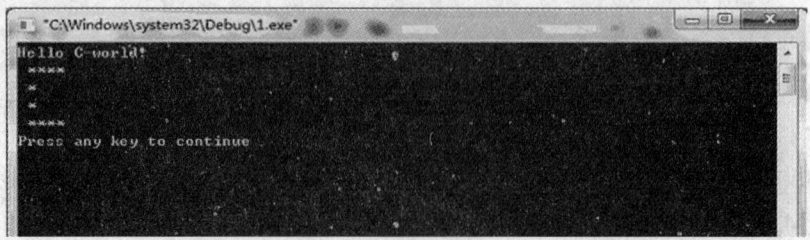

图 3-5　例 3-4 运行结果

习 题 3

一、选择题

1. 以下程序的输出结果是（　　）。

```
main()
{
  char c1='6',c2='0';
  printf("%c,%c,%d,%d\n",c1,c2,c1-c2,c1+c2);
}
```

（A）因输出格式不合法，输出出错信息　　　　（B）6,0,6,102

（C）6,0,7,6　　　　　　　　　　　　　　　　（D）6,0,5,7

2. 以下程序的输出结果是（　　）。

```
main()
{
  int x=10,y=10;
  printf("%d%d\n",x--,--y);
}
```

（A）10　10　　　（B）9　9　　　（C）9　10　　　（D）10　9

3. 若有定义：int x,y;char a,b,c;并有以下输入数据（此处，<cr>代表换行符）

1 2<cr>

A B C<cr>

则能给 x 赋整数 1，给 y 赋整数 2，给 a 赋字符 A，给 b 赋字符 B，给 c 赋字符 C 的正确程序段是（　　）。

（A）scanf("x=%dy=%d",&x,&y);a=getchar();b=getchar();c=getchar();

（B）scanf("%dy%d",&x,&y);a=getchar();b=getchar();c=getchar();

（C）scanf("%d%d%c%c%c%c%c%c",&x,&y,&a,&a,&b,&b,&c,&c);

（D）scanf("%d%d%c%c%c",&x,&y,&a,&b,&c);

二、编程题

1. 编写程序，求方程 $ax^2 + bx + c = 0$ 的解 x。

2. 编写一个程序，能显示出以下两行文字。

I am a student.

I love China.

第4章 选择结构

选择结构，是 C 语言 3 种基本结构之一，在大多数程序中都会包含选择结构。它的作用是根据所指定的条件是否满足，决定从给定的两组操作中选择其一。在本章中将介绍如何用 C 语言实现选择结构。在 C 语言中选择结构通常用 if 语句和 switch 语句实现。

4.1 关系运算和逻辑运算

4.1.1 C 语言的逻辑值

在程序设计中，条件成立用"真"表示，条件不成立用"假"表示，并将"真"和"假"称为逻辑值。C 语言中，选择结构的条件通常由关系表达式或逻辑表达式组成。

在 C 语言中，没有专门的逻辑型数据，所以表示逻辑值的真假时，用 1 表示"真"，用 0 表示"假"。而识别真假时，将 0 值识别为"假"，非 0 值一律识别为"真"。

4.1.2 关系运算符和关系表达式

关系运算是逻辑运算中一种较为简单的运算，关系运算也称为比较运算，即将两个值进行比较，判断其比较值是否符合给定的条件。若符合给定条件，结果为"真"，否则，结果为"假"。

1. 关系运算符

关系运算符是用于比较大小的，C 语言提供了 6 种关系运算符，见表 4-1。

表 4-1 关系运算符的运算对象、规则、结合性

对象数	名称	运算符	运算规则	运算对象	运算结果	结合性
双目	小于	<	条件满足则为真，结果为 1；否则为假，结果为 0	整型、实型或字符型等	逻辑值	左结合
	小于等于	<=				
	大于	>				
	大于等于	>=				
	等于	==				
	不等于	!=				

其中，前 4 种关系运算符的优先级相同，后 2 种相同，但前 4 种的优先级高于后 2 种。关系运算符都是双目运算符，其结合性均为左结合。关系运算符的优先级低于算术运算符，高于赋值运算符。

例如：

c>a+b 等价于 c>(a+b)

a>b!=c 等价于(a>b)!=c

a= =b<c 等价于 a= =(b<c)

a+b>c+d 等价于(a+b)>(c+d)。

需要说明以下 3 点。

（1）若关系运算符由两个字符构成时，书写时中间不能有空格。

（2）"小于等于"可以说成"不大于"，"大于等于"可以说成"不小于"。

（3）字符型数据的比较是按字符的 ASCII 码进行的，其实质是数值比较。

2. 关系表达式

用关系运算符将两个表达式连接起来的式子称为关系表达式。其构成规则如下：

表达式　关系运算符　表达式

其中，表达式可以是算术表达式或关系表达式、逻辑表达式、赋值表达式、字符表达式。例如，下面都是合法的关系表达式：

a>b，a+b>b+c，(a=3)>(b=5)，'a'+1<c，(a>b)>(b<c)

关系运算符在表达式中具有左结合性，因此，表达式 a<b<c 与 (a<b)<c 等价，是合法的表达式。

关系表达式的值是一个逻辑值，即"真"或"假"。例如，关系表达式"6= =2"的值为"假"，"5>=0"的值为"真"。在 C 的逻辑运算中，以"1"代表"真"，以"0"代表"假"。例如，设 x=1，y=2，z=3。

表达式	值	求值顺序
y<z+1	1	先做+运算，再做<运算
x= =y=z-1	0	先做-运算，再做= =运算
x<y<z	1	同级运算自左向右

4.1.3　逻辑运算符和逻辑表达式

1. 逻辑运算符

C 语言中提供的逻辑运算符有 3 种：

（1）&& 逻辑与（相当于其他语言中的 AND）；

（2）|| 逻辑或（相当于其他语言中的 OR）；

（3）! 逻辑非（相当于其他语言中的 NOT）。

其中，&&（与运算）和||（或运算）为双目运算符，结合方向为自左至右。!（非运算）为单目运算符，结合方向为自右至左。

表 4-2 为逻辑运算的真值表。用它表示当 a 和 b 的值为不同组合时，各种逻辑运算所得的值。

表 4-2　逻辑运算符的真值表

a	b	!a	a&&b	a‖b
非 0（真）	非 0（真）	0（假）	1（真）	1（真）
非 0（真）	0（假）	0（假）	0（假）	1（真）
0（假）	非 0（真）	1（真）	0（假）	1（真）
0（假）	0（假）	1（真）	0（假）	0（假）

由表可以看出以下 3 点：

（1）a&&b：a、b 同时为真，结果为真，否则为假。例如，2>0 && 14>2，由于 2>0 为真，14>2 也为真，结果也为真。

（2）a‖b：a、b 同时为假，结果为假，否则为真。例如，15>0‖15>8，由于 15>0 为真，相或的结果也就为真。

（3）!a：若 a 为真，则!a 为假。

在一个逻辑表达式中如果包含多个逻辑运算符，例如：

!a&&b‖x>y&&c

优先次序如下：

（1）逻辑非(!)>逻辑与(&&)>逻辑或(‖)，即"!"为三者中最高的。

（2）逻辑运算符中的"&&"和"‖"低于关系运算符，"!"高于算术运算符。优先级如图 4-1 所示。

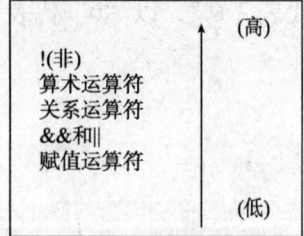

图 4-1　优先级别

例如：

（1）a>b && c>d　　　　等价于(a>b) && (c>d)

（2）!b= =c‖d<a　　　　等价于((!b)= =c)‖(d<a)

（3）a+b>c && x+y<b　等价于((a+b)>c) && ((x+y)<b)

2. 逻辑表达式

用逻辑运算符将运算对象连接而成的式子称为逻辑表达式。与关系表达式一样，逻辑表达式的运算结果也为 1 或 0（真或假）。其构成规则如下：

（1）单目逻辑运算符　表达式

（2）表达式　双目逻辑运算符　表达式

其中表达式主要是关系表达式，还可以是字符型数据或算术表达式、逻辑表达式、条件表达式、赋值表达式和逗号表达式等。

C 语言编译系统在给出逻辑运算结果时，以数值 1 代表"真"，以 0 代表"假"，但在判断一个量是否为"真"时，以 0 代表"假"，以非 0 代表"真"。即将一个非零的数值认作为"真"。

举例如下：

（1）若 a=8，则!a 的值为 0。因为 a 的值为非 0，被认为"真"，对它进行"非"运算，得"假"，"假"以 0 代表。

（2）若 a=4，b=5，则 a&&b 的值为 1。因为 a 和 b 均为非 0，被认为是"真"，因此 a&&b 的值也为"真"，值为 1。

（3）a、b 值同前，a||b 的值为 1。

（4）a、b 值同前，!a||b 的值为 1。

（5）4&&0||2 的值为 1。

通过这几个例子可以看出，由系统给出的逻辑运算结果不是 0 就是 1，不可能是其他数值。而在逻辑表达式中作为参加逻辑运算的运算对象（操作数）可以是 0（"假"）或任何非 0 的数值（按"真"对待）。如果在一个表达式中不同位置上出现数值，应区分哪些是作为数值运算或关系运算的对象，哪些作为逻辑运算的对象。例如：

5 > 3 && 8 < 4-!0

表达式自左至右扫描求解。首先处理"5 > 3"（因为关系运算符优先于&&）。在关系运算符两侧的 5 和 3 作为数值参加关系运算，"5 > 3"的值为 1。再进行"1&&8<4-!0"的运算，8 的左侧为"&&"，右侧为"<"运算符，根据优先规则，应先进行"<"的运算，即先进行"8<4-!0"的运算。现在 4 的左侧为"<"，右侧为"−"运算符，而"−"优先于"<"，因此应先进行"4-!0"的运算，由于"!"的级别最高，因此先进行"!0"的运算，得到结果 1。然后进行"4−1"的运算，得结果 3，再进行"8<3"的运算，得 0，最后进行"1&&0"的运算，得 0。

注意事项如下：

（1）代数式的不等式 1<x<5 必须写成(x>1)&&(x<5)，而不能直接写成 1<x<5。

（2）C 语言允许直接对数或字符进行逻辑运算。如 5&&'c'，结果为 1。因为字符'c'的 ASCII 为非 0 值，非 0 值与非 0 值做与运算，结果为真。

熟练掌握关系运算符和逻辑运算符，可以构造出任何复杂的条件。举例如下：

（1）判断某一年 year 是否是闰年（条件：年份能被 4 整除，但不能被 100 整除；或者年份既能被 4 整除，又能被 400 整除）的逻辑表达式可以写成：

(year%4==0 && year%100!=0)||year%400==0

上述表达式为真时，year 为闰年，否则为非闰年。由此知，判断非闰年的条件只需在上述条件前面加!。即：

!((year%4==0 && year%100!=0)||year%400==0)

或　!((year%4!=0)||(year%100==0 && year%400!=0))

（2）判断某个字符 c 是不是字母的逻辑表达式可以写成：

　c> ='a' && c<='z' || c>='A' && c<='Z'　　　（按字符比较）

或　c>=97 && c<=122 || c>=65 && c<=90　　（按 ASCII 码值比较）

4.2　if 语 句

if 语句是用来判断所给定的条件是否满足，根据判定的结果（真或假）决定执行某个分支程序段。

4.2.1　if 语句的 3 种形式

C 语言的 if 语句有 3 种基本形式。

1. 单分支选择语句

格式：if(表达式) 语句

这是最基本、最简单的 if 语句形式。例如：if(x > y) printf("%d",x);

功能：如果表达式的值为真，则执行其后的语句，否则不执行该语句。其执行过程如图 4-2 所示。

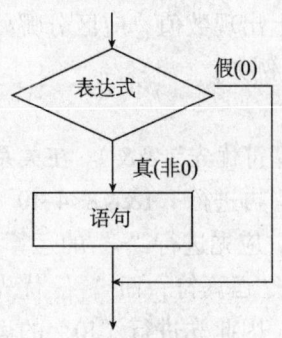

图 4-2　单分支选择语句流程

说明如下。

（1）表达式外的一对圆括号是必要的。

（2）表达式通常用的是逻辑表达式或关系表达式。但也可以是其他表达式，如赋值表达式等，甚至也可以是一个变量。例如，if(a=0.5)语句和 if(b)语句都是允许的。

（3）if 与其后的（ ）间不能有空格。

（4）语句可以是任何一句有效的执行语句或复合语句，也可以是另一个 if 语句（称嵌套的 if 语句）。

【例 4-1】　判断由键盘输入的字符是否是字母（包括大小写），是；否则，无信息输出就输出英语：Yes!

程序清单如下：

```c
#include <stdio.h>
void main()
{
  char a;
  printf("Please input a char: ");
  scanf("%c",&a);
  if(a>='a' && a<='z' || a>='A'&& a<='Z')
     printf("Yes!\n");
}
```

运行结果：

（1）Please input a char: s
Yes!

（2）Please input a char: 7

/*无信息输出*/

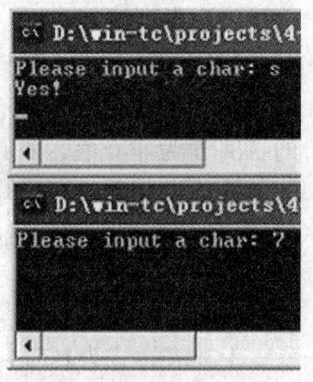

图 4-3　程序运行结果

2. 双分支 if 语句

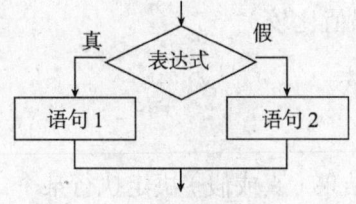

图 4-4　双分支选择语句流程

格式：if（表达式）
　　　　语句 1
　　　else
　　　　语句 2

例如：if (x>y) printf("%d",x);
　　　　　 else printf("%d",y);

功能：如果表达式的值为真，则执行语句 1，否则执行语句 2，然后执行后续语句。也就是说无论控制条件成立与否，双分支语句总是要执行语句 1 或语句 2 中的一句。其执行过程如图 4-4 所示。

说明如下：

（1）表达式、语句 1、语句 2 与前一种 if 语句相同。

（2）如果语句 1 或语句 2 有多于一条语句要执行时，必须使用 "{" 和 "}" 把这些语句包括在其中。例如：

```
if  (a+b>c && b+c>a && c+a>b)
{
  s=0.5*(a+b+c);
  area=sqrt(s*(s-a)*(s-b)*(s-c));
  printf("area=%6.2f",area);
}
else printf("it is not a trilateral");
```

（3）C 语言规定：else 子句不能作为语句单独使用，它是 if 语句的一部分，只能与 if 语句配对使用，且 else 前面必须有一个分号，但当语句 1 位置上是一个复合语句时，花括号 "}" 后面不需要再加分号。如上例第 3 行{}内是一个完整的复合语句，"}" 外面不需要再加分号。

（4）书写时通常将 else 及其后面的语句另起一行，并且让 else 和 if 对齐。

【例 4-2】　判断由键盘输入的字符是否是字母（包括大小写），是，就输出 Yes!；否则，输出 No!。

程序清单如下：

```
#include <stdio.h>
void main()
{
 char a;
 printf("Please input a char: ");
 scanf("%c",&a);
 if (a>='a' && a<='z' || a>='A' && a<='Z')
 printf("Yes!\n");
 else printf("No!\n");
}
```

3. 多分支 if 语句

格式：if（表达式 1）　　　语句 1
　　　else if（表达式 2）　语句 2
　　　else if（表达式 3）　语句 3
　　　　　　　⋮
　　　else if（表达式 n）　语句 n
　　　else　　　　　　　　语句 n+1

多分支选择语句流程如图 4-5 所示。
例如：

```
if(number>500)  cost=0.15;
else if(number>300) cost=0.10;
else if(number>100) cost=0.075;
else if(number>50) cost=0.05;
else cost=0;
```

功能：依次判断表达式的值，当出现某个值为真时，则执行其对应的语句。然后跳到整个 if 语句之外继续执行程序。如果所有的表达式均为假，则执行语句 n+1。然后继续执行后续程序。最后这个 else 常起着 "缺省条件" 的作用。注意：else 和 if 之间有空格。

【例 4-3】 输入 3 个数 a，b，c，要求按由小到大的顺序输出。

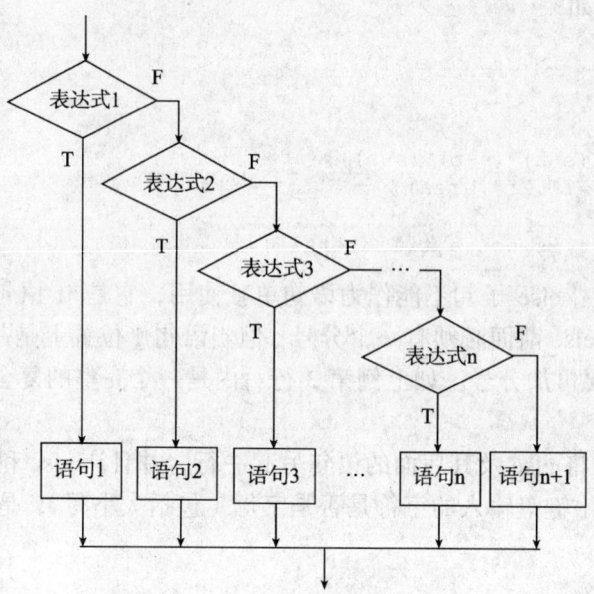

图 4-5 多分支选择语句流程

解此题的算法稍复杂一些。可以用伪代码写出算法：

if   a＞b   将 a 和 b 对换   （a 是 a，b 中的小者）

if   a＞c   将 a 和 c 对换   （a 是 a，c 中的小者，因此 a 是三者中最小者）

if   b＞c   将 b 和 c 对换   （b 是 b，c 中的小者，也是三者中次小者）

然后顺序输出 a，b，c 即可。

按此算法编写程序：

```c
#include <stdio.h>
void main()
{
  float a,b,c,t;
  scanf("%f,%f,%f",&a,&b,&c);
  if(a>b)
   {t=a; a=b; b=t;}    /*实现 a 和 b 的互换*/
  if(a>c)
   {t=a; a=c; c=t;}    /*实现 a 和 c 的互换*/
  if(b>c)
   {t=b; b=c; c=t;}    /*实现 b 和 c 的互换*/
  printf("%5.2f,%5.2f,%5.2f",a,b,c);
}
```

运行情况如下：

```
3,7,1
1.00,3.00,7.00
```

4.2.2 if 语句的嵌套

在 if 语句中又包含一个或多个 if 语句称为 if 语句的嵌套。一般形式如下：

```
if(表达式 1)
    if(表达式 2)语句 1 ┐
    else 语句 2       ┘内嵌 if
else
    if(表达式 3)语句 3 ┐
    else 语句 4       ┘内嵌 if
```

在 if 语句的嵌套中，嵌套内的 if 语句可能又是 if-else 型的，这将会出现多个 if 和多个 else 重叠的情况，此时要特别注意 if 和 else 的配对问题。

C 语言规定，else 总是与它前面离得最近的、还没有配对的 if 配对。

```
if(…)
    if(…)
        if(…)
        else…
    else…
else…
```

如果不希望按此原则进行配对，可以通过加花括号的方法来重新确定配对关系。例如：

```
if( )
{
  if( ) 语句 1 ┐内嵌 if
}            ┘
else 语句 2
```

这时 { } 限定了内嵌 if 语句的范围，因此 else 与第一个 if 配对。

【例 4-4】 有一函数：

$$y = \begin{cases} -1 & (x < 0) \\ 0 & (x = 0) \\ 1 & (x > 0) \end{cases}$$

编一程序，输入一个 x 值，输出 y 值。

可以先写出算法：

输入 x

若 x < 0，则 y = -1

若 x = 0，则 y = 0

若 x > 0，则 y = 1

输出 y

或：

输入 x

若 x < 0，则 y = -1

否则：

若 x = 0，则 y = 0

若 x > 0，则 y = 1

输出 y

按照以上算法，有以下几个程序，请判断哪个是正确的。

程序 1：

```
#include <stdio.h>
void main()
{
    int x,y;
    scanf("%d",&x);
    if(x<0)
        y=-1;
    else
        if(x==0) y=0;
        else y=1;
    printf("x=%d,y=%d\n",x,y);
}
```

程序 2：将上面程序的 if 语句（第 6～10 行）改为

```
if(x>=0)
    if(x>0)  y=1;
    else y=0;
else    y=-1;
```

程序 3：将上述 if 语句改为

```
y=-1;
if(x!=0)
    if(x>0)  y=1;
else    y=0;
```

程序 4：

```
y=0;
 if(x>=0)
    if(x>0)  y=1;
else y=-1;
```

只有程序 1 和程序 2 是正确的。请注意程序中的 else 与 if 的配对关系。例如，程序 3 中的 else 子句是和它上一行的内嵌的 if 语句配对，而不与第 2 行的 if 语句配对。为了使逻辑关系清晰，避免出错，一般把内嵌的 if 语句放在外层的 else 子句中（如程序 1），这样由于有外层的 else 相隔，内嵌的 else 不会被误认为和外层的 if 配对，而只能与内嵌的 if 配对，这样就不会搞混，如像程序 3 和程序 4 那样写就很容易出错。

4.2.3 条件运算符

若 if 语句中，在表达式为"真"和"假"时，且都只执行一个赋值语句给同一个变量赋值时，可以用简单的条件运算符来处理。条件运算符是 C 语言中唯一的一个三目运算符。条件运算符的一般形式是：

表达式 1? 表达式 2：表达式 3

功能：如果表达式 1 的值为真，则以表达式 2 的值作为条件表达式的值，否则以表达式 3 的值作为整个条件表达式的值。它的执行过程如图 4-6 所示。

用条件运算符构成的表达式称为条件表达式。条件表达式通常用于赋值语句中。例如，条件语句：

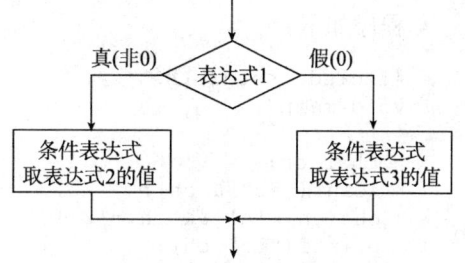

图 4-6　条件运算符执行流程

```
if(a>b) max=a;
else max=b;
```

可用条件表达式写为

```
max=(a>b)?a:b;
```

其中 "(a>b)?a:b" 是一个 "条件表达式"。它是这样执行的：如果(a>b)条件为真，则条件表达式取值 a，否则取值 b。

说明如下。

（1）条件运算符优先于赋值运算符，因此上面赋值表达式的求解过程是先求解条件表达式，再将它的值赋给 max。

条件运算符的优先级别比关系运算符和算术运算符都低。因此

```
max=(a>b)?a:b
```

可以去掉括号而写成

```
max=a>b?a:b
```

如果有 a>b?a:b+1

相当于 a>b?a:(b+1)，而不相当于(a>b?a:b)+1。

（2）条件运算符的结合方向为自右至左。如果有以下条件表达式：a>b?a:c>d?c:d 相当于 a>b?a:(c>d?c:d)，这属于条件表达式嵌套的情形，即其中的表达式 3 又是一个条件表达式。如果 a=1，b=2，c=3，d=4，则条件表达式的值等于 4。

（3）条件表达式不能取代一般的 if 语句，只有在 if 语句中内嵌的语句为赋值语句（且两个分支都给同一个变量赋值）时才能代替 if 语句。像下面的 if 语句就无法用一个条件表达式代替。

```
if(a>b) printf("%d",a);
else printf("%d",b);
```

但可以用下面语句代替：

```
printf("%d",a>b?a:b);
```

即将条件表达式的值输出。

（4）条件表达式中，表达式 1 的类型可以与表达式 2 和表达式 3 的类型不同。如 x? 'a': 'b'

x 是整型变量，若 x=0，则条件表达式的值为'b'。表达式 2 和表达式 3 的类型也可以不同，此时条件表达式的值的类型为二者中较高的类型。例如：

x>y?1:1.5

如果 x≤y，则条件表达式的值为 1.5。若 x>y，值应为 1，由于 1.5 是实型，比整型高，因此，将 1 转换成实型值 1.0。

【例 4-5】 输入一个字符，判别它是否是大写字母，如果是，将它转换成小写字母；如果不是，不转换。然后输出最后得到的字符。

程序如下：

```c
#include <stdio.h>
void main()
{
  char ch;
  scanf("%c",& ch);
  ch=(ch>='A' && ch<='Z')?(ch+32):ch;
  printf("%c",ch);
}
```

运行结果如下：

```
D
d  ↙
```

条件表达式中的(ch + 32)，其中 32 是小写字母和大写字母 ASCII 码的差值。

4.3 switch 语 句

4.3.1 switch 语句的形式与执行过程

实际问题中常常需要用到多分支的选择。例如，学生成绩分类（90 分以上为'a'等，80 ~ 89 分为'b'等，70 ~ 79 分为'c'等……）；人口统计分类（按年龄分为老、中、青、少、儿童）；工资统计分类；银行存款分类等。程序设计中的多分支问题除了可以用 if 语句的嵌套解决，还可以用 switch 语句（也称开关语句）。if 语句的嵌套除了受嵌套层数（15 层）的限制外，使用也不方便，可读性差，且容易出错。switch 语句正好解决了上述不足，在解决多分支程序设计问题时得到广泛应用。

switch 语句的一般形式如下：

```
switch(表达式)
{
  case  常量表达式 1: 语句 1
  case  常量表达式 2: 语句 2
    ⋮
  case  常量表达式 n: 语句 n
  default        : 语句 n + 1
}
```

switch 语句的执行过程是先计算表达式的值，并逐个与其后的常量表达式值相比较，当表达式的值与某个常量表达式的值相等时，即执行其后的语句，然后不再进行判断，继续执行后面所有 case 之后的语句。如表达式的值与所有 case 后的常量表达式均不相等，而有 default 语句时，则执行 default 后的语句；如没有 default 语句时，则执行 switch 语句的后续语句。

多分支语句的执行流程如图 4-7 所示。

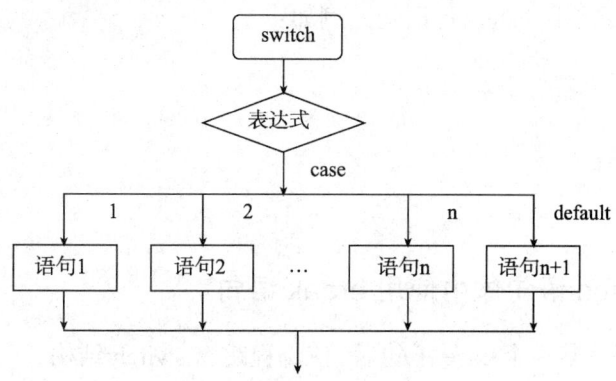

图 4-7　switch 语句执行过程

【例 4-6】　输入考试成绩等级，输出百分制分数段。

```c
#include <stdio.h>
void main()
{
  char grade;
  grade=getchar();
  switch(grade)
    {
      case 'A':  printf("85~100\n");
      case 'B':  printf("70~84\n");
      case 'C':  printf("60~69\n");
      case 'D':  printf("<60\n");
      default :  printf("error\n");
    }
}
```

注意事项如下：

（1）switch 后面括弧内的表达式可以为任何类型，如整型、字符型或枚举型表达式。

（2）当表达式的值与某一个 case 后面的常量表达式的值相等时，就执行此 case 后面的语句，若所有的 case 中的常量表达式的值都没有与表达式的值匹配的，就执行 default 后面的语句。

（3）case 与其后的常量表达式之间至少要有一个空格。case 后面的常量表达式,值必须互不相同。否则就会出现互相矛盾的现象（对表达式的同一个值，有两种或多种执行方案）。

（4）case 和 default 的位置是任意的；default 子句可以省略。例如，可以先出现"default：…"，再出现"case 'D'：…"，然后是"case 'A'：…"。

（5）case 常量表达式只起语句标号作用，不进行条件判断，在执行完某个 case 后面的语句后，将自动执行该语句后面的语句。例如，上面的例子中，若 grade 的值等于'A'，则将连续输出：

```
85~100
70~84
60~69
<60
```

```
error
```

（6）多个 case 可共用一组执行语句。例如：

```
switch(n)
  {case1:
   case2:
        x=10;

   …}
```

4.3.2　在 switch 语句体中使用 break 语句

如果希望在执行完某一个 case 子句后，使流程跳出 switch 结构，不再执行后续的 case 子句和 default 子句，则可以在相应分支的语句组后写上一个 break 语句。

break 语句的作用是起中断和跳出的作用，终止语句的执行，所以也叫终止语句。

将上面的例 4-6 改写如下：

```
#include <stdio.h>
void main()
{
  char grade;
  grade=getchar();
  switch(grade)
    {
      case 'A':  printf("85-100\n"); break;
      case 'B':  printf("70-84\n");  break;
      case 'C':  printf("60-69\n");  break;
      case 'D':  printf("<60\n");    break;
      default :  printf("error\n");   break;
    }
}
```

最后一个分支(default)可以不加 break 语句。如果 grade 的值为'B'，则只输出"70~84"。执行过程见图 4-8。

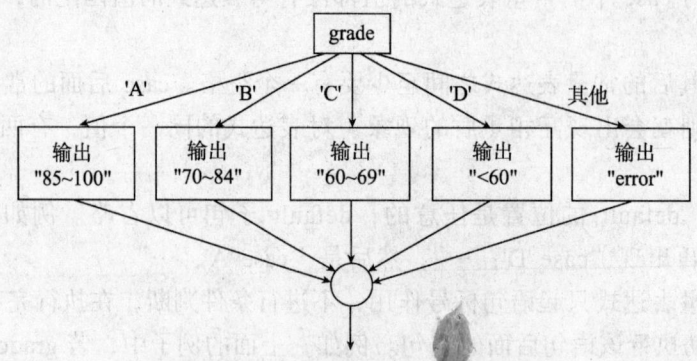

图 4-8　break 语句执行过程

注意事项如下：

（1）break 语句对条件语句(if-else)不起作用。

（2）switch 语句嵌套使用时，要特别注意 break 语句的位置。例如：

```
#include <stdio.h>
void main()
{
  int x=0,y=2,z=3;
  switch(x)
    {
      case 0: switch(y==2)
        {
          case 1:printf("*"); break;
          case 0:printf("!");
        }
      break;    /*注意此处的 break 语句*/
  case 1: switch(z)
        {
          case 1:printf("$");
          case 2:printf("#"); break;
          default : printf("@");
        }
    }
}
```

程序运行的结果为"*"。但如果省略了第一个内嵌的 switch 语句结构后的 break 语句，则最终的输出结果为 "*@"。为什么？请读者自己仔细分析一下。

4.4 语句标号和 goto 语句

4.4.1 语句标号

给出一个语句加一个编号或下标就构成了标号语句。其形式如下。

语句标号: 语句

在 C 语言中，语句标号可以是任意合法的标识符，而且可以加在任何语句的前面，若在标识符后面加冒号，例如："end:"标识符就变成了语句标号，但标号不能用数值表示，如 12:，3:，5:都是错误的。标号可以与变量同名。

4.4.2 goto 语句

goto 语句为无条件转向语句，它的一般形式为：

goto 语句标号;

goto 语句的作用是使程序改变原来的执行顺序，转移到指定的语句上执行。通常，语句标号的作用是为 goto 语句指明转向目标。例如：

goto sd;
sd:printf("this is a book!\n");

注意：goto 语句虽然简单和直观，但滥用 goto 语句，将使程序变得没有结构性和规律性，导致可读性大大降低，给程序调试带来麻烦。因此，建议程序中尽量不用或少用 goto 语句。

【例 4-7】 用 if 语句和 goto 语句构成循环，求 1+2+3+…+100。

```c
#include <stdio.h>
void main()
{
  int i,  sum=0;
  i=1;
  loop: if(i<=100)
    {
      sum=sum+i;
      i++;
      goto loop;
    }
  printf("%d\n",sum);
}
```

运行结果：

5050

习　题　4

一、选择题

1. 以下是 if 语句的基本形式：

if(表达式) 语句

其中"表达式"（　　　）。

 （A）必须是逻辑表达式   （B）必须是关系表达式

 （C）必须是逻辑表达式或关系表达式 （D）可以是任意合法的表达式

2. 有以下程序

```c
#include <stdio.h>
main()
{
  int x;  scanf("%d",&x);
  if(x<=3) ; else  if(x!=10) printf("%d\n",x);
}
```

程序运行时，输入的值在（　　　）范围才会有输出结果。

 （A）不等于 10 的整数   （B）大于 3 且不等于 10 的整数

 （C）大于 3 或等于 10 的整数 （D）小于 3 的整数

3. 以下程序段中，与语句：k=a>b?(b>c?1:0):0;功能相同的是（　　　）。

 （A）if((a>b)&&(b>c)) k=1; else k=0;

 （B）if((a>b)||(b>c) k=1;   else k=0;

 （C）if(a<=b) k=0;   else if(b<=c) k=1;

 （D）if(a>b) k=1;   else if(b>c) k=1; else k=0;

4. 若 a 是数值类型，则逻辑表达式(a==1)||(a!=1)的值是（　　　）。

 （A）1 （B）0 （C）2 （D）不知道 a 的值，不能确定

5. 以下选项中与if(a==1) a=b; else a++;语句功能不同的 switch 语句是（　　　）。

 （A）switch(a)

   {case 1:a=b;break;   default:a++; }

 （B）switch(a==1)

   {case 0:a=b;break;   case 1:a++; }

 （C）switch(a)

```
        {default:a++;break;    case 1:a=b;  }
（D） switch(a==1)
        {case 1:a=b;break;    case 0:a++;  }
```

6. 有以下程序

```
#include <stdio.h>
void main()
{
  int a=1,b=0; if(--a) b++;
  else if(a==0) b+=2;
  else b+=3;
  printf("%d\n",b);
}
```

程序运行后的输出结果是（　　）。

（A）0　　　（B）1　　　（C）2　　　（D）3

7. 若有定义语句：int k1=10,k2=20;，执行表达式(k1=k1>k2)&&(k2=k2>k1)后，k1 和 k2 的值分别为（　　）。

（A）0 和 1　　（B）0 和 20　　　（C）10 和 1　　　（D）10 和 20

8. 下列条件语句中输出结果与其他语句不同的是（　　）。

（A）if(a)　　　printf("%d\n",x); else printf("%d\n",y);
（B）if(a==0)　printf("%d\n",y); else printf("%d\n",x);
（C）if(a!=0)　printf("%d\n",x); else printf("%d\n",y);
（D）if(a==0)　printf("%d\n",x); else printf("%d\n",y);

9. 以下选项中，能表示逻辑值"假"的是（　　）。

（A）1　　　（B）0.000001　　　（C）0　　　（D）100.0

10. 有以下程序

```
#include <stdio.h>
void main()
{
  int a;
  scanf("%d",&a);
  if(a++<9)
  printf("%d\n",a);
  else
  printf("%d\n",a--);
}
```

程序运行时键盘输入 9<回车>，则输出的结果是（　　）。

（A）10　　　（B）11　　　（C）9　　　（D）8

二、填空题

1. 有以下程序

```
#include <stdio.h>
void main()
{
  int a=1,b=2,c=3,d=0;
  if(a==1)
  if(b!=2)
  if(c==3) d=3;
  else d=2;
  else if(c!=3) d=3;
```

```
    else d=4;
    else d=5;
    printf("%d\n",d);
}
```

程序运行后的输出结果是_____。

2. 在 C 语言中，当表达式值为 0 时表示逻辑值"假"，当表达式值为_____时表示逻辑值"真"。

3. 有以下程序

```
#include <stdio.h>
void main()
{
    int x;
    scanf("%d",&x);
    if(x>15) printf("%d",x-5);
    if(x>10) printf("%d",x);
    if(x>5) printf("%d",x+5);
}
```

若程序运行时从键盘输入 12<回车>，则输出结果为_____。

4. 以下程序运行后的输出结果是_____。

```
#include <stdio.h>
void main()
{
    int x=10,y=20,t=0;
    if(x==y) t=x; x=y; y=t;
    printf("%d %d\n",x,y);
}
```

三、编程题

1. 输入两个实数，按代数值由小到大的顺序输出这两个实数。

2. 输入一个学生的成绩，编程输出相应的等级，90 分及以上的输出"A"，80~89 分的输出"B"，70~79 分的输出"C"，60~69 分的输出"D"，60 分以下的输出"E"。

第 5 章 循 环 结 构

本章将介绍怎样重复执行一个语句块，直到满足某个条件为止，这就是循环。循环结构是结构化程序设计的 3 种基本结构（顺序、选择、循环）之一，利用循环结构处理各类重复性操作既简单又方便。在 C 语言中有 3 种可以构成循环结构的循环语句：while、do-while 和 for，本章将逐一进行介绍。

5.1　while 语句和用 while 语句组成的循环结构

5.1.1　while 循环的一般形式

（1）while 循环的结构：

```
while（表达式）
        循环体
```

（2）说明：while 是 C 语言的关键字；while 后一对圆括号中的表达式可以是 C 语言中任意合法的表达式，但不能为空，利用表达式的值为真或为假来控制循环体是否执行；在语法上，循环体只能是一条可执行语句，若循环体内有多个语句，应该使用复合语句（即用大括号括起，参见下面的例子）。

（3）假设想打印 0~9 这 10 个数字到控制台上，而又不采用循环结构的话，只能编写 10 条 printf 语句；而如果采用 while 循环结构的话，则可以写为

```
k = 0;
while(k<10)
{
  /*此处为复合语句。需要用大括号括起来*/
  printf("%d \n",k);
  k++;
}
```

以上程序段将重复执行输出语句 printf,输出 0~9 这 10 个数字。这明显要比编写 10 条 printf 语句方便。

5.1.2　while 循环的执行过程

1. while 循环的执行步骤

（1）计算 while 后面括号中表达式的值。当值为真（非 0）时才执行步骤（2）；当值为假（即 0）时，执行步骤（4）。

（2）执行一次循环体。

（3）转去执行步骤（1）。

（4）退出 while 循环。

由此可见，while 后面括号中表达式的值决定了循环体是否将被执行。因此，进入 while 循环后，一定要有能使此表达式的值变为假（或为 0）的操作，否则循环将会无限制地进行下去，成为死循环。若此表达式的值不变，while 循环体内应有在某种条件下强行终止循环的语句（如 break，见 5.5.1 节）。

2. 注意事项

（1）while 语句的循环体可能一次都不执行。因为 while 后面括号中的条件表达式可能一开始就为假（或为 0）。

（2）当循环体需要无条件循环，条件表达式可以设为 1（即恒真），但在循环体内要有带条件的出口（如 break 等）。

【例 5-1】 编写程序，求前 50 个自然数的和。

分析：假设用 sum 这个变量来保存计算得到的和。在开始计算之前，它的初值应该赋值为 0。详见表 5-1。

表 5-1 例题分析

自然数	和	说明
1	sum=sum+1;	sum 初值为 0，加 1 之后变为 1。将计算结果重新存进变量 sum
2	sum=sum+2;	sum 计算之前值为 1，加 2 之后变为 3。将计算结果重新存进变量 sum
⋮	⋮	⋮
50	sum=sum+50;	最终得到的 sum 就是想要的结果

通过表 5-1 的分析，看出每次计算时，都是形如 "sum=sum+当前数" 的一种表达式。所以，这是一个典型的可以用循环完成的例子，以下是完成所要求操作的程序。

```c
#include  <stdio.h>
void main()
{
  int i,sum=0;
  i=1;
  while(i<=50)
    {
      /*循环体采用复合语句，所以此处添加大括号。即每次循环时执行以下两条语句*/
      sum=sum+i;
      i++;
    }
  printf("%d\n", sum);
}
```

5.2 do-while 语句和用 do-while 语句构成的循环结构

5.2.1 do-while 语句构成的循环结构

（1）do-while 循环结构的形式

```
do
       循环体
while (表达式);
```

（2）说明以下 4 点。① do 和 while 都是 C 语言的关键字。do 必须和 while 联合使用。② do-while 循环由 do 开始，至 while 结束。必须注意的是在 while（表达式）后的分号不能少，它表示 do-while 语句的结束。③ while 后一对圆括号中的表达式，可以是 C 语言中任意合法的表达式，控制循环是否继续执行。④ 按语法，在 do 和 while 之间的循环体只能是一条可执行语句。如果该循环体内需要多个语句，应该使用复合语句。

（3）如果想打印 0~9 这 10 个数字到控制台上，同样可以使用 do-while 结构，代码如下：

```
int i=0;
do
{
  printf("%d\n",i);
  i++;
}while(i<10);
```

5.2.2　do-while 循环的执行过程

do-while 循环的执行过程如下。

（1）执行 do 后面循环体中的语句。

（2）计算 while 后一对圆括号中表达式的值。当值为真（非 0）时，转去执行步骤（1）；当值为假（即 0）时，执行步骤（3）。

（3）退出 do-while 循环。

由 do-while 构成的循环与 while 循环十分相似，它们的重要区别是 while 循环的控制判断出现在循环体之前，只有当 while 后面条件表达式的值为真（非 0）时，才可能执行循环体，因此循环体可能一次都不执行，而在 do-while 构成的循环中，总是先执行一次循环体，然后再求条件表达式的值。因此，无论条件表达式的值是真还是假（0 还是非 0），循环体至少要被执行一次。

和 while 循环一样，在 do-while 循环体中，一定要有能使 while 后表达式的值变为假（即 0）的操作，否则，循环将会无限制地进行下去，除非循环体中有带条件的出口（如 break 等）。

【例 5-2】　使用 do-while 结构求前 50 个自然数的和。

分析：该题和例 5-1 功能一样，只是需要采用 do-while 结构，将此前的代码稍作调整：

```
#include <stdio.h>
void main()
{
  int i,sum=0;
  i=1;
  do
    {
      sum=sum+i;
```

```
        i++;
    }
    while(i<=50);
    printf("%d\n",sum);
}
```

5.3 for 语句和用 for 语句构成的循环结构

5.3.1 for 语句构成的循环结构

（1）for 语句构成的循环结构又称为 for 循环。for 循环的一般形式如下：

for（表达式 1；表达式 2；表达式 3）循环体

（2）说明如下。for 是 C 语言的关键字。其后的一对括号中通常含有 3 个表达式，各表达式之间用";"分隔开。这 3 个表达式的形式没有形式的限制，通常主要用于 for 循环的控制。其中，表达式 1 在整个循环开始时执行一次，此后每次循环不再执行，一般用于给循环控制变量赋初值；表达式 2 控制循环结束条件，每次试图进入循环时执行判断，当判断结果为假时，退出循环，否则进入循环体执行；表达式 3 在每次循环结束时执行，执行完毕后，再执行表达式 2，以此类推（详见 5.3.2 节）。紧跟在表达式之后的循环体语句在语法上要求是一条语句，若在循环体内需要多条语句，应该使用复合语句。

（3）如果想打印 0~9 这 10 个数字到控制台上，同样可以使用 for 循环结构，代码如下：

```
int k;
for(k=0;k<10;k++) printf("%d\n");
```

其中，"k=0"仅在整个循环开始时执行一次，用于给 k 赋初值。"k<10"是每次循环执行与否的判断依据，在每次试图进入循环时执行。如果结果为真则进入循环体，执行 printf 语句；否则，退出循环。"k++"，意为"k=k+1"，在每次循环结束时执行。对于本例，其将在 printf 之后执行，用于修改 k 的值，然后再次执行"k<10"的判断，判断之后执行下一次循环，以此类推。

（4）for 循环与其他循环的改写。

for 循环可以改写成其他形式的循环。例如，可以改写成 while 循环：

```
表达式 1；
while（表达式 2）
{
    循环体；
    表达式 3；
}
```

5.3.2 for 循环的执行过程

通过上面 for 循环的改写形式，可以将 for 循环的执行过程表述如下。
（1）计算表达式 1。

（2）计算表达式 2。若其值为真（非 0），转至步骤（3）；若其值为假（0），转至步骤（5）。

（3）执行一次循环体。

（4）计算表达式 3，转至步骤（2）。

（5）结束循环。

【例 5-3】 用 for 循环求前 50 个自然数的和。

```c
#include <stdio.h>
void main()
{
    int i,sum=0;
    for(i=1;i<=50;i++)
      {
          sum=sum+i;
      }
    printf("%d\n",sum);
}
```

5.3.3　有关 for 语句的注意事项

（1）for 语句中的表达式可以部分或全部省略，但两个 ";" 不可省略。例如:for(;;) printf("*");3 个表达式均省略，但因缺少条件判断，循环将会无限制地执行，从而形成死循环。

（2）for 后一对小括号中的表达式可以是任意有效的 C 语言表达式。例如：

```c
for(i=0,j=0;i<10;i++,j++)
{
  printf("%d,%d",i,j);
}
```

表达式 1 和表达式 3 都是一个逗号表达式。

C 语言中的 for 语句书写灵活，功能较强。在 for 后的一对括号中，允许出现各种形式的与循环控制无关的表达式，虽然这在语法上是合法的，但这样会降低程序的可读性。建议同学们在编写程序时，在 for 后面的一对括号内，仅含有能对循环进行控制的表达式，其他的操作尽量放在循环体内去完成。

5.4　循环结构的嵌套

在一个循环体内又包含另外的循环，称为循环结构的嵌套。以上讲到的 3 种循环结构都可以进行嵌套，但必须保证每一层循环结构的完整。循环的嵌套在具体编程应用中比较普遍。例如，要统计某个学校每个班级的学生数量，就需要进入每个班级，计算每个班级的学生人数。在这里，统计所有的班级就是一个外部循环，在外部循环的每次迭代中，都要使用一个内部循环来计算各班学生人数。

为便于阅读代码，尽量采用缩进将每一层循环的代码对齐。

以下例子是在计算前 50 个自然数累加和的基础上改动得到。在这个例子中，要累加到的数字是由用户输入的，而不是在程序中事先固定的。例如，输入 5，它会算出 1~5 这

5 个数对应的累加和。请注意：该例子已经采用了缩进对齐。

【例 5-4】

```
#include <stdio.h>
void main()
{
    long sum=0L;/*存储累加和*/
    int count=0;/*想要累加到的数字*/
    printf("\n 请输入你想要累加到的数字:");
    scanf("%d",&count);
    for(int i=1;i<=count;i++)
      {
        sum=0L;/*为内循环，初始化 sum*/
        /*计算 1 到 i 的累加和*/
        for(int j=1;j<=i;j++)
            sum+=j;
        printf("\n 从 1 到%d 的累加和为:\t%ld",i,sum);/*输出 1 到 i 的累加和*/
      }
    return;
}
```

输出如下：

请输入你想要累加到的数字：5

从 1 到 1 的累加和：1

从 1 到 2 的累加和：3

从 1 到 3 的累加和：6

从 1 到 4 的累加和：10

从 1 到 5 的累加和：15

5.5　break 和 continue 在循环体中的作用

5.5.1　break 语句

break 语句有两个含义：既可以使程序的执行流程跳出 switch 语句体，还可以在循环结构中终止本层循环体，从而提前结束本层循环。所以在使用时，需要区分它的使用时机。

例如：

```
int i;
for(i=0;i<100;i++)
{
    if(i==5)
        break;
    printf("i=%d\n",i);
}
```

在以上代码中，break 出现在循环语句中，作用为结束循环。即在 i 为 5 的时候，结束整个 for 循环。

break 语句的注意事项如下。

（1）只能在循环体内或 switch 语句体内使用 break 语句。

（2）如果 break 出现在循环体中的 switch 语句体内时，其作用只是跳出该 switch 语句体，并不能终止循环体的执行。若想强行终止循环体的执行，可以在循环体中，但并不在 switch 语句体中设置 break 语句，当满足某种条件时跳出本层循环体。

5.5.2　continue 语句

continue 语句的作用是跳过本次循环体中余下尚未执行的语句，立刻进行下一次的循环条件判定，可以理解为仅结束本次循环，但并没有使整个循环终止。除此之外，它没有其他含义，所以只能用在循环体中。

在 while 和 do-while 循环中，continue 语句使得流程直接跳到循环控制条件的测试部分，然后决定循环是否继续进行。在 for 循环中，遇到 continue 后，跳过循环体中余下的语句，对 for 语句中的"表达式 3"求值，然后进行"表达式 2"的条件测试，最后根据"表达式 2"的值来决定 for 循环是否执行。在循环体内，不论 continue 是作为何种语句中的语句成分，都将按上述功能执行。

例如：

```
int i;
for(i=0;i<100;i++)
{
  if (i%5==0)
    continue;
  printf("i=%d\n",i);
}
```

以上程序在 i 能被 5 整除时，跳过本次循环后面的语句（在本例中，会跳过 printf 语句），直接结束本次循环，然后计算"i++"，判断"i<10"，决定是否进入下一次循环。

5.6　程　序　举　例

【例 5-5】　写出以下程序的运行结果。

```
#include <stdio.h>
void main()
{
  int y=10;
  do
    {
       y--;
    }while(--y);
  printf("%d\n",y--);
}
```

分析：根据 do-while 循环的退出条件可知，退出时 y 的值为 0，又根据自减运算符的规则，可知打印结果为 0。

【例 5-6】　写出以下程序的运行结果。

```
#include <stdio.h>
void main()
{
```

```
    int i;
    for(i=1;i<5;i++)
    {
        if(i%2) printf("*");
        else continue;
        printf("#");
    }
    printf("$\n");
}
```

分析：continue 的作用是退出本次循环，完成 i++的运算，继续执行下一次循环的判断条件；而 if 判断的条件是 i 是否为奇数，为奇数的话执行 printf("*")，反之执行 continue。综上所述，打印信息为*#*#$

习 题 5

1. 编写一个程序生成乘法表，表的大小由用户输入决定。

2. 编写一个程序输出 ASCII 表中 0~127 的可打印字符。输出时同时要显示它在 ASCII 码表中的编号（提示：可以使用在 ctype.h 中声明的 isgraph()函数来判断某个字符是否可打印）。

3. 使用循环嵌套输出如下的图形。它的宽和高由用户输入决定。例如，6 个字符宽、7 个字符高的图形如下：

```
                         ******
                         *    *
                         *    *
                         *    *
                         *    *
                         *    *
                         ******
```

4. 编写一个猜字符游戏。当用户猜对事先设定的字符后，提示其猜对，结束程序；否则不限次数地让其猜下去，直到猜对为止。

第二篇　进　阶　篇

第 6 章　数　　组

前面章节讨论了 C 语言中的简单数据类型（整型、实型），除了这些基本数据类型 C 语言还提供了构造类型的数据，所谓的构造类型数据是由基本类型数据按一定规则组成的，包括数组类型、结构体类型和共用体类型。

本章将讨论 C 语言中提供的一种最简单的构造类型——数组。数组实质上是一组数据的集合，这些数据具有相同的数据类型，在内存中占有连续的存储单位。存储这些数据的变量具有相同的名字，但具有不同的下标，在 C 语言中用如 a[0]、a[1]、a[2]…这种形式来表示数组中连续的存储单元，称为"带下标的变量"或"数组元素"。本章介绍在 C 语言中如何定义和使用数组。

6.1　一维数组的定义和引用

6.1.1　一维数组的定义

当数组中每个元素只带有一个下标时，这样的数组称为一维数组。在 C 语言中，一维数组的定义方式为

类型说明符　　数组名 [常量表达式]

例如：int　　a[10];

它表示定义了一个整型数组，数组的名字是 a，此数组有 10 个元素。

几点重要的说明如下：

（1）类型说明符规定了数组中每个元素的类型。

（2）数组名的命名规则和变量名相同，遵循标识符命名规则。注意，数组名不能和其他变量名相同。

（3）在定义数组时，需要指定数组中元素个数，方括号中的常量表达式用来表示元素个数，即数组长度。例如，上例定义了 10 个元素的数组，这 10 个元素分别表示为 a[0]，a[1]，a[2]，a[3]，a[4]，a[5]，a[6]，a[7]，a[8]，a[9]。注意，C 语言中规定数组元素的下标从 0 开始，所以本例中不存在数组元素 a[10]。

（4）常量表达式中可以包括常量和符号常量，但不能包含变量。因为在 C 语言中不允许对数组的大小作动态定义。例如，下面这样定义数组是错误的：

```
int  n;
scanf("%d",&n);   /*在程序中临时输入数组的大小*/
int a[n];
```

（5）数组元素在内存中占有连续的存储空间，如图 6-1 所示。

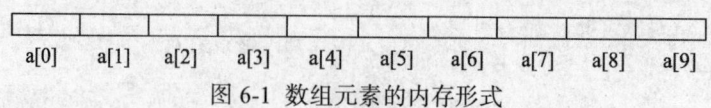

图 6-1 数组元素的内存形式

6.1.2 一维数组元素的引用

数组必须先定义，然后再使用。C 语言规定只能逐个引用数组元素而不能一次引用整个数组。

数组元素的表示形式为

数组名[下标]

例如： a[0]=1;   /*将 1 赋值给数组元素 a[0]*/

 t=a[0];   /*将数组元素 a[0]的值赋值给变量 t*/

【例 6-1】数组元素的引用。

```c
#include <stdio.h>
main()
{
  int  i, a[10];
  for(i=0;i<10;i++)
      a[i] = i;
  for(i=9;i>=0;i--)
      printf("%d",a[i]);
}
```

运行结果如下：

9 8 7 6 5 4 3 2 1 0

6.1.3 一维数组的初始化

当编译系统为所定义的数组在内存中开辟一串连续的存储单元时，这些存储单元中并没有确定的值，可以在定义数组的同时完成它的初始化工作。

对数组元素的初始化可以用以下方法实现。

（1）定义数组时对全部数组元素赋初值。例如：

int a[10]={0,1,2,3,4,5,6,7,8,9};

将数组元素的初值依次放在一对花括号内，初值之间用逗号隔开，系统将按数组元素在内存中的存储顺序依次赋值。注意，所赋初值的类型必须与类型说明符类型一致。

（2）可以只给一部分元素赋值。

int a[10]={0,1,2,3,4};

定义 a 数组有 10 个元素，但花括号内只提供了 5 个初值，这表示只给前面 5 个元素依次赋初值，后 5 个数组元素由系统自动赋值为 0。注意，不能跳过前面的元素给后面的元素赋初值，只能依次赋值。

（3）如想使一个数组中全部元素值为 0，可以写成

int a[10]={0,0,0,0,0,0,0,0,0,0};

或 int a[10]={0};

（4）在对全部数组元素赋初值时，可以不指定数组长度。例如：

```
int  a[5]={1,2,3,4,5};
```

可以写成

```
int  a[ ]={1,2,3,4,5};
```

在第二种写法中，花括号中有 5 个数，系统就会据此自动定义 a 的数组长度为 5。但如果数组长度与提供初值的个数不相同，则数组长度不能省略。例如，想定义数组的长度为 10，就不能省略数组长度的定义，而必须写成

```
int  a[10]={1,2,3,4,5};
```

6.1.4　一维数组程序举例

【例 6-2】用数组来处理求 Fibonacci 数列问题

```
#include  <stdio.h>
main()
{
  int i;
  int f[20]={1,1};
  for(i=2;i<20;i++)
      f[i]=f[i-2]+f[i-1];
  for(i=0;i<20;i++)
  {
   if(i%5==0)  printf(" \n");
   printf("%12d",f[i]);
  }
}
```

运行结果如下：

```
  1     1     2     3     5
  8    13    21    34    55
 89   144   233   377   610
987  1597  2584  4181  6765
```

说明：if 语句用来控制换行，每行输出 5 个数据。

【例 6-3】输入 10 个数，求出其中的最大数。

```
#include  <stdio.h>
main()
{
  int i,max,a[10];
  printf("input 10 numbers:\n");
  for(i=0;i<10;i++)
      scanf("%d",&a[i]);
  max=a[0];
  for(i=1;i<10;i++)
      if(a[i]>max) max=a[i];
  printf("max=%d\n",max);
}
```

运行结果如下：

```
input 10 numbers:
1  0  4  8  12  65  -76  100  - 45 123
max=123
```

6.2　二维数组的定义和引用

6.2.1　二维数组的定义

前面介绍的数组只有一个下标，称为一维数组，其数组元素也称为单下标变量。在实际问题中有很多量是二维的或多维的，因此 C 语言允许构造多维数组。多维数组元素有多个下标，以标识它在数组中的位置，所以也称为多下标变量。本小节只介绍二维数组，多维数组可由二维数组类推得到。

二维数组定义的一般形式为

类型说明符　数组名[常量表达式1][常量表达式2]

其中，常量表达式 1 表示第一维下标的长度，常量表达式 2 表示第二维下标的长度。

例如：

```
int a[3][4];
```

说明了一个三行四列的数组，数组名为 a，其下标变量的类型为整型。该数组的下标变量共有 3×4 个，即

```
a[0][0],a[0][1],a[0][2],a[0][3]
a[1][0],a[1][1],a[1][2],a[1][3]
a[2][0],a[2][1],a[2][2],a[2][3]
```

二维数组在概念上是二维的，即其下标在两个方向上变化，下标变量在数组中的位置也处于一个平面之中，而不是像一维数组只是一个向量。但是，实际的硬件存储器却是连续编址的，也就是说存储器单元是按一维线性排列的。如何在一维存储器中存放二维数组，有两种方式：一种是按行排列，即放完一行之后顺次放入第二行；另一种是按列排列，即放完一列之后再顺次放入第二列。在 C 语言中，二维数组是按行排列的，即先存放 a[0]行，再存放 a[1]行，最后存放 a[2]行，每行中的 4 个元素也是依次存放。由于数组 a 说明为 int 类型，该类型占两个字节的内存空间，所以每个元素均占有两个字节。

6.2.2　二维数组元素的引用

二维数组的元素也称为双下标变量，其表示形式为

数组名[下标1][下标2]

其中，下标应为整型常量或整型表达式。例如：

```
a[2][3];
```

下标可以是整型表达式，如：a[2-1][2*2-1]。

数组元素可以出现在表达式中，也可以被赋值，例如：b[1][2]=a[2][3]/2

在使用数组元素时，应该注意下标值应在已定义数组大小的范围内。例如：

```
int a[3][4];
```

它定义了一个 3×4 的数组，它可用的行下标值最大为 2，列坐标值最大为 3。

【例 6-4】一个学习小组有 5 个人，每个人有 3 门课的考试成绩，如表 6-1 所示。求全组分科的平均成绩和各科总平均成绩。

表 6-1　考试成绩

	张	王	李	赵	周
Math	80	61	59	85	76
C	75	65	63	87	77
Foxpro	92	71	70	90	85

分析：设一个二维数组 a[5][3]存放 5 个人 3 门课的成绩，一个一维数组 v[3]存放所求得各分科平均成绩，变量 average 为全组各科总平均成绩。编程如下：

```
#include <stdio.h>
main()
{
  int i,j,s=0,average,v[3],a[5][3];
  printf("input score\n");
  for(i=0;i<3;i++)
  {
    for(j=0;j<5;j++)
    {
    scanf("%d",&a[j][i]);
    s=s+a[j][i];}
    v[i]=s/5;
    s=0;
    }
  average =(v[0]+v[1]+v[2])/3;
  printf("math:%d\nc languag:%d\ndbase:%d\n",v[0],v[1],v[2]);
  printf("total:%d\n",average );
}
```

程序中首先用了一个双重循环。在内循环中依次读入某一门课程的各个学生的成绩，并把这些成绩累加起来，退出内循环后再把该累加成绩除以 5 送入 v[i]中，这就是该门课程的平均成绩。外循环共循环 3 次，分别求出 3 门课各自的平均成绩并存放在 v 数组中。退出外循环之后，把 v[0]，v[1]，v[2]相加除以 3 即得到各科总平均成绩。最后按题意输出各个成绩。

6.2.3　二维数组的初始化

二维数组初始化也是在类型说明时给各下标变量赋以初值，可以用下面的方法对二维数组初始化。

（1）分行给二维数组赋初值。

```
int a[3][4]={{1,2,3,4},{5,6,7,8},{9,10,11,12}};
```

该赋值方法比较直观，按行进行赋值，第 1 个花括号内的数据依次赋给第 1 行的元素，第 2 个花括号内的数据依次赋给第 2 行的元素，以此类推。

（2）可以将所有数据写在一个花括号内，按数组排列的顺序对各元素赋初值。

```
int a[3][4]={1,2,3,4,5,6,7,8,9,10,11,12};
```

此方法与第一种方法效果相同,将花括号中的数据按照数组元素在内存中的顺序依次进行赋值。但与第一种方法相比，不够直观、容易遗漏、不易检查。

（3）可以对部分元素赋初值：

```
int a[3][4]={{1}, {5}, {9}};
```

是对各行中的某一元素赋初值。

```
int a[3][4]={{1},{0,6},{0,0,11}};
```

只对数组中部分元素赋初值，其余元素由系统自动赋初值0，此方法在非0元素较少时比较方便。

（4）如果对全部元素都赋初值（即提供全部初始数据），则定义数组时对第一维的长度可以不指定，但第二维的长度不能省略。

```
int a[3][4]={1,2,3,4,5,6,7,8,9,10,11,12};
```

等同于:

```
int a[ ][4]={1,2,3,4,5,6,7,8,9,10,11,12};
```

系统会根据数据总个数和第二维的长度算出第一维的长度。

在定义时也可以只对部分元素赋初值而省略第一维的长度，但应分行赋初值。例如:

```
int a[ ][4]={{0,0,3},{ },{0,10}};
```

6.2.4 二维数组程序举例

【例6-5】将一个二维数组行和列元素互换，存放另一个二维数组中。

```c
#include <stdio.h>
main()
{
  int a[2][3]={{1,2,3},{4,5,6}};
  int b[3][2],i,j;
  printf("array a:\n");
  for(i=0;i<=1;i++)
  {
    for( j=0;j<=2;j++)
     {
      printf("%5d",a[i][j]);
      b[j][i]=a[i][j];
     }
    printf("\n");
  }
  printf("array b:\n");
  for(i = 0;i<=2;i++)
  {
    for(j = 0;j<=1;j++)
        printf("%5d",b[i][j]);
```

```
        printf("\n");
    }
}
```

运行结果如下:

```
array a:
    1    2    3
    4    5    6
array b:
    1    4
    2    5
    3    6
```

【例 6-6】有一个 3×4 的矩阵,要求编写程序求出其中值最大的元素的值及其所在的行号和列号。

```
#include <stdio.h>
main()
{
    int i,j,row=0,colum=0,max;
    int a[3][4]={{1,2,3,4},{9,8,7,6},{-10,10,-5,2}};
    max=a[0][0];
    for(i=0;i<=2;i++)
        for(j=0;j<=3;j++)
            if(a[i][j]>max)
                {max=a[i][j];
                row=i;
                colum=j;}
        printf("max=%d,row = %d,colum=%d\n",max,row,colum);
}
```

运行结果如下:

```
max=10,row=2,colum=1
```

习 题 6

一、选择题

1. 若要定义一个具有 5 个元素的整型数组,以下错误的定义语句是( )。

   (A) int a[5] = {0};　　　　(B) int b[] = {0,0,0,0,0};

   (C) int c[2 + 3];　　　　　(D) int i = 5, d[i];

2. 有以下程序

```
#include <stdio.h>
main()
{
    int a[5]={1,2,3,4,5},b[5]={0,2,1,3,0},i,s=0;
    for(i=0;i<5;i++)  s=s+a[b[i]];
    printf("%d\n",s);
}
```

程序运行后的输出结果是( )。

   (A) 6　　　　(B) 10　　　　(C) 11　　　　(D) 15

3. 有以下程序：

```
#include  <stdio.h>
main()
{
  int  a[]={2,3,5,4}, i;
  for(i = 0;i<4;i++)
  switch(i%2)
  {
    case 0: switch(a[i]%2)
            {
              case 0: a[i]++; break;
              case 1: a[i]--;
            }break;
    case 1: a[i]=0;
  }
  for(i=0;i<4;i++)  printf("%d",a[i]);printf("\n");
}
```

程序运行后的输出结果是（   ）。

（A）3 3 4 4   （B）2 0 5 0   （C）3 0 4 0   （D）0 3 0 4

4. 以下定义数组的语句中错误的是（   ）。

　（A）int num[] = {1,2,3,4,5,6};

　（B）int num[][3] = {{1,2},3,4,5,6};

　（C）int num[2][4] = {{1,2}, {3,4}, {5,6}};

　（D）int num[][4] = {1,2,3,4,5,6};

二、填空题

1. 以下程序运行后的输出结果是_____。

```
#include <stdio.h>
main()
{
  int i,n[]={0,0,0,0,0};
  for(i=1;i<=2;i++)
  {
    n[i]=n[i-1]*3+1;
    printf("%d",n[i]);
  }
  printf("\n");
}
```

2. 以下程序运行后的输出结果是_____。

```
#include  <stdio.h>
main()
{
  int n[2],i,j;
  for(i=0;i<2;i++)  n[i]=0;
  for(i=0;i<2;i++)
    for(j=0;j<2;j++)  n[j]=n[i]+1;
  printf("%d\n",n[1]);
}
```

三、编程题

1. 对具有 10 个整数的数组进行逆置存放。
2. 求一个 4×4 的整型矩阵对角线元素之和。

第 7 章 函 数

C 语言源程序是由函数组成的，主函数 main（）是 C 语言程序执行的入口，程序的具体功能往往在其他函数中实现或通过调用库函数实现，C 语言中的函数相当于其他高级语言的子程序。C 语言不仅提供了极为丰富的库函数（如 Turbo C，MS C 都提供了 300 多个库函数），还允许用户建立自定义的函数，提供了更大的灵活性。

7.1 库 函 数

库函数是由系统建立的具有一定功能的函数的集合。库中存放函数的名称、对应的目标代码以及连接过程中所需的重定位信息。用户也可以根据自己的需要建立自己的用户函数库，C 语言标准库函数由 ANSI 制定。

C 语言标准库提供了功能丰富的库函数，如数学类函数、输入输出类函数、字符处理类函数、图形类函数和时间日期类函数等，其中每一类中又包括几十到上百的具体功能函数。如前面使用的 printf 函数，就是输入输出类函数之一。标准库函数的方便之处在于用户可以直接使用库函数，不再需要重新定义。

在调用库函数前先要使用 include 命名包含相应的头文件。如要调用字符串处理的库函数，就要在库函数调用前使用以下 include 命令：

```
#include <string.h>
```

若要调用库函数 printf，则应该使用下面的 include 命令：

```
#include <stdio.h>
```

include 命令必须以符号#开头，系统提供的头文件以 ".h" 作为后缀，文件名用一对双引号 "" 或一对尖括号<>括起来，由于 include 不是 C 语句，在 include 命令后不能加分号。标准库函数的说明中一般都写明了需要包含的头文件名称。例如，如果要使用 sqrt 函数，需要在文件头部增加一行：

```
#include "math.h" 或者#include <math.h>
```

现在 C 语言（C99）标准库函数的共有 24 个头文件，列举如下：

assert.h, inttypes.h, signal.h, stdlib.h, complex.h, iso646.h, stdarg.h, string.h, ctype.h, limits.h, stdbool.h, tgmath.h, errno.h, locale.h, stddef.h, time.h, fenv.h, math.h, stdint.h, wchar.h, float.h, setjmp.h, stdio.h, wctype.h。

库函数的调用形式：函数名（参数表）。如例 7-1 所示。

【例 7-1】

```
// strcpy.c
#include <stdio.h>
```

```
#include <string.h>
int main()
{
    char *s="Golden Global View";
    char d[20];
    strcpy(d,s);
    printf("d[] is %s", d);
    getchar();
    return 0;
}
```

7.2 函数的定义和返回值

尽管 C 语言提供了功能丰富的库函数，但是面对多种多样的应用环境，仅靠库函数难以满足用户的需求，还需要用户自定义若干函数。用户可以将具体功能编写成多个相对独立的函数模块，然后通过函数的调用实现完整的功能。由于采用了函数模块式的结构，函数只实现具体的功能，并且对函数的修改只会影响函数内部，对整个程序没有影响，C 语言易于实现结构化程序设计，使程序的层次结构清晰，便于程序的编写、阅读、调试。

7.2.1 函数定义的语法

1．无参数函数的定义

```
返回类型标识符  函数名（ ）
{
        函数体
}
```

其中，返回类型标识符和函数名称为函数头。返回类型标识符指明了本函数的返回值的类型，函数的类型实际上是函数返回值的类型。该类型标识符与前面介绍的各种说明符相同。函数名是由用户定义的标识符，函数名称后面是一对空括号，其中无参数。

{}中的内容称为函数体，函数体里面是实现函数功能的代码。

在有些情况下不要求函数有返回值，此时返回类型标识符可以写为 void。

例如：

```
void print_hello()
{
  printf ("Hello,world\n");
}
```

函数 print_hello 没有参数，函数 print_hello 在被调用后，会在屏幕上输出一行字符串"Hello，world"，没有返回值。

2．有参数函数的定义

```
返回类型标识符 函数名（参数类型 形式参数 1,  …,  参数类型 形式参数 n）
{
        函数体；
}
```

有参函数比无参函数多了一个内容，即形式参数列表（简称形参列表）。在形参列表中给出的参数称为形式参数（简称形参），形参可以是各种类型的变量，多个形参之间用逗号隔开。在进行函数调用时，主调函数将赋予这些形式参数实际的值，既实际参数（简称实参）。形参也是变量，必须在形参列表中说明形参的数据类型。

例如，定义一个函数 add，用于求两双精度数的和，可写为

```c
double add(double a,double b)
{
  double s;
  s=a+b;
  return s;
}
main()
{
  double x,y,z;
  printf("input two numbers:\n");
  scanf("%lf%lf",&x,&y);
  z=add(x,y);
  printf("%lf",z);
}
```

在此段程序中，double add（double a，double b）是函数头，其中 double 指明了函数的返回值的类型，函数的返回类型可以是整形、实型、字符型、指针和结构类型。括号里面的 a 和 b 是两个形式参数，都是 double 类型。{}里面的是函数体，其中 double s 是函数 add 中的一个局部变量，用来存放两个双精度数相加的值。

在 C 程序中，一个函数的定义可以放在任意位置，既可放在主函数 main 之前，也可放在 main 之后。

【例 7-2】

```c
double add(double a,double b);
main()
{
  double x,y,z;
  printf("input two numbers:\n");
  scanf("%lf%lf",&x,&y);
  z=add(x,y);
  printf("%lf",z);
}
double add(double a,double b)
{
  double s;
  s=a+b;
  return s;
}
```

7.2.2　函数的返回值

函数的值是指函数被调用之后,执行函数体中的程序段所取得的并返回给主调函数的值，如例 7-2 所示，函数 add 将计算出的和返回给调用函数 add 的主函数 main。函数的值通过 return 语句返回，return 语句的格式如下：

return 表达式;

或者为

return （表达式）

或者为

return;

前两种情况，return 语句会计算表达式的值，并将表达式的值返回给调用函数（也可以称为函数的退出）。当函数执行到 return 语句的时候，就会返回到调用该函数的地方，并将值带回。return 语句也可以不含表达式，此时 return 仅是流程返回到主调函数，并不带回任何的值。

需要强调的是在一个函数中允许有多个 return 语句，但函数每次执行时只能有一个 return 语句被执行。

7.3　函数的调用

7.3.1　函数的两种调用方式

函数调用的一般形式为

函数名（实参列表）；

当有多个实际参数时，之间用逗号隔开。如果函数没有定义参数，调用形式为

函数名（ ）；

【例 7-3】

```
#include <stdio.h>
int plus(int a,int b)
{
  int result=a+b;
  return result;
}
int multiply(int a,int b)
{
  int result=a*b;
  return result;
}
void enter()
{
  printf("\n");
}
int main()
{
  int x=1;
  int y=2;
  int z=3;
  int add=plus(x,y);
  printf("x+y =%d",add);
  enter();
  printf("y*z=%d",multiply(y,z));
  enter();
  int result=multiply(plus(x,y),z);
  printf("(x+y)*z=%d",result);
  return 0;
}
```

根据函数出现的位置及功能，可以有两种函数调用的方式。

（1）当所调用的函数的目的是取得函数的返回值时，函数的调用可以作为表达式出现在允许表达式出现的地方。如例 7-3 所示，int add = plus（x，y）就是将函数 puls 运行的结果，也就是函数 plus 的返回值赋值给变量 add。

而语句 printf（"y * z =%d"，multiply（y，z））直接将函数 multiply 的返回值放置在 printf 函数中进行输出。

在语句 int result = multiply（plus（x，y），z）执行时，plus（x，y）是一次函数调用，它的返回值直接作为函数 multiply 的一个实参，整数 z 是另外一个实参。

（2）函数可以仅进行某项操作而不返回函数值。如例 7-3 中的函数 enter，它的功能就是输出一个换行符，没有返回值。

函数在调用时还需要注意，如果函数的定义有形式参数，那么在进行调用时所赋予的实际参数和形式参数不仅数量要一样，而且数据类型也要一一对应。

例如：

```
int fun(int m,int n,int t)
{
  return m*n*t;
}
```

下面的几种调用方式都是错误的。

```
int main()
{
  int a,b,c;
  char d,e,f;
  fun(a,b);/*错误，实参和形参的数量不匹配*/
  fun(a,b,d);/*错误，实参和形参的类型不匹配，实参d是字符型而形参t是整型*/
  return 0;
}
```

7.3.2　对被调用函数的声明和函数原型

在主调函数中调用某函数之前应对该被调函数进行说明（声明），这与使用变量之前要先进行变量说明是一样的。在主调函数中对被调函数作说明的目的是使编译系统知道被调函数返回值的类型，以便在主调函数中按此种类型对返回值作相应的处理。

函数说明的一般形式为

返回类型 被调函数名（参数类型 形参1，参数类型 形参2，…）；

也可以不给出形参名称，只说明形参的数据类型：

返回类型 被调函数名（参数类型1，参数类型2…）；

例 7-2 中函数 add 的函数说明可写为 double add（double a，double b） 或 double add（double，double）。

例 7-3 中函数 plus 的函数说明可写为 int plus（int a，int b）或 int plus（int，int）。

几点注意事项如下：

（1）当被调函数定义在主调函数之前时，在主调函数中可以直接调用被调函数，不需要函数说明。

（2）如果在所有函数外部对被调函数进行了说明，那么在该函数说明之后的所有位置上都可以调用被调函数。

（3）函数说明也可以放在主调函数内部进行。例如，在 main 函数内部对 add 函数进行说明，那么只有在 main 函数内部才能对 add 函数进行调用。

7.4　函数的嵌套调用和递归调用

7.4.1　函数的嵌套调用

C 语言允许在一个函数的定义中出现对另一个函数的调用，这样就形成了函数的嵌套调用，即在被调函数中又调用其他函数，如图 7-1 所示。

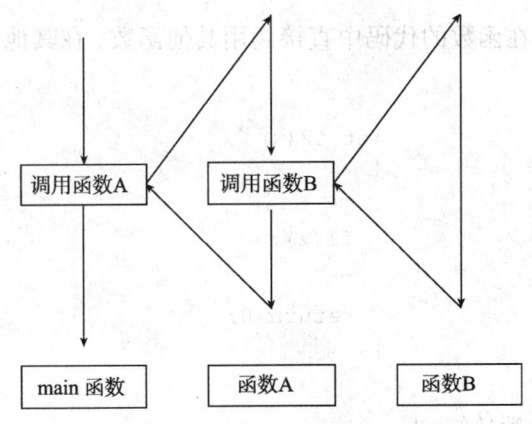

图 7-1　函数嵌套调用示意图

每次被调用的函数执行完成后，都会返回到上层主调函数中调用发生的地方继续向下执行。图 7-1 所示的执行过程如下。

执行 main 函数中调用函数 A 的语句时，即转去执行函数 A，在函数 A 中又调用了函数 B，所以又转去执行函数 B，函数 B 执行完毕返回函数 A 中调用函数 B 的地方继续执行，函数 A 执行完毕返回 main 函数调用函数 A 的地方继续向下执行。如例 7-3 中的语句 int result = multiply（plus（x，y），z），在这行代码中，main 函数中调用了函数 multiply，而函数 multiply 中又调用了函数 plus，所以函数 plus 是最先执行的，函数 plus 执行的结果又参与了函数 multiply 的执行，最后返回到 main 函数。

7.4.2　函数的递归调用

递归调用可由下面这个问题引出。

有一只调皮的小猴子，摘了一堆水果，第一天吃了水果的一半，又多吃了一个；第二天吃了剩下水果的一半，又多吃了一个；依次类推……到第十天，发现只剩下了 1 个水果，请问这只猴子到底摘了多少个水果？

在 C 语言中，有一种函数比较特别，即在函数内部直接或间接地对自身进行调用，这种调用称为递归调用，被调用的函数为递归函数。在递归调用中，主调函数同时又是被调函数。执行递归函数将反复调用其自身，每调用一次就进入新的一层。递归函数常用于解决那些需分多次求解且每次求解过程都基本类似的问题。递归调用有两种形式，直接递归调用和间接递归调用。

直接递归调用是指在函数的代码中直接调用自己，一般形式如下：

```
int f(x)
{
  int a,b,c;
  ...
  int z=f(y);
  ...
  return 0;
}
```

间接递归调用是指在函数的代码中直接调用其他函数，在其他函数中再调用自己，一般形式如下：

```
int f1(x)                int f2(x)
{                        {
  int a,b,c;               ...
  ...                      f1(z);
  f2(y);                   ...
  ...                      return 0;
  return 0;              }
}
```

【例 7-4】用递归函数计算 n!

用递归法计算 n!可用下述公式表示：

$$n! \begin{cases} 1 & n=0 \\ n*(n-1)! & n>0 \end{cases}$$

按公式可编程如下：

```
#include <stdio.h>
long fac(int n)
{
  long f;
  if(n<0) printf("n<0,input error");
else if(n==0)
  f=1;
else
  f=fac(n-1)*n;
  return(f);
}
int main()
```

```
{
    int n;
    long y;
    printf("\ninput a inteager number:\n");
    scanf("%d",&n);
    y=fac(n);
    printf("%d!=%ld",n,y);
    return 0;
}
```

下面以计算 4! 为例说明递归函数的执行过程，首先调用 fac（4），根据公式 fac（4）= 4 * fac（3），然后计算 fac（3），根据公式 fac（3） = 3 * fac（2），然后 fac（2） = 2 * fac（1），fac（1） = 1 * fac（0），fac（0） = 1。计算后的结果逐步返回去，最后得到计算结果。如图 7-2 所示。

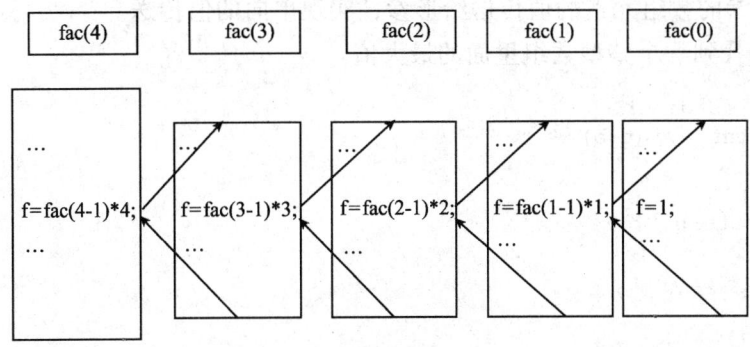

图 7-2　函数递归调用示意图

采用递归方法来解决问题，必须符合以下 3 个条件：

（1）可以把要解决的问题转化为一个新问题，而这个新的问题的解决方法与原问题的解决方法相同，只是所处理的对象有规律地递增或递减。也就是说解决问题的方法相同，调用函数的参数每次不同（有规律地递增或递减），如果没有规律也就不能适用递归调用。

（2）问题虽然可以使用其他的办法解决，但是比较麻烦或比较困难，而使用递归的方法则比较方便。

（3）必定要有一个明确的结束递归的条件。一定要能够在适当的地方结束递归调用，不然可能导致系统崩溃或陷入死循环。

7.5　调用函数和被调用函数之间的数据传递

在 C 语言中函数调用时，参数在主调函数和被调函数之间进行数据传递。在定义函数时函数名后面括号中的变量名就是形式参数。在主调函数中进行函数调用时，函数名后面括弧中的参数（或者表达式）称为实际参数。即形参出现在函数定义中，实参出现在主调函数的函数调用中，主调函数通过函数调用将实参中的数据传递给被调函数的形参，从而实现函数间的数据传递。形参和实参具有以下特点：

（1）实参可以是常量、变量、表达式、函数等，无论实参是何种类型的量，在进行函数调用时，它们都必须具有确定的值，以便把这些值传送给形参。

（2）进行参数传递时要遵循参数匹配的原则，实参和形参在数量、类型、顺序上应严格一致，否则会发生"类型不匹配"的错误。

（3）实参对形参变量的数据传递是单向传递，只由实参传递给形参，而不能由形参传回给实参。

参数的传递形式有多种形式，下面分别加以介绍。

7.5.1　数组元素做函数实参

数组元素可以作为函数的参数使用，进行数据传送。数组元素就是下标变量，它与普通变量并无区别。 因此它作为函数实参使用与普通变量是完全相同的，在发生函数调用时，把作为实参的数组元素的值传送给形参，实现单向的值传送。

【例 7-5】找到一个整型数组里面的最大值。

```c
#include <stdio.h>
int max(int a,int b)
{
  if(a>b)
        return 0;
  else
        return 1;
}
int main()
{
  int array[9]={1,2,3,4,5,6,7,8,9};
  int result=-1;
  int i;
  for(i=0;i<9;i++)
    {
        if(max(array[i],result)==0)
        {
            result=array[i];
        }
    }
  printf("the max number is %d", result);
  return 0;
}
```

max 函数用来比较两个整型数的大小，需要两个整型的参数，在 main 函数里面，通过 for 循环遍历数组，在遍历的过程中将数组中的元素作为一个参数传入函数 max 进行比较。

7.5.2　数组名做函数实参

数组的存放区域是一块在栈中静态分配的内存（非 static），而数组名是这块内存区域的代表，它被定义为这块内存的首地址。因此，数组名实际上是一个地址，而且还是一个不可修改的常量，完整地说，就是一个地址常量。当使用数组名作为实参时，根据形参类型的不同，又可以分为两种情况。

1. 形参为指针变量形式

当实参为数组名时，因为数组名是数组的首地址，是指向数组的指针类型数据，遵循参数匹配原则，要求形参为指针变量，其类型应与实参数组的类型相同。

【例 7-6】

```c
#include <stdio.h>
int max(int *p,int n)
{
  int i,result=0;
  for(i=0;i<n;i++)
  {
      if(*(p+i)>result)
      {
          result=*(p+i);
      }
  }
  return result;
}
int main()
{
  int array[9]={1,2,3,4,5,6,7,8,9};
  int result=max(array,9);
  printf("the max number is %d", result);
  return 0;
}
```

在发生函数调用时，实参 array 把它的值传递给了指针形参 p，由于 array 代表了 array 数组的首地址，所以 p 指向元素 array[0]。实参 9 代表数组 array 中元素的个数，传递给了形参 n。语句 p+i 使得指针指向数组中第 i 个元素，也就是数组中的第 i 个存储单元。

2. 形参为数组形式

在 C 语言中，[]就是下标运算符。元素 a[i]实质上就是由下标运算符构成的表达式，a[i]的运算过程：首先，相对地址 a 计算出地址 a+i；然后，引用 a+i 所指向的变量*(a+i)。

用下述函数的定义可以替代例 7-6 中 max 函数的定义。

```c
int max(int *p, int n)
{
  int i,result=0;
  for(i=0;i<n;i++)
  {
      if(p[i]>result)
      {
          result=p[i];
      }
  }
  return result;
}
```

函数 max 中 p[i]的运算过程：首先，相对地址 p 计算出地址 p+i；然后，引用 p+i 所指向的变量*(p+i)。在函数调用发生时，指针形参 p 从实参数组名获得数据，即获得数组 array 的首地址，p 和 array 的值相等，p+i 就和 array+i 相等，array+i 指向了元素*(array+i)，即元素 array[i]，所以 p+i 也指向了元素 array[i]。这就是说，p[i]和 array[i]指向的是同一单元。

可以把 p 看做是数组的数组名。于是，修改例 7-6 的 max 函数的函数首部，把形参 p 定义为数组形式，修改后的 max 函数如下：

```c
int max(int p[9],int n)
{
    int i,result=0;
    for(i=0;i<n;i++)
    {
        if(p[i]>result)
        {
            result=p[i];
        }
    }
    return result;
}
```

事实上，函数首部中定义的形参数组 p 并不是真实的数组，而是指针变量 p。

7.5.3 多维数组名做函数实参

同一维数组一样，多维数组名称也可以作为函数的参数，以最常见的二维数组为例。假设有二维数组 a[3][4] = {{1，2，3，4}，{5，6，7，8}，{9，10，11，12}}。

C 语言允许把一个二维数组分解为多个一维数组来处理。因此数组 a 可分解为 3 个一维数组，即 a[0]，a[1]，a[2]。每一个一维数组又含有 4 个元素，如 a[0]数组，含有 a[0][0]，a[0][1]，a[0][2]，a[0][3]四个元素。从二维数组的角度来看，a 是二维数组名，a 代表整个二维数组的首地址，也是二维数组 0 行的首地址，a[0]是第一个一维数组的数组名和首地址，a[1]是第二个一维数组的数组名和首地址，如图 7-3 所示。

a[0]	=	2	3	4
a[0]	=	6	7	8
a[0]	=	10	11	12

图 7-3　多维数组示意图

当使用二维数组名做实际参数时，对应的形式参数必须是一个行指针的变量。例如，对数组 int a[m][n]，函数的说明有下列 3 种形式：

（1）max(int a[][n])

（2）max(int a[m][n])

（3）max(int (*a)[n])

【例 7-7】

```c
#include <stdio.h>
int max1(int *p[3][4],int m,int n)
{
    int i,j,result=0;
```

```
    for(i=0;i<m;i++)
    {
        for(j=0;j<n;j++)
        {
            if(p[i][j]>result)
                result=p[i][j];
        }
    }
    return result;
}
int max2(int *p[][4],int m,int n)
{
    int i,j,result=0;
    for(i=0;i<m;i++)
    {
        for(j=0;j<n;j++)
        {
            if(p[i][j]>result)
                result=p[i][j];
        }
    }
    return result;
}
int max3(int (*p)[4],int m,int n)
{
    int i,j,result=0;
    for(i=0;i<m;i++)
    {
        for(j=0;j<n;j++)
        {
            if(*(p[i]+j)>result)
                result=p[i][j];
        }
    }
    return result;
}
int main()
{
    int array[3][4] = {{1,2,3,4},
                       {5,6,7,8},
                       {9,10,11,12}};
    int result1=max1(array,3,4);
    printf("the max number is %d\n",result1);
    int result2=max2(array,3,4);
    printf("the max number is %d\n",result2);
    int result3=max3(array,3,4);
    printf("the max number is %d\n",result3);
    return 0;
}
```

函数 max1、max2 和 max3 分别演示了以二维数组名作为参数的 3 种形式。

7.6　局部变量和全局变量

形参变量只在被调用期间才分配内存单元，调用结束立即释放。这一点表明形参变量只有在函数内才是有效的，离开该函数就不能再使用了。这种变量有效性的范围称为变量的作用域。不仅对于形参变量，C语言中所有的变量都有自己的作用域。变量说明的方式不同，位置不同，其作用域也不同。C语言中的变量，按作用域分类可分为两种，即局部变量和全局变量。

7.6.1 局部变量

在函数内部或复合语句内部定义的变量称为局部变量，函数的形参也属于内部变量，内部变量的有效范围仅在函数内部或复合语句内部。

（1）主函数中定义的变量也只能在主函数中使用，不能在其他函数中使用。同时，主函数中也不能使用其他函数中定义的变量。因为主函数也是一个函数，它与其他函数是平行关系。例如：

```
int f1()
{
  int a,int b,int c;      变量a, b, c有效
  …                       变量m, n, p无效
}                         变量x, y, z无效
int f2()
{
  int m,int n,int p;      变量a, b, c无效
  …                       变量m, n, p有效
}                         变量x, y, z无效

int main()
{
  int x,int y,int z;      变量a, b, c无效
  …                       变量m, n, p无效
}                         变量x, y, z有效
```

（2）形参变量是属于被调函数的局部变量，实参变量是属于主调函数的局部变量。例如：

```
int f2(int a,int b)
{
  …                       变量a, b有效
}                         变量x, y, z无效
int main()
{
  int x,int y,int z;      变量a, b无效
  …                       变量x, y, z有效
}
```

（3）由于局部变量仅在局部范围内有效，因而允许在不同的函数中使用相同的变量名，它们代表不同的对象，分配不同的单元，互不干扰，也不会发生混淆，如例7-8所示。

【例7-8】

```
#include <stdio.h>
void local();
int main()
{
  int a=2,b=3;
```

```
    printf("global a=%d, global b=%d\n",a,b);
    local();
    return 0;
}
void local()
{
    int a=-2,b=-3;
    printf("local a=%d, local b=%d\n",a,b);
}
```

例 7-8 的运行结果如图 7-4 所示。

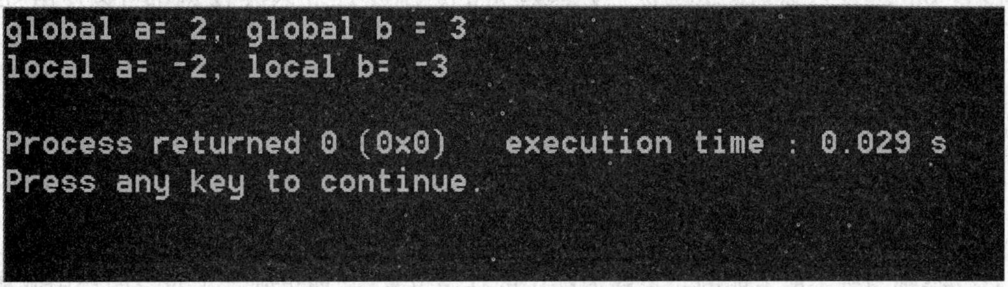

```
global a= 2, global b = 3
local a= -2, local b= -3

Process returned 0 (0x0)   execution time : 0.029 s
Press any key to continue.
```

图 7-4　例 7-8 运行结果

根据程序运行的结果可以看到，在函数 main 和函数 local 中都存在整型变量 a 和 b，但是由于定义的位置不同，作用域也不同。在函数 local 中定义的整型变量 a 和 b 只有在 local 函数内才能访问，不会影响 main 函数中的变量 a 和 b。

（4）在复合语句中也可定义变量，其作用域只在复合语句范围内。例如：

```
main()
{
    int s,a;
    …
    {
        int b;
        s=a+b;          } b 的作用域    } s, a 的作用域
        …
    }
    …
}
```

7.6.2　全局变量

全局变量也称为外部变量，它是在函数外部定义的变量。它不属于哪一个函数，它属于一个源程序文件，其作用域是整个源程序。如果要使变量在所有的函数中都能使用，应该将该变量声明为全局变量。

【例 7-9】

```
#include <stdio.h>
int sum=0;
void f1()
{
    sum ++;
}
void f2()
```

```
{
    sum ++;
}
int main()
{
    sum ++;
    f1();
    f2();
    return 0;
}
```

变量 sum 定义在函数之外，因此在函数 main、函数 f1 和函数 f2 内都可以使用 sum，最后 sum 的值是 3。

7.7 变量的存储类别

7.7.1 动态存储方式与静态存储方式

存储类别明确了所说明的对象在内存中的存储位置，从而也确定了对象的作用域和生存期。图 7-5 说明了一个 C 程序在内存中的存储映像。

| 动态存储区（堆栈） |
| 静态存储区 |
| 程序代码区 |

图 7-5 程序的存储映像示意图

动态存储区用来保存函数调用时的返回地址、自动类别的局部变量等，函数开始调用时分配动态存储空间，函数结束时释放这些空间。静态存储区可以存放全局变量及静态类别的局部变量，在程序开始执行时分配存储区，程序运行完毕就释放，在程序执行过程中它们占据固定的存储单元，不是动态地进行分配和释放。

7.7.2 auto 变量

在 C 语言中，每个变量和函数有两个属性：数据类型和数据的存储类别。当在函数内部或者复合语句内定义变量时，如果没有指定存储类别或者使用了 auto 说明符，那么变量就具有自动类别。因此：

int a; 等价于 auto int a;

auto 变量的存放位置是动态存储区，系统在调用该函数时给 auto 变量分配存储空间，在函数调用结束时就自动释放这些存储空间。因此一旦函数调用结束，函数内的 auto 变量的存储空间就会被释放，因此变量就失效了。

7.7.3 用 static 声明局部变量

当在一个函数体内部用 static 来说明一个变量时，该变量即为静态局部变量。静态局部变量存放在静态存储区，因而静态变量在整个程序运行期间不会被撤销。静态局部变量的作用域和 auto、register 变量相同，但是也有两点根本的区别。

（1）静态局部变量在静态存储区占据着永久性的存储单元，即使退出函数后，下次在调用该函数时，静态存储变量仍然占据着原来的存储单元，不需要再次创建。而 auto 局部变量每次函数调用时都会重新创建，函数退出时撤销，因此 auto 局部变量每次创建时使用的地址都可能是不同的。

（2）静态局部变量的初值是在编译时赋予的，在程序执行期间不再赋予初值，如果未设置初值，C 编译程序会自动赋予初值。

【例 7-10】

```
#include <stdio.h>
void f1()
{
    static int sum1=1;
    sum1 ++;
    printf("f1() sum1=%d\n",sum1);
}
void f2()
{
    int sum2=1;
    sum2 ++;
    printf("f2() sum2=%d\n",sum2);
}
int main()
{
    int i;
    for(i=0;i<5;i++)
    {
        f1();
        f2();
    }
    return 0;
}
```

运行结果如下：

sum2 的值是 1，由于 sum2 是 auto 变量，每次函数 f2 调用时都会在动态存储区中创建 sum2 变量，并初始化为 0，然后进行累加操作；sum2 的值为 1，随着函数 f2 调用完成，变量 sum2 被撤销，sum2 在动态存储区所占的内存被收回，sum2 的值也不再存在。

sum1 为 6，由于 sum1 是静态变量，在程序执行期间始终存在于内存中，因而每次函数 f1 调用时直接使用静态存储空间中的 sum1 变量，而不是重新创建 sum1 和初始化，因此变量的值会随之累加。

7.7.4   register 变量

为了提高效率，C 语言允许将局部变量的值放在 CPU 中的寄存器中，这种变量叫寄存器变量，用关键字 register 作声明。

【例 7-11】使用寄存器变量。

```
int fac(int n)
{
```

```
    register int i,f=1;
    for(i=1;i<=n;i++)
        f=f*i;
    return(f);
}
main()
{
    int i;
    for(i=0;i<=5;i++)
        printf("%d!=%d\n",i,fac(i));
}
```

说明如下：

（1）只有局部自动变量和形式参数可以作为寄存器变量。

（2）一个计算机系统中的寄存器数目有限，不能定义任意多个寄存器变量。

（3）局部静态变量不能定义为寄存器变量。

7.7.5　用 extern 声明外部变量

全局变量（外部变量）是在函数的外部定义的，它的作用域为变量的定义处到本程序文件的末尾。在此作用域内，全局变量可以为本文件中各个函数所引用。编译时将全局变量分配在静态存储区。有时需要用 extern 来声明全局变量，以扩展全局变量的作用域。

1. 在一个文件内声明外部变量

如果外部变量不在文件的开头定义，其有效的作用范围只限于定义处到文件终了。如果在定义点之前的函数想引用该全局变量，则应该在引用之前用关键字 extern 对该变量作外部变量声明，表示该变量是一个将在下面定义的全局变量。有了此声明，就可以从声明处起，合法地引用该全局变量，这种声明称为提前引用声明。

【例 7-12】

```
#include <stdio.h>
int max(int,int);
int main()
{
    extern int a,b;
    int c=max(a,b);
    printf("max of a and b is %d\n", c);
    return 0;
}
int a=15,b=-7; /*定义全局变量a,b*/
int max(int x,int y)
{
    int z;
    z=x>y?x:y;
    return z;
}
```

在 main 后面定义了全局变量 a，b，但由于全局变量定义的位置在函数 main 之后，因此函数 main 并不在变量 a 和 b 的作用域内。在 main 函数第 2 行用 extern 对 a 和 b 作了提前引用声明，表示 a 和 b 是将在后面定义的变量。这样在 main 函数中就可以合法地使用全局变量 a 和 b 了。如果不作 extern 声明，编译时会出错。一般都把全局变量的定义放在引用它的所有函数之前，这样可以避免在函数中多加一个 extern 声明。

2. 在多文件的程序中声明外部变量

如果一个程序包含多个文件，在多个文件中都要用到同一个外部变量 num，不能分别在多个文件中都定义一个外部变量 num。正确的做法是在任一个文件中定义外部变量 num，而在其他文件中用 extern 对 num 作外部变量声明。即

```
extern int num;
```

编译系统由此知道 num 是一个已在别处定义的外部变量，会先在本文件中找有无外部变量 num，如果有，则将其作用域扩展到本行开始（如 7.7.4 所述），如果本文件中无此外部变量，则在程序连接时从其他文件中找有无外部变量 num，如果有，则把在另一文件中定义的外部变量 num 的作用域扩展到本文件,在本文件中可以合法地引用该外部变量 num。

```
//file1.cpp
extern int a,b;
int main()
{
  printf("a=%d,b=%d");
  return 0;
}
```

7.7.6　用 static 声明外部变量

有时在程序设计中希望某些外部变量只限于被本文件引用，而不能被其他文件引用。这时可以在定义外部变量时加一个 static 声明。例如：

```
//file1.c
#include <stdio.h>
int max(int,int);
int main()
{
  extern inta,b;
  int c=max(a,b);
  printf("max of a and b is %d\n",c);
  return 0;
}
int max(int x,int y){
  int z;}
```

```
//file2.c
int a=1;
static intb=2;
int f1()
{
  return 0;
}
```

在上例中，file1.c 中的函数只能使用变量 a，而不能使用变量 b，尽管使用 extern 对变量 a 和 b 进行了说明。因为在 file2 中变量 b 被声明为 static,因此 b 只能在源文件 file2.c 中使用。

这种加上 static 声明、只能用于本文件的外部变量（全局变量）称为静态外部变量。这就为程序的模块化、通用性提供了方便。如果已知道其他文件不需要引用本文件的全局变量，可以对本文件中的全局变量都加上 static，成为静态外部变量，以免被其他文件误用。

需要指出，不要误认为用 static 声明的外部变量才采用静态存储方式（存放在静态存储区中），而不加 static 的是动态存储（存放在动态存储区）。实际上，两种形式的外部变量都用静态存储方式，只是作用范围不同而已，都是在编译时分配内存的。

7.7.7　存储类别小结

一个变量除了数据类型，还有以下 3 种属性。

（1）存储类别：C语言允许使用 auto、static、register 和 extern 四种存储类别。

（2）作用域：程序中可以引用该变量的区域。

（3）存储期：变量在内存的存储期限。

具体情况如表 7-1 所示。

表 7-1　存储类型特点总结表

存储类型	局部/外部变量	作用域	存储位置	说明
auto	局部变量	定义变量的函数或复合语句内部	动态存储区	
	外部变量	从定义位置开始的整个文件	静态存储区	
static	局部变量	同 auto 局部变量	静态存储区	
	外部变量	仅在本文件中可以使用	静态存储区	
register	局部变量	同 auto 局部变量	寄存器	
extern	外部变量	允许其他文件使用	静态存储区	extern 只能用来声明已定义的外部变量，而不能用于变量的定义

7.8　内部函数和外部函数

函数本质上是全局的，但可以限定函数能否被别的文件所引用。当一个程序由多个源文件组成时，C语言根据函数能否被其他源文件中的函数调用，将函数分为内部函数和外部函数。

7.8.1　内部函数

如果在一个源文件中定义的函数，只能被本文件中的函数调用，而不能被同一程序其他文件中的函数调用，这种函数称为内部函数。

定义一个内部函数，只需在函数类型前再加一个关键字"static"即可，如下：

```
static  返回类型  函数名（参数列表）
{
        …
        …
}
```

关键字"static"，译成中文就是"静态的"，所以内部函数又称静态函数。但此处"static"的含义不是指存储方式，而是指对函数的作用域仅局限于本文件。

使用内部函数的好处：不同的用户编写不同的函数时，不用担心自己定义的函数是否会与其他文件中的函数同名。

7.8.2　外部函数

外部函数的定义为在定义函数时，如果没有加关键字"static"，或冠以关键字"extern"，表示此函数是外部函数如下：

```
[extern]  函数类型  函数名（函数参数表）
{
```

```
    …
}
```

调用外部函数时，需要对其进行说明：

[extern]　函数类型　函数名（参数类型表）[，函数名 2（参数类型表 2）…]；

【例 7-13】

```c
//"main.c"
#include <stdio.h>
void printarray(int[],int);
int main()
{
  extern void sort(int  array[ ],int  n);
  int a[10],i;
  for(i=0;i<10;i++)
  scanf("%d",&a[i]);
  printarray(a,10);
  sort(a,10);
  printarray(a,10);
  return 0;
}
void printarray(int array[],int n)
{
  int i;
  for(i=0;i<n;i++)
    printf("%d",array[i]);
  printf("\n");
}
//"file1.c"
void sort(int  array[],int  n)
{
  int i,j,k;
  for(i=0;i<n;i++)
  {
        for(j=0;j<n-i;j++)
        {
              if(array[j]>array[j+1])
              {
                  k=array[j+1];
                  array[j+1]=array[j];
                  array[j]=k;
              }
        }
  }
}
```

file1.c 文件中的函数 sort 没有添加关键字 "static"，即为外部函数，在源文件 main.c 中的 main 函数中通过语句 extern void sort（int array[ ]，int n），就可以使用 file1.c 文件中的函数 sort。

习　题　7

一、选择题

1.C 语言中，凡未指定存储类别的局部变量的隐含存储类别是（　　）。

（A）自动（auto） （B）静态（static）

（C）外部（extern） （D）寄存器（register）

2. 在一个 C 语言源程序文件中，要定义一个只允许本源文件中所有函数使用的全局变量，则该变量需要使用的存储类别是（ ）。

（A） extern （B） register

（C） auto （D） static

3. 以下函数返回 a 数组中最小值所在的下标，在划线处应填入的是（ ）。

```
fun(int a[],int n)
{
int i,j=0,p;
p=j;
for(i=j;i<n;i++)
        if(a[i]<a[p])_____;
return (p);
}
```

（A） i=p （B） a[p]=a[i]

（C） p=j （D） p=i

4. 请读程序：

```
#include <stdio.h>
f(int b[ ],int n)
{
    int i,r;
    r=1;
    for(i=0;i<=n;i++)  r=r*b[i];
    return r;
}
main()
{
    int x,a[]={3,4,5,6,7,8,9};
    x=f(a,2);
    printf("%d\n",x);
}
```

上面程序的输出结果是（ ）。

（A） 720 （B） 120

（C） 60 （D） 24

5. 以下叙述中，不正确的是（ ）。

（A） 在同一个 C 源程序文件中，不同函数中可以使用同名变量。

（B） 在 main 函数体内定义的变量是全局变量。

（C） 形参是局部变量，函数调用完成后即失去意义。

（D） 若同一源文件中全局变量和局部变量同名，则全局变量在局部变量作用范围内不起作用。

6. 若函数调用时用数组名作为函数参数，以下叙述中，不正确的是（ ）。

（A） 实参与其对应的形参共占用同一段存储空间。

（B） 实参将其地址传递给形参，结果等同于实现了参数之间的双向值传递。

（C） 实参与其对应的形参分别占用不同的存储空间。

（D） 在调用函数中必须说明数组的大小，但在被调函数中可以使用不定尺寸数组。

7. 下面程序的输出是（ ）。

```
int m=13;
int fun2(int x,int y)
```

```
{
    int m=3;
    return(x*y-m);
}
main()
{
    int a=7,b=5;
    printf("%d\n",fun2(a,b)/m);
}
```

　　（A）1　　　　　　　　（B）2
　　（C）7　　　　　　　　（D）10

二、编程题

　　1. 编写程序，读入英尺，将其转换成英寸、米和厘米。

　　2. 编写程序，读入整数，求其阶乘。

第 8 章　编译预处理

编译预处理是在编译前由编译系统中的预处理程序对源程序的预处理命令进行加工（例如，若程序中有#include 命令包含一个头文件"stdio.h"，则在预处理时将 stdio.h 文件中的实际内容代替该命令）。源程序中的预处理命令均以"#"开头，命令末尾不加分号，它们可以写在程序中的任何位置，作用域是从出现位置到源程序结束。

8.1　宏　定　义

宏定义是定义一个标识符来代替一个字符串。

宏定义有不带参数的宏定义和带参数的宏定义两种。

1. 不带参数的宏定义

定义形式：

```
#define  标识符  字符串
```

功能：用一个指定的标识符（即名字，称为宏名）来代表一个字符串。

例如：#define　PI　3.1415926

【例 8-1】#define　PI　3.1415926

```
void main()
{
    float l,s,r;
    scanf("%d",&r);
    l=2.0*PI*r;
    s=PI*r*r;
    printf("l=%f\n",l);
    printf("s=%f\n",s);
}
```

在预处理时展开为

```
void main()
{
    float l,s,r;
    scanf("%d",&r);
    l=2.0*3.1415926*r;
    s=3.1415926*r*r;
    printf("l=%f\n",l);
    printf("s=%f\n",s);
}
```

说明如下。

（1）与其他标识符相区别，宏名一般用大写字母表示。

（2）编译预处理时，将程序中的宏名用字符串代替，这种将宏名替换成字符串的过程称为"宏展开"。

（3）使用宏可以减少程序中重复书写或修改某些字符串的工作量。

例如，定义数组大小，可以用：

```
#define  array_size  1000
int array[array_size];
```

先指定 array_size 代表 1000，因此数组大小就是 1000，如果需要改变数组大小，只需要修改#define 行：

```
#define  array_size  500
```

（4）在程序中出现在双引号中或其他字符串中与宏名相同的字符串，不能作为宏处理。

（5）宏定义不是 C 语句，不必在行末加分号。如果加了分号则会连分号一起进行置换。例如：

```
#define  PI  3.1415926;
area=PI*r*r;
```

经过宏展开后，该语句为

```
area=3.1415926; *r*r;
```

（6）#define 命令的作用范围是从定义位置至源程序结束，但可以用#undef 终止其作用域。

【例 8-2】#define　PI　3.1415926

```
void main()
{
    …
}
#undef PI
fun()
{
    …
}
```

（7）宏定义时，可以引用已定义的宏名，编译时层层展开。

【例 8-3】#define　PI　3.1415926

```
#define  R  3.0
#define  L  2*PI*R
#define  X  R+L
void main()
{
    …
    y=2*X;
    …
}
```

预编译展开为

```
void main()
{
    …
    y=2*3.0+2*3.1415926*3.0;
```

```
    …
}
```

（8）宏名是一个常量标识符，不是变量，不分配内存空间。

2. 带参数的宏定义

定义形式：

```
#define  标识符(参数表)字符串
```

功能：用指定的带参数的标识符来代表一个字符串。

注意：带参数的宏展开时要用实参字符串替换形参字符串。

【例8-4】`#define   S(x)   2*x*x`

```
void main()
{
    …
    y=S(2+2);
    …
}
```

预编译展开为：

```
y=2*2+2*2+2
```

说明如下。

带参数的宏替换只是简单的替换，即将语句中的宏名后面括号内的实参字符串代替#define 命令行中的形参。如例 8-4 所示，但这不是想要的结果，因此需要作修改：

```
#define   S(x)   2*(x)*(x)
```

预编译展开为：

```
y=2*(2+2)*(2+2)
```

这才是想要的结果。

8.2 文 件 包 含

文件包含是一个源程序通过#include 命令把另外一个文件的全部内容嵌入到源程序中。文件包含命令有如下两种格式：

```
#include <文件名>
#include "文件名"
```

功能：将指定文件的全部内容放到该命令行所在的位置。

说明如下。

（1）使用双引号：系统首先到当前目录下查找被包含文件，如果没找到，再到系统指定的"包含文件目录"（由用户在配置环境时设置）去查找。

（2）使用尖括号：直接到系统指定的"包含文件目录"去查找。一般地说，使用双引号比较保险。

【例8-5】将格式宏做成头文件。

（1）文件 format.h

```
#include <stdio.h>
#define PR printf
#define NL "\n"
#define D "%d"
#define D1 D NL
#define D2 D D NL
#define D3 D D D NL
#define D4 D D D D NL
#define S "%s"
```

（2） 主文件 file1.c

```
#include <stdio.h>
#include  "format.h"
void main()
{
  int a,b,c,d;
  char string[]="CHINA";
  a=1;b=2;c=3;d=4;
  PR(D1,a);
  PR(D2,a,b);
  PR(D3,a,b,c);
  PR(D4,a,b,c,d);
  PR(S,string);
}
```

注意，在编译时并不是对两个文件分别进行编译，然后再将它们的目标程序连接，而是在经过编译预处理后将头文件 format.h 包含到主文件中，得到一个新的源程序，然后对这个文件进行编译，得到一个目标（.obj）文件。被包含的文件成为新的源文件的一部分，单独生成目标文件。

8.3　条　件　编　译

一般情况下，源程序中所有的行都参加编译。但是有时希望对其中一部分内容只在满足一定条件下才进行编译，也就是对一部分内容指定编译的条件，这就是条件编译。 条件编译可有效地提高程序的可移植性，并广泛地应用在商业软件中，为一个程序提供各种不同的版本。

条件编译命令有如下几种形式。

（1） # ifdef 标识符

   程序段 1

 # else

   程序段 2

 # endif

功能：当标识符已经被#define 命令定义过时，编译程序段 1，否则编译程序段 2。

这种条件编译对于提高 C 源程序的通用性有很大好处。在不同的系统中，一个 int 型数据占用的内存字节数可能是不同的。 那么一个 C 源程序在不同系统中运行时就需要进行必要的修改，提高其通用性。可以用以下条件编译处理。

【例 8-6】

```
#ifdef  COMPUTER_A
#define INTEGER_SIZE  16
#else
#define INTEGER_SIZE  32
#endif
```

即如果 COMPUTER_A 在前面定义过，则编译下面的命令行：

```
#define INTEGER_SIZE  16
```

否则，编译下面的命令行：

```
#define INTEGER_SIZE  32
```

这样源程序可以不作任何修改就可以应用于不同类型的计算机系统。

（2）#ifndef 标识符
```
    程序段 1
 #else
    程序段 2
 #endif
```
功能：若标识符未被定义过，则编译程序段 1，否则编译程序段 2，这种形式与第一种形式作用相反。

（3）#if 表达式
```
    程序段 1
 #else
    程序段 2
 #endif
```
功能：当表达式为非 0（逻辑真）时，编译程序段 1，否则编译程序段 2。

【例 8-7】输入一个口令，根据需要设置条件编译，使之能将口令原码输出，或仅输出若干星号 "*"。

```
#define   PASSWORD   0 /*预置为输出星号*/
void main()
{ …
/*条件编译*/
#if   PASSWORD            /*源码输出*/
…
#else                     /*输出星号*/
…
#endif
…
    }
```

由于已经预置 PASSWORD 为 0，因此程序输出星号。

本节介绍的预编译功能是 C 语言特有的，有利于程序的可移植性，增加程序的灵活性。

习 题 8

1. 有如下程序：
```
#define N  2
#define M  N+1
```

```
#define NUM  2*M+1
void main()
{
  int i;
  for(i=1;i<=NUM;i++)
    printf("%d\n",i);
}
```

该程序中的 for 循环执行的次数是_____。

2. 程序中头文件 type1.h 的内容是

```
#define N  5
#define M1  N*3
```

程序如下：

```
#include "type1.h"
#define M2  N*2
void main()
{
  int i;
  i=M1+M2;
  printf("%d\n",i);
}
```

程序编译后运行的输出结果是_____。

3. 以下程序的输出结果是_____。

```
#define SQR(X)  X*X
void main()
{
  int a=16,k=2,m=1;
  a/=SQR(k+m)/SQR(k+m);
  printf("%d\n",a);
}
```

第 9 章　地址和指针

指针是 C 语言中广泛使用的一种数据类型，是 C 语言中一个重要的概念。运用指针编程是 C 语言最主要的学习内容之一。掌握指针的应用，可以使程序简洁、高效。每一个学习和使用 C 语言的人都应深入地学习和掌握指针。

9.1　地址指针的基本概念

计算机中的数据是存放在存储器中的，存储器中一个字节为一个内存单元，根据存放的数据类型的不同内存单元数不同。例如，short int 型数据占 2 个单元，float 型数据占 4 个单元，char 型数据占 1 个单元。每个内存单元存在一个编号。根据一个内存单元的编号即可准确地找到该内存单元。内存单元的编号也称为地址，该地址称为指针。内存单元的指针和内存单元的内容是两个不同的概念。举个例子，学校中的每间宿舍都有门牌号，每个宿舍住着 4 位学生，在这里，内存单元的指针就是宿舍的门牌号，内存单元的内容是 4 位同学。

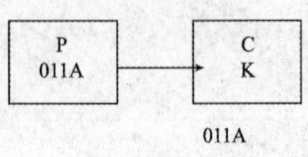

图 9-1　指针变量

下面再来看一个概念——指针变量。它是一种特殊的变量，作用是存放内存地址（即指针）。图 9-1 中，设有字符变量 C，其内容为"K"（ASCII 码为十进制数 75），C 占用了 011A 号单元（地址用十六进数表示）。设有指针变量 P，内容为 011A，这种情况称为 P 指向变量 C，或说 P 是指向变量 C 的指针。

9.2　变量的指针和指向变量的指针变量

9.2.1　定义一个指针变量

定义指针变量的一般形式：

类型说明符　*指针变量名；

在程序中用"*"符号表示"指向"，类型说明符表示该指针变量所指向的变量的数据类型。例如：

```
int *p1;
```

表示 p1 是一个指针变量，它的值是某个整型变量的地址。或者说 p1 是指向一个 int 型变量的指针变量。那么，怎样使一个指针变量指向另一个指针变量？可以用赋值语句。例如：

```
pointer_1=&a;
```

将变量 a 的地址放在指针变量 pointer_1 中，pointer_1 就指向了变量 a。

根据以上的知识点来看 int *p = NULL 和*p = NULL 有什么区别?

很多初学者都无法分清这两者的区别。先看下面的代码: int *p = NULL; 这时候可以通过编译器查看 p 的值为 0x00000000。这句代码的意思是定义一个指针变量 p, 其指向的内存里面保存的是 int 类型的数据; 在定义变量 p 的同时把 p 的值设置为 0x00000000, 而不是把*p 的值设置为 0x00000000。这个过程称为初始化, 是在编译的时候进行的。

明白了什么是初始化之后, 再看下面的代码:int *p; *p = NULL; 同样, 可以在编译器上调试这两行代码。第一行代码, 定义了一个指针变量 p, 其指向的内存里面保存的是 int 类型的数据; 但是这时候变量 p 本身的值是多少不得而知, 也就是说现在变量 p 保存的有可能是一个非法的地址。第二行代码, 给*p 赋值为 NULL, 即给 p 指向的内存赋值为 NULL; 但是由于 p 指向的内存可能是非法的, 所以调试的时候编译器可能会报告一个内存访问错误。这样的话, 可以把上面的代码改写, 使 p 指向一块合法的内存: int i = 10; int *p = &i; *p = NULL; 在编译器上调试一下, 发现 p 指向的内存由原来的 10 变为 0 了; 而 p 本身的值, 即内存地址并没有改变。

9.2.2　指针变量的引用

指针变量只能存放地址 (或 NULL 或\0 或 0), 不能将任何非类型的数据赋给指针变量。例如:

```
int *p1_1=a;              1
p1_1=&a;               2
p1_1=NULL;            3
```

以上例子中 1 是错误的, 2 和 3 是正确的, 其中 3 中的 NULL 为空指针, 并不是指向地址为 0 的存储单元。

1) 两个运算符

(1) &: 取地址运算符。

(2) *: 指针运算符, 取其指向的内容。

2) 运算方法

设有指向整型变量的指针变量 p,如要把整型变量 a 的地址赋予 p 可以有以下两种方式:

(1) 指针变量初始化的方法

```
int a;
int *p=&a;
```

(2) 赋值语句的方法

```
int a;
int *p;
p=&a;
```

3) 注意事项

(1) 不允许把一个数赋予指针变量, 故下面的赋值是错误的:

```
int *p;
p=1000;
```

（2）被赋值的指针变量前不能再加"*"说明符，如写为*p=&a 也是错误的。假设：

```
int i=200, x;
int *ip;
```

4）指针变量的引用

定义了两个整型变量 i，x，还定义了一个指向整型数的指针变量 ip。i，x 中可存放整数，而 ip 中只能存放整型变量的地址。可以把 i 的地址赋给 ip：ip=&i；此时指针变量 ip 指向整型变量 i，假设变量 i 的地址为 1800，这个赋值可形象理解为如图 9-2 所示的联系。

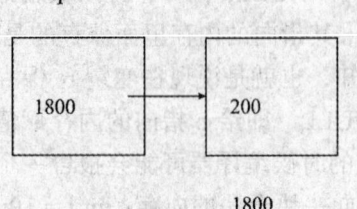

图 9-2 指针变量的引用

以后便可以通过指针变量 ip 间接访问变量 i，例如：x=*ip；

运算符*访问以 ip 为地址的存储区域，而 ip 中存放的是变量 i 的地址，因此*ip 访问的是地址为 1800 的存储区域（因为是整数，实际上是从 1800 开始的两个字节），它就是 i 所占用的存储区域，所以上面的赋值表达式等价于 x=i；如下程序：

```
main()
{
int a,b;
int *pointer_1,*pointer_2;
a=100;b=10;
pointer_1=&a;
pointer_2=&b;
printf("%d,%d\n",a,b);
printf("%d,%d\n",*pointer_1,*pointer_2);
}
```

说明如下。

程序在开头处虽然定义了两个指针变量 pointer_1 和 pointer_2，但它们并未指向任何一个整型变量。只是提供两个指针变量，规定它们可以指向整型变量。程序第 5、6 行的作用就是使 pointer_1 指向 a，pointer_2 指向 b，如图 9-3 所示。

最后一行的*pointer_1 和*pointer_2 就是变量 a 和 b。最后两个 printf 函数作用是相同的。

程序第 5、6 行的"pointer_1=&a"和 "pointer_2=&b"不能写成"*pointer_1=&a"和 "*pointer_2=&b"。

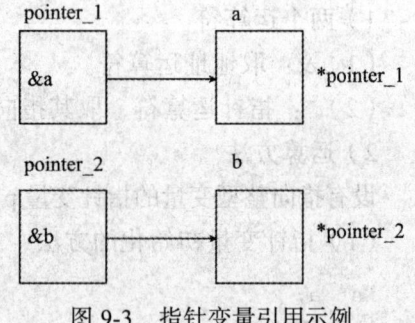

图 9-3 指针变量引用示例

9.2.3 指针变量作为函数参数

函数参数的传递包括值传递和地址传递。值传递参数的功能：将调用函数中的变量或常量数值单项复制给被调函数中的形参。形参的功能就是接受并保存实参复制过来的数值。实参就是表达式、变量、常量、函数值（传递值）； 地址传递就是指针作为函数参数。地址指针的形参就是指针变量，实参就是指针变量或变量地址。看下面的程序：

```
void main()
{
    int x,y,m;
    Scanf("%d%d",&x,&y);
    m=max(x,y);
    printf("max=%d\n",m);
}
```

函数参数传递的形参由被调函数提供（单向传递）。

【例 9-1】编写交换两个变量值的函数 swap（）。

```
#include <studio.h>
void swap(int x,int y) ;         /*x 和 y 是形参*/
void main()
{
    int  a=5,b=2;
    swap(a,b);                   /*a 和 b 是实参*/
    printf("a=%d,b=%d\n",a,b);
}
void swap(int  x,int  y)         /*x 和 y 是形参*/
{
    int  t;
    t=x;x=y;y=t;
    printf("x=%d,y=%d\n",x,y);
}
```

运行结果：　x=2，y=5
　　　　　　　a=5，b=2

【例 9-2】编写有函数返回值的函数 func（int a）。

```
void func(int a)
{
    a=5;
}
void main()
{
    int b=0;
    func(b);
    printf("b=%d\n",b);
}
```

运行结果：b=0

```
func(int a)
{
    a=5;
    return a;
}
void main()
{
    int b=0,c;
    c=func(b);
    printf("c=%d\n",c);
}
```

运行结果：c=5

上面两个都是传值调用。

【例9-3】将数从大到小输出。

第一道程序：

```
void swap(int x,int y)
{
  int temp;
  temp=x;
  x=y;
  y=temp;
}
void main()
{
  int a,b;
  scanf("%d%d",&a,&b);
  if(a<b)  swap(a,b);
  printf("\n%d,%d\n",a,b);
}
```

第二道程序：

```
void swap(int *p1,int *p2)
{
  int  p;
  p=*p1;
  *p1=*p2;
  *p2=p;
}
void main()
{
  int a,b;
  int *p_1, *p_2;
  scanf("%d%d",&a,&b);
  p_1=&a;
  p_2=&b;
  if(a<b)  swap(p_1,p_2);
  printf("\n%d,%d\n",a,b);
}
```

第三道程序：

```
void swap(int  *p1,int  *p2)
{
  int  p;
  p=*p1;
  *p1=*p2;
  *p2=p;
}
void main()
{
  int a,b;
  int *p_1, *p_2;
  scanf("%d%d",&a,&b);
  p_1=&a;
  p_2=&b;
  if(a<b)  swap(p_1,p_2);
  printf("\n%d,%d\n",*p_1, *p_2);
}
```

来比较一下，第一道程序里面，main 函数先定义两个整型的参数 a 和 b，再用 scanf
函数让 a 和 b 赋值，再下面是 if 语句，条件是当 a<b 时，来执行 swap（a,b）的操作，也
就是当 a<b 时，a、b 经过调用函数，把值分别传给了 x、y。然后再来调用函数的功能。
在调用函数里，定义了一个整型的 temp 参数，首先把 x 的值赋给了 temp，然后再把 y 的
值赋给了 x，最后把 temp 的值给了 y，实现了将 x 和 y 的值进行交换。但是 a、b 的值没
有变换，a、b 所指的存储空间里的值没有变化，所以当输入初值 a=5,b=9 时，输出结果
依然是 a=5,b=9。而第二个程序在主函数中定义了两个指针变量，把输入 a、b 的值存入
了地址为 p_1,p_2 的存储空间，在进行 swap 调用时，传入的是地址变量，在 swap 函数操
作时，直接对 a、b 的存储空间里的值进行修改。所以，经过交换，a、b 的输出值为 a=9,b=5。
第三个程序在传参数的时候，传的是 a、b 的地址即 p_1,p_2 的值，在进行 swap 的函数调
用时，实现的功能是将 p_1、p_2 的内容进行变换，并没有改变 a、b 存储空间的值。所以
当输入初值 a=5,b=9 时，输出结果依然是 a=5,b=9。

9.3　数组指针和指向数组的指针变量

9.3.1　指向数组元素的指针

指向数组元素的指针常简称为数组指针，所谓数组的指针是指数组的起始地址。
数组指针变量说明的一般形式：

```
类型说明符 *指针变量名;
```
其中，类型说明符表示所指数组的类型。
在 C 语言中数组的指针就是数组的起始地址（也就是第一个元素的地址），而且标准
文档规定数组名代表数组的地址（这是地址数值层面的数组表示）。例如：
（1）int b[2];
（2）int *p;
其中，（1）指 b 为包含两个整型变量的数组。（2）指 p 为指向整型变量的指针变量。
对其赋值：p=&b[0];作用是使 p 指向 b 数组的 0 号元素。
C 语言规定，数组名代表数组中首元素的地址。即
p=&b[0]和 p=b 是等价的。

9.3.2　通过指针引用数组元素

在 C 中，数组名是数组的第 0 号元素的地址，因此下面两个语句是等价的：
```
p=&a[0];
p=a;
```
根据地址运算规则，a+1 为 a[1]的地址，a+i 就为 a[i]的地址。
下面用指针给出数组元素的地址和内容的几种表示形式：
（1）p+i 和 a+i 均表示 a[i]的地址，或者说，它们均指向数组第 i 号元素，即指向 a[i]。
（2）*（p+i）和*（a+i）都表示 p+i 和 a+i 所指对象的内容，即 a[i]。
（3）指向数组元素的指针，可以表示成数组的形式，也就是说，它允许指针变量带

下标，如 p[i]与*（p+i）等价。

若 p=a+5；则 p[2]就相当于*（p+2），由于 p 指向 a[5]，所以 p[2]就相当于 a[7]。而 p[-3]就相当于*（p-3），它表示 a[2]。

9.3.3 数组名做函数参数

用数组名做函数的参数，实参和形参都应用数组名。

【例 9-4】有一个一维数组 score，内放 10 个学生成绩，求平均成绩。

```
float average(float array[10])
{
  int i;
  float aver,sum=array[0];
  for(i=1;i<10;i++)sum=sum+array[i];
  aver=sum/10;
  return aver;
}
main()
{
  float score[10],aver;
  int i;
  printf("input 10 scores:\n");
  for(i=0;i<10;i++)scanf("%f",&score[i]);
  printf("\n");
  aver=average(score);/*数组名作为函数参数*/
  printf("average score is %5.2f",aver);
}
```

说明如下：

（1）用数组名称做函数参数，应该在主调函数和被调函数分别定义数组，本例中 array 是形参数组名，score 是实参数组名，分别在其所在的函数中定义，不能只在一方定义。

（2）实参数组与形参数组类型应该保持一致（这里都为 float 型），如不一致，结果将出错。

（3）在被调用函数中声明了形参数组的大小为 10，但在实际上，指定其大小是不起任何作用的，因为 C 编译器对形参数组大小不作检查，只是检查实参数组的首地址传给形参数组。因此，score[n]和 array[n]指的是同一单元。

（4）形参数组也可以不指定大小，在定义数组时在数组名后面跟一个空的方括号，有时为了在被调用函数中处理数组元素的需要，可以另设一个参数，传递需要处理的数组元素的个数，上例可以改写为下面的形式：

```
float average(float array[], int n);
{
  int i;
  float aver,sum=array[0];
  for(i=1;i<n;i++)sum=sum+array[i];
  aver=sum/n;
  return aver;
}
main()
```

```
{
  float score_1[5]={98.5,97,91.5,60,55};
  float score_2[10]={67.5,89.5,99,69.5,77,89.5,76.5,54,60,99,5};
  printf("the average of class A is %6.2f\n", average(score_1, 5));
  printf("the average of class B is %6.2f\n", average(score_2, 10));
}
```

可以看出，两次调用 average 函数时，需要处理的数组元素是不同的，在第一次调用时用一个实参 5 传递给形参 n，表示求前面 5 个学生的平均分数。第二次调用时，求 10 个学生平均分。

说明如下。

用数组名作为函数实参时，不是把数组元素的值传递给形参，而是把实参数组的起始地址传递给形参数组，这样两个数组就共占同一段内存单元。并且当用数组名做函数参数时，如果形参数组中各元素的值发生了变化，实参数组元素的值也随之变化。

由于实参可以是表达式，数组元素可以是表达式的组成部分，因此数组元素当然可以做为函数的实参，与用变量做实参一样，是单向传递，即"值传送"方式。

9.3.4　指向多维数组的指针和指针变量

1. 多维数组元素

多维数组的内存单元是连续的内存单元，它可以看做是一维数组的延伸。C 语言是把多维数组当做一维数组来处理的。它的地址表示方法如下。

设有 int 型二维数组 a[3][4]:

```
0   1   2   3
4   5   6   7
8   9   10  11
```

Int a[3][4]={{0,1,2,3},{4,5,6,7},{8,9,10,11}}

如 a 的首地址为 1000，各下标变量的首地址及其值如图 9-4 所示。

1000	1002	1004	1006
1008	1010	1012	1014
1016	1018	1020	1022

图 9-4　变量首地址

计算机认为这是一个一维的数组 a[3]，数组的 3 个元素分别是 a[0]，a[1] 和 a[2]。其中每个元素又是一个一维数组。例如，a[0] 又是一个包含 a[0][0]，a[0][1]，a[0][2] 和 a[0][3] 共 4 个元素的数组。如果要引用数组元素 a[1][2]，可以首先根据下标 1 找到 a[1]，然后在 a[1] 中找到第 3 个元素 a[1][2]，如图 9-5 所示。

	1 000	1 002	1 004	1 006
a →	a[0][0]	a[0][1]	a[0][2]	a[0][3]
	1 008	1 010	1 012	1 014
a+1 →	a[1][0]	a[1][1]	a[1][2]	a[1][3]
	1 016	1 018	1 020	1 022
a+2 →	a[2][0]	a[2][1]	a[2][2]	a[2][3]

图 9-5　第 1 行第 2 列数组元素的地址

C 语言规定，数组名代表数组首元素的地址，而 a[0]，a[1] 和 a[2] 是一维数组名，所以，a[0]代表一维数组 a[0]中第 0 列元素的地址，即& a[0] [0]。a[1]的值是& a[1] [0]。而第 0 行第 1 列的元素的地址则表示为 a[0]+1。由此可得 a[i]+j 是一维数组 a[i]的 j 号元素首地址，它等于&a[i][j]。由 a[i]=*（a+i）得 a[i]+j=*（a+i）+j，由于*（a+i）+j 是二维数组 a 的 i 行 j 列元素的首地址，因此该元素的值等于*（*（a+i）+j）。

二维数组元素的地址可以由表达式&a[i][j]求得，也可以通过每行的首地址来表示。以上二维数组 a 中，每个元素的地址可以通过每行的首地址：a[0]，a[1]和 a[2]等来表示。例如：地址&a[0][0]可以用 a[0]+0 来表示；若 0≤i＜3、0≤j＜4,则 a[i][j]的地址可以用以下 5 种形式表示：

&a[i][j]；a[i]+j；*(a+i)+j；&a[0] [0] +4* i+j；a[0] +4* i+j；

以上表达式中，a[i]，&a[0] [0]，a[0]的基类型都是 int 型。

2. 多维数组的指针变量

（1）指向数组元素的指针变量

```
main()
{
  float a[2][3]={1.0,2.0,3.0,4.0,5.0,6.0},*p;
  int i;
  for(p=*a;p<*a+2*3;p++)
  printf("\n%f",*p);
}
```

结果输出：

（1）1.0
（2）2.0
（3）3.0
（4）4.0
（5）5.0
（6）6.0

在上述例子中，定义了一个指向 float 型变量的指针变量。语句 p=*a 将数组第 1 行，第 1 列元素的地址赋给了 p, p 指向了二维数组第一个元素 a[0][0]的地址。根据 p 的定义，指针 p 的加法运算单位正好是二维数组一个元素的长度，因此语句 p++使 p 每次都指向二维数组的下一个元素，*p 对应该元素的值。

（2）指向由 M 个元素组成的一维数组的指针变量

一般形式为：

类型说明符　（*指针变量名）[长度]

其中，类型说明符为所指数组的数据类型。*表示其后的变量是指针类型。长度表示二维数组分解为多个一维数组时，一维数组的长度，也就是二维数组的列数。

说明如下：

括号一定不能少，否则[]的运算级别高，变量名称和[]先结合，结果就变成了后续章节要讲的指针数组；指针加法的内存偏移量单位为数据类型的字节数×一维数组长度。

```
main()
{
    float a[2][3]={1.0,2.0,3.0,4.0,5.0,6.0};
    float (*p)[3];
    int i,j;
    printf("Please input i=");
    scanf("%d",&i);
    printf("Please input j=");
    scanf("%d",&j);
    p=a;
    printf("\na[%d][%d]=%f",i,j,*(*(p+i)+j));
}
```

说明如下：

（1）p 定义为一个指向 float 型、一维、3 个元素数组的指针变量。

（2）语句 p=a 将二维数组 a 的首地址赋给了 p。根据 p 的定义，p 加法的单位是 3 个 float 型单元，因此 p+i 等价于 a+i，*（p+i）等价于*（a+i），即 a[i][0]元素的地址，也就是该元素的指针。

（3）*（p+i）+j 等价于& a[i][0]+j，即数组元素 a[i][j]的地址。

（4）*（*（p+i）+j）等价于（*（p+i））[j]，即 a[i][j]的值。

（5）p 在定义时，对应数组的长度应该和 a 的列长度相同。否则编译器检查不出错误，但指针偏移量计算出错，导致结果错误。

9.4　函数指针变量

在 C 语言中，一个函数总是占用一段连续的内存区，而函数名就是该函数所占内存区的首地址。可以把函数的这个首地址（或称入口地址）赋予一个指针变量，使该指针变量指向该函数。然后通过指针变量就可以找到并调用这个函数。把这种指向函数的指针变量称为函数指针变量。函数指针可以传入函数、从函数返回、存放在数组中和赋给其他的函数指针。

函数指针变量定义的一般形式为：

类型说明符　（* 指针变量名）（函数参数列表）；

其中，类型说明符表示被指函数的返回值的类型。（* 指针变量名）表示*后面的变量是定义的指针变量。最后的括号表示指针变量所指的是一个函数。

例如：

```
int (*pf)();
```

表示 pf 是一个指向函数入口的指针变量，该函数的返回值（函数值）是整型。

【例 9-5】本例用来说明用指针形式实现对函数调用的方法。

```
int max(int a,int b)
{
    if(a>b)return a;
    else return b;
}
main()
{
```

```
int max(int a,int b);
int(*pmax)();
int x,y,z;
pmax=max;
printf("input two numbers:\n");
scanf("%d%d",&x,&y);
z=(*pmax)(x,y);
printf("maxmum=%d",z);
}
```

从上述程序可以看出，用函数指针变量形式调用函数的步骤如下：

（1）先定义函数指针变量，如程序中 int （*pmax）（）；定义 pmax 为函数指针变量。

（2）把被调用函数的入口地址（函数名）赋予该函数指针变量，如程序中第 11 行 pmax=max;

（3）用函数指针变量形式调用函数，如程序中 z=(*pmax)(x,y);

（4）调用函数的一般形式为：

（* 指针变量名） （实参列表）

使用函数指针变量还应注意以下两点：①函数指针变量不能进行算术运算，这是与数组指针变量不同的，数组指针变量加减一个整数可使指针移动指向后面或前面的数组元素，而函数指针的移动是毫无意义的。②函数调用中（*指针变量名）的两边的括号不可少，其中的*不应该理解为求值运算，在此处它只是一种表示符号。

使用函数指针的意义在于，它提供了一种更灵活的调用函数的方式，使得程序能够从多个函数中选择一个对当前情况而言合适的函数。

【例 9-6】编制程序，调用一个多功能函数，对于最大值函数参数，求两个数的最大值；对于最小值函数参数，求两个数的最小值。

```
main()
{
    int max(),min(),fun();
    int a,b;
    scanf("%d,%d",&a,&b);
    printf("最大值=");
    fun(a,b,max);
    printf("最小值=");
    fun(a,b,min);
}
max(x, y) /*最大值函数*/
int x,y;
{
    if(x>y) return(x);
    else return(y);
}
min(x,y)/ *最小值函数*/
int x,y;
{
if(x<y) return(x);
else return(y);
}
fun(x,y,p) /*多功能函数*/
int x,y;
```

```
int(*p)();/*P参数为指向整型函数的指针变量*/
{
int result;
result=(*p)(x,y);/*通过指针调用函数*/
print{("%d\n",result)}
}
```

输入数据：28，32

运行结果：最大值=32，最小值=28

第一次调用 fun 函数时，除了将 a、b 的值传递给 x、y，还将函数 max 的入口地址（max）传递给指向函数的指针变量 p，这时函数 fun 中的（*p）(x，y）相当于 max（x，y）。

第二次调用 fun 函数时，a、b 的值同样传递给 x、y，另外将函数 min 的入口地址（min）传递给指向函数的指针变量 p，这时函数 fun 中的（*p）(x，y）相当于 min（x，y）。

当然，本例这样做无太多实际意义，主要使读者认识指向函数的指针变量做函数参数的做法。

9.5　指针型函数

前面介绍过，所谓函数类型是指函数返回值的类型。在 C 语言中允许一个函数的返回值是一个指针（即地址），这种返回指针值的函数称为指针型函数。

定义指针型函数的一般形式：

```
类型说明符 * 函数名（形参列表）
{
    …            /*函数体*/
}
```

其中，函数名之前加了*号表明这是一个指针型函数，即返回值是一个指针。类型说明符表示了返回的指针值所指向的数据类型。

例如：

```
int *ap(int x,int y)
{
    ...       /*函数体*/
}
```

表示 ap 是一个返回指针值的指针型函数，它返回的指针指向一个整型变量。

【例 9-7】本程序是通过指针函数，输入一个 1~7 的整数，输出对应的星期名。

```
main()
{
  int i;
  char *day_name(int n);
  printf("input Day No:\n");
  scanf("%d",&i);
  if(i<0) exit(1);
  printf("Day No:%2d-->%s\n",i,day_name(i));
}
char *day_name(int n)
{
```

```
static char *name[]={ "Illegal day",
                      "Monday",
                      "Tuesday",
                      "Wednesday",
                      "Thursday",
                      "Friday",
                      "Saturday",
                      "Sunday"};
    return((n<1||n>7) ? name[0] : name[n]);
}
```

本例中定义了一个指针型函数 day_name，它的返回值指向一个字符串。该函数中定义了一个静态指针数组 name。name 数组初始化赋值为 8 个字符串，分别表示各个星期名及出错提示。形参 n 表示与星期名所对应的整数。在主函数中，把输入的整数 i 作为实参，在 printf 语句中调用 day_name 函数并把 i 值传送给形参 n。day_name 函数中的 return 语句包含一个条件表达式，n 值若大于 7 或小于 1 则把 name[0]指针返回主函数输出出错提示字符串 "Illegal day"。否则返回主函数输出对应的星期名。主函数中的第 7 行是个条件语句，其语义是，如输入为负数（i<0）则中止程序运行退出程序。exit 是一个库函数，exit（1）表示发生错误后退出程序，exit（0）表示正常退出。

应该特别注意的是函数指针变量和指针型函数这两者在写法和意义上的区别。如 int（*p）（ ）和 int *p（ ）是两个完全不同的量。

int（*p）（ ）是一个变量说明，说明 p 是一个指向函数入口的指针变量，该函数的返回值是整型量，（*p）两边的括号不能少。

int *p（ ）则不是变量说明而是函数说明，说明 p 是一个指针型函数，其返回值是一个指向整型量的指针，*p 两边没有括号。作为函数说明，在括号内最好写入形式参数，这样便于与变量说明区别。对于指针型函数定义，int *p（ ）只是函数头部分，一般还应该有函数体部分。

9.6 指针数组和指向指针的指针

9.6.1 指针数组的概念

一个数组的元素值为指针，则这个数组称为指针数组，指针数组是一组有序的指针的集合。指针数组的所有元素都必须是具有相同存储类型和指向相同数据类型的指针变量。

指针数组说明的一般形式：

*类型说明符 *数组名[数组长度]*

其中，类型说明符为指针值所指向的变量的类型。

例如：

```
int *pa[3]
```

表示 pa 是一个指针数组，它有 3 个数组元素，每个元素值都是一个指针，指向整型变量。

指针数组最常见的用途是用于处理字符串。字符串是一个存储在内存中的字符序列，其开始位置由指向第一个字符的指针（char 指针）标识，末尾则通过空字符标记。声明并初始化一个 char 指针数组后，可以使用它来存取和操纵大量的字符串。数组中的每个元素都指向一个不同的字符串，通过遍历该数组，可以依次存取每个字符串。例如，前例中就定义了一个字符指针数组来表示一组字符串。其初始化赋值为：

```
char *name[]={"Illagal day",
          "Monday",
          "Tuesday",
          "Wednesday",
          "Thursday",
          "Friday",
          "Saturday",
          "Sunday"};
```

完成这个初始化赋值之后，name[0]即指向字符串"Illegal day"，name[1]指向"Monday"……。

指针数组也可以用作函数参数。

【例 9-8】输入 5 个国名并按字母顺序排列后输出。编程如下：

```
#include "string.h"
main()
{
  void sort(char *name[],int n);
  void print(char *name[],int n);
  static char *name[]={ "CHINA","AMERICA","AUSTRALIA",
                        "FRANCE","GERMAN"};
  int n=5;
  sort(name,n);
  print(name,n);
}
void sort(char *name[],int n)
{
  char *pt;
  int i,j,k;
  for(i=0;i<n-1;i++)
  {
      k=i;
      for(j=i+1;j<n;j++)
          if(strcmp(name[k],name[j])>0) k=j;
      if(k!=i)
      {
          pt=name[i];
          name[i]=name[k];
          name[k]=pt;
      }
  }
}
void print(char *name[],int n)
{
  int i;
  for (i=0;i<n;i++) printf("%s\n",name[i]);
}
```

在以前的例子中采用了普通的排序方法，逐个比较之后交换字符串的位置。交换字符串的物理位置是通过字符串复制函数完成的。反复的交换将使程序执行的速度很慢，同时由于各字符串（国名）的长度不同，又增加了存储管理的负担。用指针数组能很好地解决这些问题。把所有的字符串存放在一个数组中，把这些字符数组的首地址放在一个指针数组中，当需要交换两个字符串时，只须交换指针数组相应两元素的内容（地址）即可，而不必交换字符串本身。

本程序定义了两个函数，一个函数名为 sort，用于完成排序，其形参为指针数组 name，即待排序的各字符串数组的指针。形参 n 为字符串的个数。另一个函数名为 print，用于排序后字符串的输出，其形参与 sort 的形参相同。主函数 main 中，定义了指针数组 name 并作了初始化赋值。然后分别调用 sort 函数和 print 函数完成排序和输出。值得说明的是在 sort 函数中，对两个字符串比较，采用了 strcmp 函数，strcmp 函数允许参与比较的字符串以指针方式出现。name[k]和 name[j]均为指针，因此是合法的。字符串比较后需要交换时，只交换指针数组元素的值，而不交换具体的字符串，这样将大大减少时间的开销，提高了运行效率。

9.6.2 指向指针的指针

如果一个指针变量存放的又是另一个指针变量的地址，则称这个指针变量为指向指针的指针变量。

在前面已经介绍过，通过指针访问变量称为间接访问。由于指针变量直接指向变量，所以称为"单级间址"。而如果通过指向指针的指针变量来访问变量则构成"二级间址"，如图 9-6 所示。

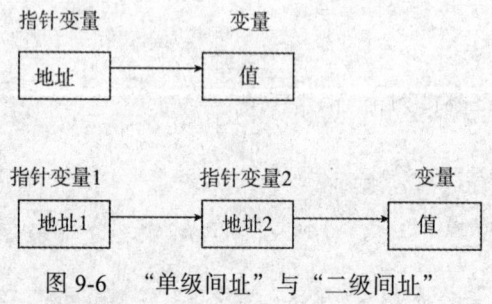

图 9-6 "单级间址"与"二级间址"

怎样定义一个指向指针型数据的指针变量呢？方法如下：

```
char **p;
```

p 前面有两个*号，相当于*（*p）。显然*p 是指针变量的定义形式，如果没有最前面的*，那就是定义了一个指向字符数据的指针变量。现在它前面又有一个*号，表示指针变量 p 是指向一个字符指针型变量的。*p 就是 p 所指向的另一个指针变量。

从图 9-7 可以看到，name 是一个指针数组，它的每一个元素是一个指针型数据，其值为地址。name 是一个数组，它的每一个元素都有相应的地址。数组名 name 代表该指针数组的首地址，name+1 是 name[i]的地址，name+1 就是指向指针型数据的指针（地址）。还可以设置一个指针变量 p，使它指向指针数组元素。p 就是指向指针型数据的指针变量。

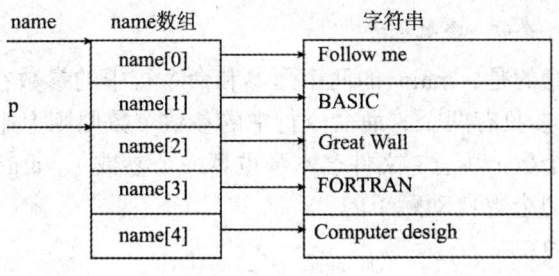

图 9-7　指针数组

如果有

```
p=name+2;
printf("%o\n",*p);
printf("%s\n",*p);
```

则第一个 printf 函数语句输出 name[2]的值（它是一个地址），第二个 printf 函数语句以字符串形式（%s）输出字符串"Great Wall"。

【例 9-9】使用指向指针的指针。

```
main()
{
    char *name[]={"Follow me","BASIC","Great Wall","FORTRAN","Computer
                  desighn"};
    char **p;
    int i;
    for(i=0;i<5;i++)
      {
        p=name+i;
        printf("%s\n",*p);
      }
}
```

9.6.3　main 函数的参数

前面介绍的 main 函数都是不带参数的。因此 main 后的括号都是空括号。实际上，main 函数可以带参数，这个参数可以认为是 main 函数的形式参数。C 语言规定 main 函数的参数只能有两个，习惯上这两个参数写为 argc 和 argv。因此，main 函数的函数头可写为

```
main (argc,argv)
```

C 语言还规定 argc（第一个形参）必须是整型变量，argv（第二个形参）必须是指向字符串的指针数组。加上形参说明后，main 函数的函数头应写为：

```
main (int argc,char *argv[])
```

由于 main 函数不能被其他函数调用，因此不可能在程序内部取得实际值。那么，在何处把实参值赋予 main 函数的形参呢？实际上，main 函数的参数值是从操作系统命令行上获得的。当要运行一个可执行文件时，在 DOS 提示符下键入文件名，再输入实际参数即可把这些实参传送到 main 的形参中去。

DOS 提示符下命令行的一般形式为：

```
C:\>可执行文件名　参数　参数…;
```

但是应该特别注意的是，main 的两个形参和命令行中的参数在位置上不是一一对应的。因为，main 的形参只有两个，而命令行中的参数个数原则上未加限制。argc 参数表示了命令行中参数的个数（注意：文件名本身也算一个参数），argc 的值是在输入命令行时由系统按实际参数的个数自动赋予的。

例如，有命令行为：

```
C:\>E24 BASIC foxpro FORTRAN
```

由于文件名 E24 本身也算一个参数，所以共有 4 个参数，因此 argc 取得的值为 4。argv 参数是字符串指针数组，其各元素值为命令行中各字符串（参数均按字符串处理）的首地址。指针数组的长度即为参数个数。数组元素初值由系统自动赋予。其表示如图 9-8 所示。

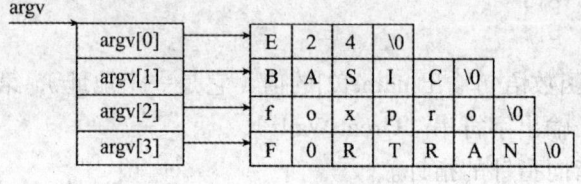

图 9-8　argv 数组

【例 9-10】

```
main(int argc,char *argv)
{
  while(argc-->1)
    printf("%s\n",*++argv);
}
```

本例是显示命令行中输入的参数。如果上例的可执行文件名为 e24.exe，存放在 A 驱动器的盘内。因此输入的命令行为：

```
C:\>a:e24 BASIC foxpro FORTRAN
```

则运行结果为

```
BASIC
foxpro
FORTRAN
```

该行共有 4 个参数，执行 main 时，argc 的初值即为 4。argv 的 4 个元素分为 4 个字符串的首地址。执行 while 语句，每循环一次 argc 值减 1，当 argc 等于 1 时停止循环，共循环 3 次，因此共可输出 3 个参数。在 printf 函数中，由于打印项*++argv 是先加 1 再打印， 故第一次打印的是 argv[1]所指的字符串 BASIC。第二、三次循环分别打印后两个字符串。而参数 e24 是文件名，不必输出。

9.7　有关指针的数据类型和指针运算的小结

9.7.1　有关指针的数据类型的小结

有关指针的数据类型的详细总结如表 9-1 所示。

表 9-1　指针数据类型小结

定　义	含　义
int i;	定义整型变量 i
int *p	p 为指向整型数据的指针变量
int a[n];	定义整型数组 a，它有 n 个元素
int *p[n];	定义指针数组 p，它由 n 个指向整型数据的指针元素组成
int (*p)[n];	p 为指向含 n 个元素的一维数组的指针变量
int f();	f 为带回整型函数值的函数
int *p();	p 为带回一个指针的函数，该指针指向整型数据
int (*p)();	p 为指向函数的指针，该函数返回一个整型值
int **p;	P 是一个指针变量，它指向一个指向整型数据的指针变量

9.7.2　指针运算的小结

全部指针运算列出如下。

（1）指针变量加（减）一个整数。

例如：p++, p--, p+i, p-i, p+=i, p-=i

一个指针变量加（减）一个整数并不是简单地将原值加（减）一个整数，而是将该指针变量的原值（是一个地址）和它指向的变量所占用的内存单元字节数加（减）。

（2）指针变量赋值：将一个变量的地址赋给一个指针变量。

```
p=&a;           （将变量 a 的地址赋给 p）
p=array;        （将数组 array 的首地址赋给 p）
p=&array[i];    （将数组 array 第 i 个元素的地址赋给 p）
p=max;          （max 为已定义的函数，将 max 的入口地址赋给 p）
p1=p2;          （p1 和 p2 都是指针变量，将 p2 的值赋给 p1）
```

　　注意，不能如下：

```
p=1000;
```

（3）指针变量可以有空值，即该指针变量不指向任何变量：

```
p=NULL;
```

（4）两个指针变量可以相减：如果两个指针变量指向同一个数组的元素，则两个指针变量值之差是两个指针之间的元素个数。

（5）两个指针变量比较：如果两个指针变量指向同一个数组的元素，则两个指针变量可以进行比较。指向前面的元素的指针变量"小于"指向后面的元素的指针变量。

9.7.3　void 指针类型

ANSI 新标准增加了一种"void"指针类型，即可以定义一个指针变量，但不指定它是指向哪一种类型数据，或者说，可以是任何类型的。void 类型指针中的数据不能访问，如果非要访问，可以通过显式转换将 void 类型指针转换为与所指向的数据类型相符的类型。

（1）任何类型的指针都可以显式转换为 void 类型，且不会丢失数据。如以下程序：

```c
#include <stdio.h>
int main(void)
{
  short a=5;
  void *p1;
  short *p2;
  p1=(void *)&a;
  p2=(short *)p1;
  printf("%d\n",*p2);
  return 0;
}
```

假设 a 的地址为 0x0012ff7c，因此 p1 中存放地址 0x0012ff7c，其数据为 5，但 5 不能通过 p1 访问；如果要访问数据，可以通过显式转换将 p1 转化为 short 类型（数据 5 本身就是 short 类型），即 p2，此时通过调用 p2 便可以访问数据 5，其数据不会丢失。

（2）void 类型指针可以通过显式转换为具有更小或相同存储对齐限制的指针，但数据可能失真。

所谓"相同存储对齐限制"是指 void 类型指针所指的数据在内存中所占的长度与显式转换后的指针所指的数据在内存中所占的长度相等。例如，以上程序中的 p1 所指的原数据在内存中占两个字节，p2 所指的数据在内存中也是占两个字节。但应注意的是，只有上面的这种转换前后指针所指数据类型一致的转换才保持数据不失真，如果类型不一致，即使具有相同存储对齐限制，也有可能失真。例如，由 short 转向 unsigned short，请看以下程序：

```c
#include <stdio.h>
int main(void)
{
  short a=-5, *p1=&a;
  unsigned short *p2;
    void *p3;
    p3=(void *)p1;
    p2=(unsigned short *)p3;
    printf("%d\n",*p2);
    return 0;
}
```

其输出结果就不再是-5 了，因为在指针转换时，short 类型的数据也经过转换变成了 unsigned short 类型的数据，具体的转换过程请参考数据类型转换。不过，也有数值不变的情况，如把 a 值变为 5。

同理，如果是将 void 类型转换为具有更小存储对齐限制的指针时，也可能引起数值的改变。请看以下程序：

```c
#include <stdio.h>
int main(void)
{
  short a=720;
  char *p1;
  void *p2;
  p2=(void *)&a;
  p1=(char *)p2;
  printf("%d\n",*p1);
```

```
    return 0;
}
```

p1 所指向的数据不再是 720，而是-48。因为 a 的值 720 在内存中的表示形式为 D002（十六进制表示，共两块，即两个字节），其中 D0 的地址即 a 的地址：0x0012ff7c，p2 只保存 0x0012ff7c，不知道它占有两字节内存空间。而 p1 所指数据占有一个字节，因此 p1 只代表 D0，无法代表 D0 02，将 D0 翻译成有符号 char 类型，即-48（D0 是补码）。当然，如果将 a 的值改为较小的数（-128~127，如 3），转换后的值不会发生改变。

综上两种情况，其实 void 类型指针所指向的数据一直都在内存中存放着，并没有被改动，只是在引用时从内存中提取数据的过程中发生了提取错误。道理很简单，一个有两个字节组成的数据，而非要提取一个字节，是有可能发生错误的（但不是一定会发生错误，当一个数据既能用一个字节表示，又能用两个字节表示时就不会产生错误）。如果提取正确，随时都可以得到正确的数据，如将上面的 printf("%d\n",*p1); 改为 printf("%d\n", *（short *）p1); 则又会输出 720。

（3）如果将 void 类型的指针转换为具有更大存储对齐限制的指针时，则会产生无效值。如以下程序：

```
#include <stdio.h>
int main(void)
{
    short a=23;
    void *p1;
    int *p2;
    p1=(void *)&a;
    p2=(int *)p1;
    printf("%d\n",*p2);
    return 0;
}
```

其返回值为-859045865，无效值。

习　题　9

一、选择题

1. 若有定义：int x, *pb; 则正确的赋值表达式是
　（A）pb =&x　　（B）pb = x　　（C）*pb = &x　　（D）*pb = *x
2. 若有以下程序：

```
#include <stdio.h>
void prtv(int * x)
{
    printf("%d\n",++*x);
}
main()
{
    int a=25;
    prtv(&a);
}
```

程序的输出结果是

（A）23 （B）24 （C）25 （D）26

3. 若有以下程序

```
#include <stdio.h>
main()
{
    int **k, *a,b=100;
    a=&b;k=&a;printf("%d\n", **k);
}
```

程序的输出结果是

（A）这行出错 （B）100 （C）a 的地址 （D）b 的地址

二、填空题

1. 以下程序段的输出结果是_____。

```
int *var,b;
b=100;var=&b;b=*var+10;
pintf("%d\n",*var);
```

2. 以下程序的输出结果是_____。

```
#include <stdio.h>
int ast (int x,int y,int *cp,int *dp)
{
    *cp=x+y; *dp=x-y;
}
main()
{
    int c,d;
    ast (4,3,&e,&d); printf("%d%d\n"c,d)
}
```

3. 若有定义： char ch;
（1）使指针 p 可以指向字符型变量的定义语句是_____。
（2）使指针 p 指向变量 ch 的赋值语句是_____。
（3）通过指针 p 给变量 ch 赋字符 A 的语句是_____。

三、编程题

1. 输入 a、b、c 三个整数，按由大到小的顺序输出。要求用指针的方法处理。

2. 编写一函数，完成一个字符串的拷贝，要求用字符指针实现。在主函数中输入任意字符串，并显示原字符串，调用该函数之后输出拷贝后的字符串。

3. 从键盘上输入 10 个数据到一维数组中，然后找出数组中的最大值和该值所在的元素下标。

4. 编写一个函数，用于统计一个字符串中字母、数字、空格的个数。在主函数中输入该字符串后，调用上述函数，并输出统计结果。要求用指针实现。编程素材有 printf("Input a sring:"); 和 printf("Result is:char=%d,num=%d,space=%d\n",...); 输入内容为 vdhfvsh345#%^$$%^456　5678%Ss s。

第 10 章 字符型数据与字符串

在第 2 章中，我们已经介绍了 C 语言基本数据类型中的整型和实型数据，本章将介绍另一种基本数据类型——字符型。主要包括字符型常量和变量，以及字符串和字符数组等内容。

10.1 字符型数据

10.1.1 字符常量

在 C 语言中，字符型数据用于表示一个字符，但字符数据的内部表示是字符的 ASCⅡ码，并非字符本身。例如：'A'的值是 65，'a'的值是 97。注意′A′和'a'是不同的常量。

字符常量的书写方法是用单引号（'）括起一个字符，如'b', 'r'等都是不同的字符常量。

一个字符常量在计算机存储中占一个字节，字符常量中的单引号是定界符，不是字符常量的一部分，字符常量单引号的表示方式是' \''。

由于字符型常量是以编码形式存放的，所以可以参与整型各种运算。例如：

y='b'+10;

相当于：

y=98+10;　　　结果为 108

对于大多数可印刷的字符常量都能用以上方法来表示，但对于一些特殊字符，C 语言规定用"\"开头的字符或字符列来标记，称为转义字符，主要用于控制信息。如前面多次用到的换行符，用'\n'来标记。采用这种方法就能表示特殊字符，它们的标记方法见表 10-1。

表 10-1 转义字符及其含义

字符形式	功能	等效按键	ASCII 码
\n	换行（LF），	CTRL+J	10
\t	横向跳格（HT）	CTRL+I	9
\b	退格（BS）	CTRL+H	8
\r	回车（CR）	CTRL+M	13
\F	走纸换页（FF）	CTRL+L	12
\\	反斜杠字符	\	92
\'	单引号字符	'	39
\"	双引号字符	"	34
\ddd	1 至 3 位八进制数所代表的字符		
\xhh	1 至 2 位十六进制数所代表的字符		

例如：字符常量'\101'代表以八进制数 101 为 ASCII 码值对应的字符，即十进制 65 对应的字符'A'。同样'A'还可以表示成'\x41'。

10.1.2 字符变量

字符变量用来存放字符常量，注意只能存放一个字符，不要以为在一个字符变量中可以放字符串。

字符变量的定义形式如下：

```
Char  c1,c2;
```

它表示 c1 和 c2 为字符变量，各存放一个字符。因此可以用下面语句对 c1、c2 赋值：

```
c1='a';c2='b';
```

【例 10-1】

```
main()
{
  char c1,c2;
  c1=97;c2=98;
  printf("%c%c",c1,c2);
}
```

c1，c2 被指定为字符变量。但在第 3 行中，将整数 9 7 和 9 8 分别赋给 c1 和 c2，它的作用相当于以下两个赋值语句：

```
c1='a';c2='b';
```

因为'a'和'b'的 ASCII 码分别为 97 和 98。第 4 行将输出两个字符。"%c"是输出字符的格式。程序输出：

```
a b
```

【例 10-2】

```
main()
{
  char c1,c2;
  scanf("%c,%c",&c1,&c2);
  c1=c1-32;c2=c2-32;
  printf("%c,%c",c1,c2);
}
```

运行结果为

```
a,b 回车
A,B
```

它的作用是将两个小写字母转换为大写字母。因为'a'的 ASCII 码为 97，而'A'为 65，'b'为 98,'B'为 66。从 ASCII 码表中可以看到每一个小写字母比大写字母的 ASCII 码大 32。即'a'='A' + 32。

另外，也可以采用非格式化字符输入函数（getchar）和输出函数（putchar）实现字符的输入与输出功能。

【例 10-3】

```
#include <stdio.h>
main()
{
  char c;
  c=getchar();
  putchar(c);
}
```

运行结果：

```
a 回车
a
```

10.1.3　字符数据在内存中的存储形式

在内存中字符的存储实际上是把字符相对应的 ASCII 码放到存储单元中的。而这些 ASCII 码值在计算机中也是以二进制形式存放的，这与整型的存储很相似。因此，这两类之间的转换也比较方便！

10.1.4　字符串常量

字符串常量是一对双引号（""）括起来的字符序列。简称字符串，字符的个数称为长度，例如：

"how are you"，　"C　program"都是字符串常量。

10.2　用字符数组来存储字符串

10.2.1　字符数组的定义

字符数组的定义方法与前面介绍的数值数组相同。

例如：

```
char c[l0];
c[0]='I';c[1]=' ';c[2]='a';c[3]='m';c[4]=' ';c[5]='a';c[6]=' ';
c[7]='b';c[8]='o';c[9] = 'y';
```

定义 c 为字符数组，包含 10 个元素。赋值以后数组的状态如图 10-1 所示。

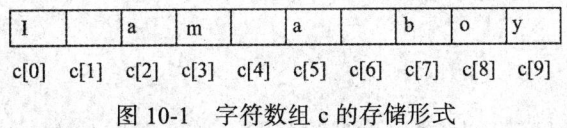

图 10-1　字符数组 c 的存储形式

由于字符型与整型是通用的，因此可以定义一个整型数组，用它来存放字符数据，例如：

```
int c[10];
c[0]='a';
```

注意：此赋值合法，但浪费存储空间。

10.2.2 字符数组的初始化

字符数组也允许在定义时作初始化赋值。

对字符数组初始化，最容易理解的方式是逐个字符赋给数组中各元素。例如：

```
char a[l0]={'c',' ','p','r','o','g','r','a','m'};
```

把 10 个字符分别赋给 a[0]~a[9]这 10 个元素。

如果花括弧中提供的初值个数（即字符个数）大于数组的定义长度，则按语法错误处理。如果初值个数小于数组长度，则只将这些字符赋给数组中前面那些元素，其余的元素自动定为空字符（即'\0'）。初始化后数组的存储状态如图 10-2 所示：

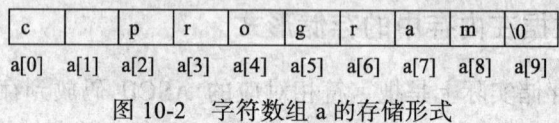

c		p	r	o	g	r	a	m	\0
a[0]	a[1]	a[2]	a[3]	a[4]	a[5]	a[6]	a[7]	a[8]	a[9]

图 10-2　字符数组 a 的存储形式

如果提供的初值个数与预定的数组长度相同，在定义时可以省略数组长度，系统会自动根据初值个数确定数组长度。例如：

```
char a[]={'c',' ','p','r','o','g','r','a','m'};
```

数组 a 的长度自动定为 9。

也可以定义和初始化一个二维字符数组，例如：

```
char diamond[5][5] = {{' ',' ','*'},{' ','*',' ','*'},{'*',' ',' ',' ','*'},
                      {' ','*',' ','*'},{' ',' ','*'}};
```

用它代表一个钻石形的平面图形。

```
        *
      *   *
    *       *
      *   *
        *
```

10.2.3 字符数组的引用

可以引用字符数组中的一个元素，得到一个字符。

【例 10-4】输出一个字符串。

```
#include <stdio.h>
main()
{
    char a[l0]={'c',' ','p','r','o','g','r','a','m'};
    int i;
    for(i=0;i<l0;i++)
        printf ("%c",a[i]);
    printf("\n");
}
```

运行结果：

```
c program
```

【例 10-5】 输出一个钻石图形。

```
#include  <stdio.h>
main()
{
    char diamond[5][5]={{' ',' ','*'},{' ','*',' ','*'},{'*',' ',' ',' ','*'},
                        {' ','*',' ','*'},{' ',' ','*'}};
    int i,j;
    for(i=0;i<5;i++)
      {for(j=0;j<5;j++)
          printf ("%c",diamond[i][j]);
          printf("\n");
      }
}
```

运行结果：

```
        *
      *   *
    *       *
      *   *
        *
```

10.2.4　字符串和字符串结束标志

在 C 语言中没有专门的字符串变量，通常将字符串作为字符数组来处理。字符串的实际长度与数组长度相等。字符串总是以'\0'作为串的结束符。因此当把一个字符串存入一个数组时，也把结束符'\0'存入数组，并以此作为该字符串结束的标志。也就是说，在遇到字符'\0'时，表示字符串结束，由它前面的字符组成字符串。

在程序中往往依靠检测'\0'的位置来判定字符串是否结束，而不是根据数组的长度来决定字符串长度。

注意，'\0'代表 ASCII 码为 0 的字符，从 ASCII 码表中可以查到，ASCII 码为 0 的字符不是一个可以显示的字符，而是一个"空操作符"，即它什么也不做。用它来作为字符串结束标志不会产生附加的操作或增加有效字符，只是一个供辨别的标志。

C 语言处理字符串，可以用字符串常量来使字符数组初始化。例如：

char c[ ] = {"c program"};

也可以省略花括弧，直接写成

char c[ ]= "c program";

注意，不是用单个字符作为初值，而是用一个字符串（注意字符串的两端是用双引号而不是单引号括起来的）作为初值。数组 c 的长度不是 9，而是 10，这点务必注意。因为字符串常量的最后由系统加上一个'\0'.

上面的数组 c 在内存中的实际存储情况如图 10-3 所示。

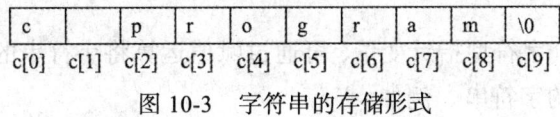

图 10-3　字符串的存储形式

10.3 字符串数组

所谓字符串数组就是数组中的每个元素又都是一个存放字符串的一维数组，可以用前面讲过的二维数组来实现。

10.3.1 字符串数组的定义

采用二维数组的定义方式定义字符串数组，数组元素类型是字符型。例如：

```
char name[10][80];
```

数组 name 共有 10 个元素，每个元素可以存放 80 个字符。因此，可以认为：二维字符数组的第一个下标决定了字符串的个数，第二个下标决定了字符串的最大长度，所以把它看做一个字符串数组。

10.3.2 字符串数组的初始化

字符串数组也可以在定义的同时赋初值。例如：

```
char c[3][5]={"A", "BB", "CCC"};
```

当然也可写成：char c[][5]={"A", "BB", "CCC"};

各元素在数组中的存放情况如图 10-4 所示。

c[0][0]

c[0]	A	\0			
c[1]	B	B	\0		
c[2]	C	C	C	\0	

图 10-4 字符串数组的存储示意图

数组元素按行占连续的存储单元。由图 10-4 可知，其中有些存储单元是空闲的，各字符串并不一串紧挨着一串存放，总是从每行的第 0 个元素开始存放一个新的串。可以通过二维数组元素的形式，如 c[i][j]来直接引用字符串中的每个字符。

10.4 字符串的指针和指向字符串的指针变量

10.4.1 通过赋初值的方式使指针指向一个字符串

访问一个字符串可以通过两种方式：一种是用字符数组来存放一个字符串，这个在前面给大家讲过；另外一种是通过指针来指向字符串，用这种方法不用定义数组。

在定义字符指针变量时，将存放在字符串的存储单元起始地址赋给指针变量。例如：

```
char *s1="program";
```

把存放字符串常量的存储区的首地址赋给指针变量 s1，使 s1 指向字符串的第一个字符 p。

10.4.2 通过赋值运算使指针指向一个字符串

若已经定义了一个字符型指针变量，可通过赋值运算将字符串的起始地址赋给它，从而使其指向一个具体的字符串。例如：

```
char *ps
ps="Hello";
```

将存放字符串常量的首地址赋给 ps。例如：

```
char str[ ]="Hello", *ps;
ps= str;
```

通过赋值语句使指针指向存放字符串的字符数组的首地址。

10.4.3　使用字符串指针变量与字符数组的区别

用字符数组和字符指针变量都可实现字符串的存储和运算。但两者是有区别的。在使用时应注意以下几个问题：

（1）字符串指针变量本身是一个变量，用于存放字符串的首地址。而字符串本身是存放在以该首地址为首的一块连续的内存空间中并以'\0'作为串的结束。字符数组是由若干个数组元素组成的，它可用来存放整个字符串。

（2）对字符串指针方式　char *ps="C Language"; 可以写为 char *ps; ps="C Language";而对数组方式 static char st[]={"C Language"}; 不能写为 char st[20]; st={"C Language"};而只能对字符数组的各元素逐个赋值。

从以上两点可以看出字符串指针变量与字符数组在使用时的区别，同时也可看出使用指针变量更加方便。

10.5　字符串的输入输出

对于字符串，可以利用%c 格式说明或字符输入、输出函数逐个输入、输出字符。此外，C 语言还提供了进行整串输入和输出的格式说明符%s 及字符串输入、输出函数。

10.5.1　输入和输出字符串时的必要条件

当对字符串进行输出时，输出项既可以是字符串常量或字符数组名，也可以是已指向字符串的字符指针变量。

当对字符串进行输入时，输入项可以是字符数组名，也可以是字符指针变量。不管用数组名还是指针变量做输入项，都必需保证其有足够大的存储空间来存放输入的字符串。

10.5.2　用格式说明符%s 进行整串的输入和输出

（1）在 printf 函数中用格式说明符%s，可以实现字符串的整体输出。例如：

```
char c[ ]= {"China"};
printf("%s",c);
```

输出时，遇结束符'\0'就停止输出。

输出结果：　China

注意如下：

① 输出字符不包括结束符'\0'。

② 用"%s"格式符输出字符串时，printf 函数中的输出项是字符数组名，而不是数组元素名。下面是错误的：

```
printf("%s",c[0]);
```

③ 如果数组长度大于字符串实际长度，也只输出到遇'\0'结束。例如：

```
char c[10]={"China"};
printf("%s",c);
```

只输出 "China"五个字符，而不是输出 10 个字符。

④ 如果一个字符数组中包含一个以上'\0'，则遇第一个'\0'时输出就结束。

（2）在 scanf 函数中用格式说明符%s，可以实现字符串的整体输入。

```
scanf("%s",c);
```

scanf 函数中的输入项 c 是字符数组名，它应该在先前已被定义。从键盘输入的字符串应短于已定义的字符数组的长度。

例如，已定义　char c[6];

从键盘输入：　China

系统自动在后面加一个'\0'结束符。

如果利用一个 scanf 函数输入多个字符串，则以空格分隔。例如：

```
char  str1[5],str2[5],str3[5];
scanf("%s%s%s",str1,slr2,str3);
```

输入数据：

```
How are you?
```

则可以将 "How" 输入给 str1，"are" 输入给 str2，"you?" 输入给 str3。

若改为

```
char  str[13];
scanf("%s",str);
```

如果输入以下 12 个字符：

```
How are you?
```

实际上并不是把这 12 个字符加上'\0'送到数组 str 中，而只将空格前的字符 "How" 送到 str 中，由于把 "How" 作为一个字符串处理，因此在其后加'\0'。

需要注意的是，scanf 函数中的输入项是字符数组名。输入项为字符数组名时，不要再加地址符 "&"，因为在 C 语言中数组名代表该数组的起始地址。下面写法不对！

```
scanf("%s",&str);
```

10.5.3　调用 gets、puts 函数输入和输出字符串

1. gets 函数

格式：gets（字符数组名）

作用：从终端输入一个字符串到字符数组，直到遇到换行符停止。

例如：gets(str)

其中，str 是存放输入字符串的字符数组的起始地址，可以是字符数组名，也可以是字符数组元素的地址或字符指针变量。

从键盘输入：　China

其结果是从终端输入一个字符串 China 给字符数组 str（注意，送给数组的共有 6 个字符，不要忘了字符串结束符'\0'）。

2. puts 函数

格式：`puts（字符数组名）`

作用：将一个字符串（以'\0'结束的字符序列）输出到终端，遇到第一个'\0'即结束输出，并自动换行。

例如：puts（str）

其中，str 是输出字符串的起始地址。

若有 char str[]="China"

　　　puts（str）;

　　　其结果是在终端上输出 China。

10.6　字符串处理函数

C 语言提供了丰富的字符串处理函数，除了刚才讲到的输入、输出函数，还有合并、修改、比较、转换、复制、搜索几类。使用这些函数可大大减轻编程的负担。用于输入输出的字符串函数，在使用前应包含头文件"stdio.h"，使用其他字符串函数则应包含头文件"string.h"。

下面介绍几个最常用的字符串函数。

10.6.1　字符串连接函数 strcat

格式：`strcat（字符数组1，字符数组2）`

作用：连接两个字符数组中的字符串，把字符串 2 接到字符串 1 的后面，结果放在字符数组 1 中，函数调用后得到一个函数值——字符数组 1 的地址。

例如：

```
char  strl[30]={"People's Republic of"};
char  str2[ ]={"China"};
printf("%s",strcat(strl,str2));
```

输出：

```
People's Republic of China
```

说明如下：

（1）字符数组 1 必须足够大，以便容纳连接后的新字符串。

（2）连接前两个字符串的后面都有一个'\0'，连接时将字符串 1 后面的'\0'取消，只在新串最后保留一个'\0'。

10.6.2　字符串复制函数 strcpy 和 strncpy

格式：strcpy（字符数组 1，字符串 2）

作用：将字符串 2 复制到字符数组 1 中去。

```
char str1[10],str2[ ]={"China"};
strcpy(str1,str2);
```

说明如下：

（1）字符数组 1 必须定义得足够大，以便容纳被复制的字符串。

（2）"字符数组 1"必须写成数组名形式，"字符串 2"可以是字符数组名，也可以是一个字符串常量。

```
strcpy(str1,"China");
```

（3）复制时连同字符串后面的'\0'一起复制到字符数组 1 中。

（4）不能用赋值语句将一个字符串常量或字符数组直接给一个字符数组。例如，下面两行都是不合法的：

```
str1={"China"};
str1=str2;
```

而只能用 strcpy 函数处理。用赋值语句只能将一个字符赋给一个字符型变量或字符数组元素。

（5）可以用 strncpy 函数将字符串 2 中前面若干个字符复制到字符数组 1 中去。

```
strncpy(str1,str2,2);
```

作用是将 str2 中前面 2 个字符复制到 str1 中去，然后再加一个'\0'。

10.6.3　字符串比较函数 strcmp

格式：strcmp（字符串 1，字符串 2）

作用：比较字符串 1 和字符串 2。

例如：
```
strcmp(str1,str2);
strcmp("China","Korea");
strcmp(str1,"Beijing");
```

字符串比较的规则与其他语言中的规则相同，即对两个字符串自左至右逐个字符相比（按 ASCII 码值大小比较），直到出现不同的字符或遇到'\0'为止。

如果参加比较的两个字符串都由英文字母组成，则有一个简单的规律：在英文字典中位置在后面的为"大"，但应注意小写字母比大写字母"大"。

比较的结果由函数值带回。

（1）如果字符串 1=字符串 2，函数值为 0。

（2）如果字符串 1>字符串 2，函数值为一正整数。

（3）如果字符串 1<字符串 2，函数值为一负整数。

注意，对两个字符串比较，不能用以下形式：

```
if(strl==str2) printf("yes");
```

而只能用

```
if(strcmp(strl,str2)==0) printf("yes");
```

10.6.4　测试字符串长度函数 strlen

格式：strlen（字符数组）

作用：测试字符串长度的函数。函数的值为字符串中的实际长度，不包括'\0'在内。

例如：

```
char  str[l0]={"China"};
printf("%d",strlen(str));
```

输出结果不是 10，也不是 6，而是 5。也可以直接测字符串常量的长度。例如：

```
strlen("China");
```

其结果为 5。

习　题　10

一、选择题

1. 有以下程序：

```
#include <stdio.h>
main()
{
 char a,b,c,d;
 scanf("%c%c",&a,&b);
 c=getchar();d=getchar();
 printf("%c%c%c%c\n",a,b,c,d);
}
```

当执行程序时，按下列方式输入数据（从第 1 列开始，<CR>代表回车，注意，回车也是一个字符）

12<CR>
34<CR>
则输出结果是（　　）。

 （A）1234 （B）12 （C）12 （D）12
              3   34

2. 有以下程序：

```
#include <stdio.h>
main()
{
   char  cl,c2;
   cl='A'+'8'-'4';
   c2='A'+'8'-'5';
   printf("%c,%d\n",cl,c2);
}
```

已知字母 A 的 ASCII 码为 65，程序运行后的输出结果是（　　）。

　（A）E,68　　　　　　　　（B）D,69

　（C）E,D　　　　　　　　（D）输出无定值

3. 有以下程序：

```c
#include <stdio.h>
main()
{
    char a[30],b[30];
    scanf("%s",a);
    gets(b);
    printf("%s\n%s\n",a,b);
}
```

程序运行时若输入：

how are you? I am fine <回车>

则输出结果是（　　）。

　（A）how are you?
　　　 I am fine
　（B）how
　　　 are you? I am fine
　（C）how are you? I am fine
　（D）how are you?

4. 若有定义语句：char *s1="OK",*s2="ok";，以下选项中，能够输出"OK"的语句是（　　）。

　（A）if(strcmp(s1, s2)==0) puts(s1);　（B）if(strcmp(s1, s2)! =0) puts(s2);

　（C）if(strcmp(s1, s2)==1) puts(s1);　（D）if(strcmp(s1, s2)! =0) puts(s1);

5. 有以下程序：

```c
#include <stdio.h>
#include <string.h>
main()
{
    char a[5][10]={"china","beijing","you","tiananmen","welcome"};
    int i,j;char t[10];
    for(i=0;i<4;i++)
        for(j=i+1;j<5;j++)
        if(strcmp(a[i],a[j])>0)
            {strcpy(t,a[i]);strcpy(a[i],a[j]);strcpy(a[j],t);}
    puts(a[3]);
}
```

程序运行后的输出结果是（　　）。

　（A）beijing　　　（B）china　　　（C）welcome　　　（D）tiananmen

6. 有以下程序：

```c
#include <stdio.h>
main()
{
    char ch[3][5]={"AAAA","BBB","CC"};
    printf("%s\n",ch[1]);
}
```

程序运行后的输出结果是（　　）。

（A）AAAA　　　　（B）CC　　　　（C）BBBCC　　　　（D）BBB

7. 有以下程序段

```
char name[20]; int num;
scanf("name=%s  num=%d",name,&num);
```

当执行上述程序段，并从键盘输入：name=Lili num=1001<回车>后，name 的值为（   ）。

（A）Lili　　　　　　（B）name=Lili

（C）Lili　num=　　（D）name=Lili　num=1001

8. 有以下程序：

```
#include <stdio.h>
main()
{
    char s [ ] ="012xy\08s34f4w2";
    int i,n=0;
    for(i=0;s [i] !='\0';i++)
        if(s [i] >='0'&& s [i] <='9')n++;
    printf("%d\n",n);
}
```

程序运行后的输出结果是（   ）。

（A）0　　　　（B）3　　　　（C）7　　　　（D）8

9. 有以下程序：

```
#include <stdio.h>
#include <string.h>
main()
{
    char x[]="STRING";
    x[0]=0;x[1]='\0';x[2] = '0';
    printf("%d  %d\n",sizeof(x),strlen(x));
}
```

程序运行后的输出结果是（   ）。

（A）6 1　　　　（B）7 0　　　　（C）6 3　　　　（D）7 1

10. 下列选项中，能够满足"若字符串 s1 等于字符串 s2，则执行 ST"要求的是（   ）。

（A）if(strcmp(s2, s1) = = 0) ST；　　（B）if(sl = = s2)ST；

（C）if(strcpy(s1, s2) = = 1) ST；　　（D）if(sl − s2 = = 0)ST；

二、填空题

1. 有以下程序：

```
#include <stdio.h>
#include <string.h>
void fun(char  *str)
{
    char temp;int n,i;
    n=strlen(str);
    temp=str[n-1];
    for(i=n-1;i>0;i--)str[i]=str[i-1];
    str[0]=temp;
}
main()
{
    char s[50];
```

```
scanf("%s",s);   fun(s);   printf("%s\n",s);}
```

程序运行后输入：abcdef<回车>,则输出结果是 _____。

2. 以下程序用以删除字符串中所有的空格,请填空。

```
#include <stdio.h>
main()
{
    char s[100]={"our teacher teach c language!"};int i,j;
    for(i=j=0;s[i]!='\0';i++)
    if(s[i]!=' '){s[j]=s[i];j++;}
    s[j]= _____;
    printf("%s\n",s);
}
```

3. 有以下程序：

```
#include <stdio.h>
#include <string.h>
main()
{
    char a[10]="abcd";
    printf("%d,%d\n",strlen(a),sizeof(a));
}
```

程序运行后的输出结果是_____。

4. 有以下程序：

```
#include <stdio.h>
main()
{
    char a[20]="How are you? ",b[20];
    scanf("%s",b);printf("%s %s\n",a,b);
}
```

程序运行时从键盘输入：How are you? <回车>

则输出结果为_____。

三、编程题

1. 编一程序，将两个字符串连接起来，不要使用 strcat 函数。

2. 编写函数，删除字符串中指定位置上的字符。删除成功函数返回被删字符，否则返回空值。

第 11 章　结构体、共用体和用户定义类型

到目前为止，已经介绍了 C 语言中的基本数据类型（整型、实型、字符型）和派生类型（数组和指针）。本章将介绍在 C 语言中可由用户构造的 3 种数据类型，它们是用户定义类型（typedef）、结构体（struct）和共用体（union）。

11.1　用 typedef 说明一种新类型名

11.1.1　typedef 的语法描述

在现实生活中，信息的概念可能是长度、数量和面积等。在 C 语言中，信息被抽象为 int、float 和 double 等基本数据类型。从基本数据类型名称上，不能够看出其所代表的物理属性，并且 int、float 和 double 为系统关键字，不可以修改。为了解决用户自定义数据类型名称的需求，C 语言中引入类型重定义语句 typedef，可以为数据类型定义新的类型名称，从而丰富数据类型所包含的属性信息。

typedef 的语法描述的形式：typedef 类型名称 类型标识符；

typedef 为系统保留字，类型名称为已知数据类型名称，包括基本数据类型和用户自定义数据类型，类型标识符为新的类型名称。例如：

```
typedef double LENGTH;
typedef unsigned int COUNT;
```

定义新的类型名称之后，可像基本数据类型那样定义变量。例如：

```
typedef unsigned int COUNT;
unsigned int b;
COUNT c;
```

11.1.2　typedef 的主要应用形式

（1）为基本数据类型定义新的类型名。
（2）为自定义数据类型（结构体、共用体和枚举类型）定义简洁的类型名称。
（3）为数组定义简洁的类型名称。
（4）为指针定义简洁的名称。

11.1.3　为自定义数据类型（结构体、共用体和枚举类型）定义简洁的类型名称

例如：

```
struct Point
```

```
{double x;
 double y;
 double z;
};
struct Point oPoint1={100, 100, 0};
struct Point oPoint2;
```

其中，结构体 struct Point 为新的数据类型，在定义变量的时候均要有保留字 struct，而不能像 int 和 double 那样直接使用 Point 来定义变量。如果经过如下的修改：

```
typedef struct tagPoint
{double x;
 double y;
 double z;
}Point;
```

定义变量的方法可以简化为

```
Point oPoint;
```

由于定义结构体类型有多种形式，因此可以修改如下：

```
typedef struct
{double x;
 double y;
 double z;
}Point;
```

11.2 结构体类型

11.2.1 结构体类型的说明

结构体是由不同数据类型组织在一起而构成的一种数据类型，因而一个结构体有多个数据项，每个数据项的类型可不相同。

1. 结构体类型的说明

由于结构体类型不是 C 语言提供的标准类型，为了能够使用结构体类型，必须先说明结构体类型，描述构成结构体类型的数据项（也称成员），以及各成员的类型。其说明形式为

```
struct  结构体名
    { 数据类型    成员 1;
      …
      数据类型    成员 n;};
```

其中，struct 是关键字，后面是结构体类型名，两者一起构成了结构体数据类型的标识符。结构体的所有成员都必须放在一对大括号之中，每个成员的形式为

```
数据类型    成员名;
```

同一结构体中不同的成员不能使用相同的名字，但不同结构体类型中的成员名可以相同。大括号后面的分号"；"不能省略。例如：

```
struct Student/*声明一个结构体类型 Student*/
```

```
{int num;/*包括一个整型变量 num */
 char sex;/*包括一个字符变量 sex */
 int age;/*包括一个整型变量 age */
 float score;/*包括一个单精度型变量*/
};/*最后有一个分号*/
```

这里定义了一个结构体类型 student，该类型由 4 个成员构成。

2. 结构体变量的成员

结构体变量的成员也可以是一个结构体变量。例如：

```
struct Date    /*声明一个结构体类型 Date */
{int month;
 int day;
 int year;
};
struct Student     /*声明一个结构体类型 Student */
{int num;
 char name[20];
 char sex;
 int age;
 Date birthday;
 char addr[30];
};
```

11.2.2 结构体类型的变量、数组和指针变量的定义

1. 结构体变量的定义

结构体变量的定义有以下几种形式。

1）定义结构体后定义变量

在上面定义了一个结构体类型之后，可以用它定义变量，以便存储一个具体的点，例如：

```
Struct student student1,student2;
```

由于 struct Student 包括 4 个成员变量 int num、char sex、int age、float score。所以每个 struct Student 类型的变量中就包括了 4 个成员变量。

以上定义了 student1 和 student2 为结构体类型 Student 的变量，即它们具有 Student 类型的结构。在定义了结构体变量后，系统会为之分配内存单元。如 student1 和 student2 在内存中各占 13 个字节（4+1+4+4=13）。

但是这里需要注意：根据不同编译器，内存存储会有所不同，在存储该结构体时会按照内存对齐进行相关处理，系统默认对齐系数为 4（即按 int 类型对齐，粗略认识可以认为每相邻两个数据成员存储是大小是 4 的整数倍，请参考下面对比结构体），详情请参考内存对齐。具体计算如下：

```
struct Student/*32 位操作系统下，其余操作系统应该会有所不同*/
{int num;/*整型，4 个字节*/
 char sex;/*字符类型，一个字节往下不能凑齐 4 个字节，因此取 4 个字节*/
int age;/*同理 4 个字节*/
```

```
float score;/*4 个字节*/
}
```

故实际大小为 4+4+4+4=16

在软件工程中，一般将所有模块中通用的结构体定义统一放在一个"头文件"（以.h 为扩展名的文本文件，一般用于存储结构体定义、函数声明、全局变量和常量等信息）。

2）定义类型同时定义变量

此种方法是在定义结构体类型的同时,定义结构体类型变量。例如：

```
struct Student
    {int num;
     char sex;
     int age;
     float score;
    }student1, student2;
```

在定义结构体类型 struct Student 的同时定义了 struct Student 类型变量 student1 和 student2。

此方法的语法形式如下：

```
struct 结构体标识符
{
成员变量列表；
…
} 变量 1, 变量 2, …, 变量 n;
```

其中，变量 1, 变量 2, …, 变量 n 为变量列表，遵循变量的定义规则，彼此之间通过逗号分割。

提示：在实际的应用中，定义结构体同时定义结构体变量适合于定义局部使用的结构体类型或结构体类型变量，如在一个文件内部或函数内部。

3）直接定义变量

此种方法在定义结构体的同时定义结构体类型的变量，但是不给出结构体标识符。例如：

```
struct
{int num;
 char sex;
 int age;
 float score;
}student1, student2;
```

此方法的语法形式如下：

```
struct
{
成员变量列表；
…
}变量 1, 变量 2, …, 变量 n;
```

定义匿名结构体之后，再定义相应的变量。由于此结构体没有标识符，所以无法采用定义结构体变量的第一种方法来定义变量。

2. 结构体数组的定义

一个结构体变量中可以存放一组数据（如一个学生的学号、姓名、成绩等）。如果有 10 个学生的数据需要参加运算，显然应该用数组，这就是结构体数组。结构体数组与以前介绍过的数值型数组的不同之处在于：每个数组元素都是一个结构体类型的数据，它们都分别包括各个成员项。

定义结构体数组和定义结构体变量的方法相仿，定义结构体数组时只需声明其为数组即可。例如：

```
struct Student/*声明结构体类型 Student*/
{int num;
 char name[20];
 char sex;
 int age;
 float score;
 char addr[30];
};
Student stu[3];/*定义 Student 类型的数组 stu*/
```

也可以直接定义一个结构体数组。例如：

```
struct Student
{int num;
 char name[20];
 char sex;
 int age;
 float score;
 char addr[30];
}stu[3];
```

还有另外一种方法：

```
struct
{int num;
 char name[20];
 char sex;
 int age;
 float score;
 char addr[30];
}stu[3];
```

3. 结构体指针变量的定义

定义结构体指针变量的一般形式如下：

形式 1：

```
struct 结构体标识符
{
成员变量列表；…
};
struct 结构体标识符 *指针变量名；
```

形式 2：

```
struct 结构体标识符
```

```
{
成员变量列表; …
} *指针变量名;
```

形式 3:

```
struct
成员变量列表; …
}*指针变量名;
```

其中，指针变量名为结构体指针变量的名称。形式 1 是先定义结构体，然后再定义此类型的结构体指针变量；形式 2 和形式 3 是在定义结构体的同时定义此类型的结构体指针变量。例如：定义 struct Point 类型的指针变量 aPoints 的形式如下：

```
struct Point
{double x;
 double y;
 double z;
}*aPoints;
```

11.2.3　给结构体变量、数组赋初值

1. 结构体变量赋初值

C 语言中引用变量的基本原则是在使用变量前，需要对变量进行定义并初始化。结构体变量也遵循同样的原则。

```
struct Student
{int num;
 char name[20];
 char sex;
 int age;
 float score;
 char addr[30];
};
struct Student student1={10001, "ZhangXin", 'M',19,90.5,"Shanghai"};
```

结构体变量的初始化方式与数组类似，分别给结构体的成员变量以初始值，而结构体成员变量的初始化遵循简单变量或数组的初始化方法。具体的形式如下：

```
struct 结构体标识符
{
成员变量列表;
…
};
```

struct 结构体标识符 变量名={初始化值 1，初始化值 2，…，初始化值 n };

由于定义结构体变量有 3 种方法，因此初始化结构体变量的方法对应有 3 种，上面已经介绍了其中的一种形式，其他两种形式如下：

```
struct Student
{int num;
 char name[20];
 char sex;
 int age;
 float score;
 char addr[30];
```

```
}student1={10001,"Zhang Xin",'M',19,90.5,"Shanghai"};
struct
{int num;
 char name[20];
 char sex;
 int age;
 float score;
 char addr[30];
}student1={10001,"Zhang Xin",'M',19,90.5,"Shanghai"};
```

在初始化结构体变量时候, 既可以初始化其全部成员变量, 也可以仅对其中部分的成员变量进行初始化。例如:

```
struct Student
{long id;
 char name[20];
 char sex;
}a= {0};
```

其相当于 a.id=0; a.name=" "; a.sex=' \0 '。

仅对其中部分的成员变量进行初始化, 要求初始化的数据至少有一个, 其他没有初始化的成员变量由系统完成初始化, 为其提供缺省的初始化值。

2. 结构体数组赋初值

与其他类型的数组一样, 对结构体数组可以初始化。结构体数组初始化的一般形式是在定义数组的后面加上 "={初值表列};"。例如:

```
struct student
{int num;
 char name[20];
 char sex;
 int age;
 float score;
 char addr[30];
}stu[2]{{10101,"LiLin",'M',18,87.5,"103
BeijingRoad"},{10102,"Zhang Fun",'M',19,
99,"130 Shanghai Road"}};
```

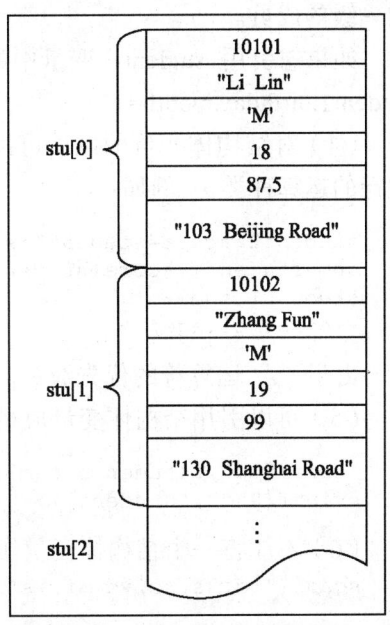

赋值后, 结构体数组的内存存储形式如图 11-1 所示。

当然, 数组的初始化也可以先声明结构体类型, 然后定义数组为该结构体类型,在定义数组时初始化。例如:

```
Structstudent
{int num;
 …
};
 struct student  str[]={{…},{…},{…}};
```

图 11-1 结构体数组的内存存储形式

11.2.4 引用结构体变量中的数据

```
struct Date
{int month;
 int day;
```

```
    int year;
};
struct Student
{int num;
 char name[20];
 char sex;
 int age;
 Date birthday;
 char addr[30];
}student1, student2;
struct Student student1={10001,"ZhangXin",'M',19, 5,23,1982,
"Shanghai"};
```

在定义了结构体变量以后，当然可以引用这个变量。

（1）可以将一个结构体变量的值赋给另一个具有相同结构的结构体变量。

如上面的 student1 和 student2 都是 student 类型的变量，可以这样赋值：student1=
student2;

（2）可以引用一个结构体变量中的一个成员的值。引用结构体变量中成员的一般方
式为

结构体变量名.成员名

例如：student1.num=10010;

（3）如果成员本身也是一个结构体类型,则要用若干个成员运算符,一级一级地找到最
低一级的成员。

如果想引用 student1 变量中的 birthday 成员中的 month 成员，必须逐级引用，即
student1.birthday.month=12;

（4）对结构体变量的成员可以像普通变量一样进行各种运算（根据其类型决定可以
进行的运算种类）。例如：

```
student2.score=student1.score;
sum=student1.score+student2.score;
student1.age++;
++student1.age;
```

由于“.”运算符的优先级最高，student1.age++相当于(student1.age)++。

（5）可以引用结构体变量成员的地址，也可以引用结构体变量的地址。例如：

```
scanf("%d",&student1.num);
printf("%o",&student1);
```

（6）不能将一个结构体变量作为一个整体进行输入和输出。例如：
```
scanf("%d,%s,%c,%d,%f,%s",student1);
```

11.2.5　函数之间结构体变量的数据传递

将一个结构体变量中的数据传递给另一个函数，有下列 2 种方法。

（1）用结构体变量名做参数。一般较少用这种方法。

（2）用指向结构体变量的指针做实参，将结构体变量的地址传给形参。

下面通过一个简单的例子来说明，并对它们进行比较。

有一个结构体变量 stu，内含学生学号、姓名和 3 门课的成绩。要求在 main 函数中为

各成员赋值，在另一函数 print 中将它们的值输出。

方法一：

用结构体变量做函数参数

```c
#include <stdio.h>
#include <string>
struct Student/*声明结构体类型 Student */
{int num;
float score[3];
};
int main()
{
    void print(struct Student);/*函数声明，形参类型为结构体 Student*/
    struct Student stu;/*定义结构体变量*/
    stu.num=12345;/*以下 4 行对结构体变量各成员赋值*/
    stu.score[0]=67.5;
    stu.score[1]=89;
    stu.score[2]=78.5;
    print(stu);/*调用 print 函数，输出 stu 各成员的值*/
    return 0;
}
void print(struct Student stu)
{
    printf("%d,%f,%f,%f,"stu.num, stu.score[0], stu.score[1], stu.score[2]);
    printf("\n");
}
```

运行结果为

```
12345
67.5
89
78.5
```

方法二：

用指向结构体变量的指针做实参

```c
#include <stdio.h>
#include <string>
struct Student
{int num; char name[20];
    float score[3];
}stu={12345,"Li Fung",67.5,89,78.5};/*定义结构体 student 变量 stu 并赋初值*/
int main( )
{
    void print(struct Student *);/*函数声明，形参为指向 Student 类型数据的指针变量*/
    struct Student *pt=&stu;/*类型为 Student 的指针变量 pt，并指向 stu*/
    print(pt);/*实参为指向 Student 类数据的指针变量*/
    return 0;
}
void print(struct Student *p)
{
    printf("%d,%s,%f,%f,%f,"p->num,p->name,p->score[0],p->score[1],p->score
        [2]);
    printf("\n");
}
```

调用 print 函数时，实参指针变量 pt 将 stu 的起始地址传送给形参 p（p 也是基类型为 Student 的指针变量）。这样形参 p 也就指向 stu。

在 print 函数中输出 p 所指向的结构体变量的各个成员值，它们也就是 stu 的成员值。在 main 函数中也可以不定义指针变量 pt，而在调用 print 函数时以&stu 作为实参，把 stu 的起始地址传给实参 p。

11.2.6　利用结构体变量构成链表

1. 链表概述

链表是一种常见的数据结构。它是动态地进行存储分配的一个结构。用数组存放数据时，必须先定义数组的长度（即元素的个数）。例如，有的班级有 50 人，有的班级有 30 人，如果用同一个数组先后存放不同班级的学生数据，就要定义长度为 50 的数组。如果事先难以确定一个班级的最多人数，就要把数组定义的足够大，以便能存放任何班级的学生数据。显然这将浪费内存。链表则没有这种缺点，它根据需要在程序执行时开辟内存单元。图 11-2 表示最简单的一种链表（单向链表）的结构。

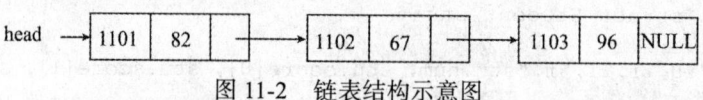

图 11-2　链表结构示意图

每个链表都用一个"头指针"变量来指向链表的开始，如图 11-2 中的 head，也就是说，在 head 中存放了链表第一个结点的地址。在链表中的每一个元素称为结点，每个结点用一个结构体数据表示，包括若干个数据成员和一个指针成员（即指向同类型结点的指针变量）。图 11-2 中的每个结点都包含两个数据成员（学号和分数）。结点中的指针成员指向下一个结点（即存放下一个结点的首地址）。最后一个结点的指针成员为空指针（NULL），它表示不指向任何结点。上述链表的每个结点只有一个指针域，每个指针域存放着下一个结点的地址，因此，这种链表只能从当前结点找到后继结点，故称为"单向链表"。

图 11-2 所示的链表中结点的数据类型可以用结构体来描述：

```
struct  student
{  int    num;
   int    score;
   struct student *next;      /*next 为指向本结构体类型变量的指针成员，即指向下一结
                            点  */
};
```

2. 处理动态链表所需要的库函数

前面讲过，链表是一种动态分配存储空间的数据结构，即在需要时才开辟存储单元。C 语言编译系统提供了以下有关函数，它们的头文件为 stdlib.h。

1）malloc 函数

使用方法：

```
结构体指针变量=(结构体类型*)malloc(size);
```

其作用是从内存的动态存储区分配长度为 size 的连续空间，并返回指向该空间起始地址的指针。若分配失败（系统不能提供所需内存），则返回 NULL。

其中，size 为无符号整型表达式，用来确定分配空间的字节数。由于 malloc 函数返回值类型是 void *，即不确定的指针类型，所以要根据具体情况用强制类型转换将其转换成所需的指针类型。例如：

```
char *p;                /* 此时 p 的指向不明确 */
p=(char*)malloc(10);   /* 此时 p 指向包含 10 个字节的存储空间 */
```

2）calloc 函数

使用方法：

```
结构体指针变量=(结构体类型*)calloc(n, size);
```

其作用是在内存的动态存储区分配 n 个长度为 size 的连续空间，并返回指向该空间起始地址的指针。若分配失败（系统不能提供所需内存），则返回 NULL。

其中，n 和 size 均为无符号整型表达式，n 用来确定分配空间的个数，size 用来确定每个分配空间的字节数。其余和 malloc 函数的含义相同。

3）free 函数

使用方法：

```
free(指针变量名);
```

例如：free(p);

其作用是释放指针 p 指向的内存空间。p 是由 malloc()或 calloc()函数返回的值，即释放的内存空间必须是之前动态分配的内存空间。free 函数没有返回值。

3. 建立动态链表

所谓建立动态链表是指在程序执行过程中从无到有地建立起一个链表，即一个一个地开辟结点和输入各结点数据，并建立起前后相连的关系。

构建一个如图 11-3 所示的单向链表，在这个链表中，设置了一个头结点，这个结点的数据域中不存放数据（根据需要也可以不设头结点）。每个结点应该由两个成员组成：一个是整型的成员；一个是指向自身结构的指针类型成员。结点的类型定义如下：

```
struct slist
{int data;
 struct slist *next;
};
typedef struct slist SLIST;
```

下面将以图 11-3 所示的链表结构为例，介绍单向链表有关的基本算法，包括链表的建立、结点数据域的输出、结点的插入和删除。

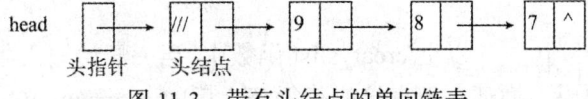
图 11-3　带有头结点的单向链表

建立单向链表的主要操作步骤如下：

（1）读取数据；

（2）生成新结点；

（3）将数据存入结点的成员变量中；

（4）将新结点插入到链表中。

重复上述操作直至输入结束。

【例 11-1】编写函数 creat_slist，建立如图 11-3 所示的带有头结点的单向链表。结点数据域中的数值从键盘输入，以–1 作为输入结束标志。链表的头结点的地址由函数值返回。

在函数中定义了一个名为 h 的指针变量，用于存放头结点地址；另外还定义了两个工作指针：s 和 r，其中指针 s 用来指向新生成的结点；指针 r 总是指向链表当前的尾结点。每当把 s 所指的新开辟的结点连接到表尾后，r 便移向这一新的表尾结点，这时又可用 s 去指向下一个新开辟的结点；亦即使 r 承上，用 s 启下。

链表最后一个结点的指针域中置'\0'（NULL 值），作为单向链表的结束标志。

链表建成后，头结点的地址由 creat_slist 返回，赋给 main 函数中的指针变量 head，因此函数的类型应该是基类型为 SLIST 的指针类型。

函数如下：

```c
SLIST *creat_slist()
{
 int c;
 SLIST *h,*s,*r;
 h=(SLIST*)malloc(sizeof(SLIST));    /*生成头结点*/
 r=h;
 scanf("%d",&c);     /*读入数据*/
 while(c!=-1)    /*未读到数据结束标志时进入循环*/
 {
  s=(SLIST*)malloc(sizeof(SLIST));    /*生成一个新结点*/
  s->data=c;     /*读入的数据存入新结点的 data 域*/
  r->next=s;     /*新结点连到表尾*/
  r=s;           /*r 指向当前表尾*/
  scanf("%d",&c);  /*读入数据*/
 }
 r->next='\0';   /*置链表结束标志*/
 return h;        /*返回头指针*/
}
main()
{
 SLIST  *head;
 …
 head=creat_slist();   /*调用链表建立函数，得到头结点的地址*/
 …
}
```

图 11-4　空链表

以上 creat_slist 函数中，当一开始输入–1 时，并不进入 while 循环，而直接执行循环之后的 r->next='\0'; 语句，这时建立的是一个空链表，其结构如图 11-4 所示。

由此可见，判断此链表是否为空链表，可用条件：h->next=='\0'。

4.输出链表

【例 11-2】编写函数 print_slist，顺序输出单向链表各结点数据域中的内容。

所谓"访问"，可以理解为取各结点的数据域中的值进行各种运算、修改各结点的数据域中的值等一系列的操作。本例题是顺序访问链表中各结点数据域的典型例子。

输出单向链表各结点数据域中的内容的算法比较简单，只需利用一个工作指针 p，从头到尾依次指向链表中的每个结点；当指针指向某个结点时，就输出该结点数据域中的内容；直到遇到链表结束标志为止。如果是空链表，就只输出有关信息并返回调用函数。

函数如下：

```
void print_slist(SLIST  *head)
{
 SLIST  *p;
 p=head->next;     /*p 指向头结点后的第一个结点*/
if(p= ='\0')printf("Linklist is null!\n");/*链表为空（只有头结点）*/
 else           /*链表非空*/
 {
  printf("head");
  do
  {
   printf("->%d",p->data);    /*输出当前结点数据域中的值*/
   p=p->next;              /*p 指向下一个结点*/
  }
  while(p!='\0');              /*未到链表尾，继续循环*/
   printf("->end\n");
 }
}
```

5. 对链表的插入操作

在单链表中插入结点，首先要确定插入的位置。当插入结点插在指针 p 所指的结点之前称为前插，当插入结点插在指针 p 所指的结点之后称为后插。图 11-5 所示的是前插操作过程中各指针的指向。

当进行前插操作时，需要 3 个工作指针：图中用 s 来指向新开辟的结点；用 p 指向插入的位置；q 指向 p 的前趋结点（由于是单向链表，没有指针 q，就无法通过 p 去指向它所指的前趋结点）。

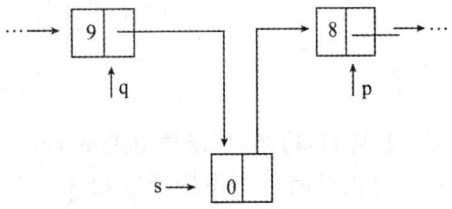

【例 11-3】编写函数 insert_snode，它的功能是在值为 x 的结点前，插入值为 y 的结点，若值为 x 的结点不存在，则插在表尾。

图 11-5　单向链表中结点的插入

由于本例中的单向链表采用了带有头结点的结构，不需单独处理新结点插在表头的情况，从而简化了操作。

在进行插入操作的过程中，可能遇到以下 3 种情况。

（1）链表非空，值为 x 的结点存在，新结点应插在该结点之前。

（2）链表非空，但值为 x 的结点不存在，按要求，新结点应插在表尾。

（3）链表为空表，这种情况相当于值为 x 的结点不存在，新结点应插在表尾，即插在头结点之后，作为表的第一个结点。

函数 insert_snode 将对这 3 种情况进行处理。

```
insert_snode(SLIST  *head,int x,int y)
{
SLIST *s, *p, *q;
s=(SLIST*)malloc(sizeof(SLIST));    /*生成新结点*/
s->data=y;                          /*新结点中存入 y*/
q=head;  p=head->next;/*工作指针初始化, p 指向第一个结点*/
while((p!='\0')&&(p->data!=x))        /*表非空且未到表尾, 查*/
                                      /*找 x 的位置*/
  {q=p;p=p->next; }                 /*q 指向 p 的前趋结点*/
s->next=p;  q->next=s;
/*x 存在, 插在 x 之前, x 不存在, p 的值为 NULL, 插在表尾*/
}
```

在函数中，对于空表，在执行 p=head->next 后，p 的值就为 NULL，因此不会进入循环；当表不空时，进行循环，在 while 循环中，当出现 p=='\0' 时，将退出循环，这时 p 中的值已经是 NULL，这意味着查找结束，链表中不存在值为 x 的结点；对于这两种情况，语句 s->next=p; q->next=s; 将使新结点插在表尾。当链表中存在值为 x 的结点时，p 中的值一定不为'\0'，语句 s->next=p; q->next=s; 使新结点插在 x 结点之前。

需要注意的是 while 中的两个条件不能对调！当 p==NULL 时，C 编译程序将"短路"掉第二个条件，不作判断；否则，如果先判断 p->data!=x 的条件，由于 p 中的值已为 NULL，这时再要访问 p->data，就会发生访问虚地址的错误操作。

6. 对链表的删除操作

为了删除单向链表中的某个结点，首先要找到待删结点的前趋结点；然后将此前趋结点的指针域去指向待删结点的后续结点；最后释放被删结点所占存储空间即可。结点的删除操作如图 11-6 所示。

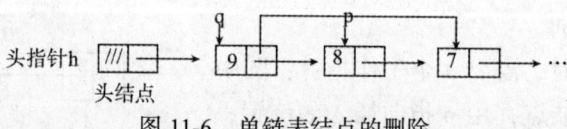

图 11-6　单链表结点的删除

【例 11-4】编写函数 delete_snode，它的功能是删除链表中值为 x 的结点。

可以设两个工作指针 p 和 q，其中 p 用来指向当前结点，q 则用来指向当前结点的前一结点。p 从链表第一个结点开始，检查该结点中的 data 值是不是等于 x。如果相等就将该结点删除，如不相等，就将 p 后移一个结点，再如此进行下去，直到遇到表尾为止。

函数如下：

```
delete_snode(SLIST *head, int x)
{
SLIST *p, *q;
q=head;
p=head->next;                       /*p 指向第一个结点*/
while((p!='\0')&&(p->data!=x)) /*表非空且未到表尾, 查找 x 的位置*/
  { q=p; p=p->next;}                /*q 指向 P 的前趋结点*/
q->next=p->next;                     /*删除 p 所指结点*/
```

```
    free(p);                              /*释放 p 所指结点*/
}
```

11.3　共　用　体

若需要把不同类型的变量存放到同一段内存单元,或对同一段内存单元的数据按不同类型处理,则需要使用共用体数据结构。共用体的类型说明和变量的定义方式与结构体类型说明和变量定义方式完全相同,不同的是,结构体变量的成员各自占有自己的存储空间,而共用体变量中的所有成员占用同一个存储空间。

11.3.1　共用体类型的说明和变量定义

1. 共用体类型的说明

共用体类型说明的一般形式为

```
union 共用体名
{
 数据类型　成员 1;
 数据类型　成员 2;
 …
 数据类型　成员 n;
}
```

其中,union 是关键字,是共用体类型的标志,共用体名是任意合法用户标识符。

例如:

```
union data
{ int i;
  char ch;
  float f;
}
```

2. 共用体变量的定义

与定义结构体变量一样,定义共用体变量有 3 种方法。

(1)先定义共用体类型,再定义共用体变量。

例如:

```
union data
{int i;
 char ch;
 float f;
};
union data a,b,c;
```

(2)在定义公用体类型的同时定义变量。

例如:

```
union data
{int i;
 char ch;
 float f;
```

```
} a,b,c;
```

（3）不定义共用体名，直接定义变量。

例如：

```
union
{int i;
 char ch;
 float f;
} a,b,c;
```

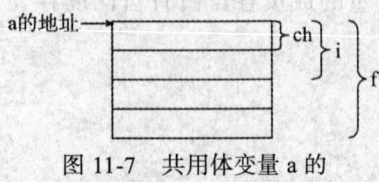

图 11-7 共用体变量 a 的
内存空间分配

定义了共用体变量，系统就给它分配内存空间。由于共用体变量中的各成员占用同一存储空间，所以系统分配给共用体变量的内存空间的大小为其成员中所占内存空间最大的字节数。共用体变量中各成员都从同一地址开始存放。例如，上述例子中的共用体变量 a 的内存分配，如图 11-7 所示，它占用 4 个字节的内存空间。

11.3.2 共用体变量的引用

共用体变量的引用方式与结构体变量相同，有以下 3 种形式。

（1）共用体变量名.成员名。

（2）指针变量名–>成员名。

（3）(*指针变量名).成员名。

共用体变量中的成员同样可参与其所属类型允许的任何操作，但在访问共用体变量成员时要注意：共用体变量中起作用的是最近一次存入的成员的值，原有的成员的值被覆盖。例如，对于前面定义的共用体变量 a，用以下赋值语句：

```
a.i=1;    a.ch='$';    a.f=1.5;
```

在完成以上 3 个赋值运算后，只有 a.f 是有效的，其他 2 个成员的值已无意义。

【例 11-5】利用共用体类型的特点分别取出 int 型变量中的高字节和低字节中的两个数。

```
#include <stdio.h>
union change
{
 int a;
 char c[2];
}un;
void main()
{
 un.a=16961;
 printf("un.a: %x\n",un.a);
 printf("un.c[0]: %d, %c\n", un.c[0],un.c[0]);
 printf("un.c[1]: %d, %c\n", un.c[1],un.c[1]);
}
```

运行结果如下：

```
un.a: 4241
un.c[0]: 65, A
```

un.c[1]: 66, B

程序说明，共用体变量 un 中包含两个成员：字符数组 c 和整型变量 a，它们恰好都是占有两个字节的存储单元。当给成员 un.a 赋值 16961 后，系统将按 int 型把数字存放到内存中。16961 的十六进制形式为 4241，对应的二进制形式为 1000010 01000001，所以整型数 16961 在内存中的存放形式如图 11-8 所示。un.c[1]，un.c[0]分别对应 int 型的高字节与低字节，当分别输出 un.c[1]，un.c[0]时，就完成了把一个 int 型数据按高字节和低字节输出的操作。

66('B')	65('A')
01000010	01000001
un.c[1]	un.c[0]

图 11-8 共用体变量 un 的内存空间分配

习 题 11

一、选择题

1. 若有以下语句：

```
typedef struct S
{  int  g;
   char h;
}T;
```

以下叙述中正确的是（   ）。

（A）可用 S 定义结构体变量　　　（B）可用 T 定义结构体变量

（C）S 是 struct 类型的变量　　　（D）T 是 struct S 类型的变量

2. 设有定义：struct{char mark[12]; int num1; double num2; }t1,t2;，若变量均已正确赋初值，则以下语句中错误的是（   ）。

（A）t1=t2;　　　　　　　（B）t2.num1=t1.num1;

（C）t2.mark=t1.mark;　　 （D）t2.num2=t1.num2;

3. 有以下程序：

```
#include <stdio.h>
struct S
{  int a,b; }data[2]={10,100,20,200};
main()
{
struct S p=data[1];
printf("%d\n",++(p.a));
}
```

程序的输出结果是（   ）。

（A）10　　　　（B）11　　　　（C）20　　　　（D）21

4. 有以下程序：

```
#include <stdio.h>
struct  ord
{ int x,y;} dt[2] ={1,2,3,4};
main()
{
  struct ord *p=dt;
  printf("%d,",++p->x); printf("%d\n",++p->y);
}
```

程序的运行结果是（　　）。

  （A）1,2　　　　（B）2,3　　　　（C）3,4　　　　（D）4, 1

5. 有以下程序：

```c
typedef union
{ long x[2];
      int y[4];
  char z[8];
      }MYTYPE;
MYTYPE them;
main()
{
  printf("%d\n",sizeof(them));
}
```

程序的输出结果是（　　）。

  （A）32　　　　（B）16　　　　（C）8　　　　（D）24

二、填空题

1. 下列程序的运行结果为＿＿＿＿＿＿＿＿。

```c
#include <stdio.h>
#include <string.h>
struct  A
{ int a;char b[10];double  c;  };
void f(struct A *t);
main()
{
struct A a = {1001,"ZhangDa",1098.0};
f(&a);printf("%d,%s,%6.1f\n",a.a,a.b,a.c);
}
void f(struct A *t)
{ strcpy(t->b, "ChangRong");}
```

2. 以下程序把 3 个 NODETYPE 型的变量链接成一个简单的链表，并在 while 循环中输出链表结点数据域中的数据。请填空。

```c
#include <stdio.h>
struct  node
{ int data; struct node *next;};
typedef struct node NODETYPE;
main()
{
    NODETYPE a,b,c,*h,*P;
  a.data = 10;b.data = 20;c.data = 30;h = &a;
  a.next = &b;b.next = &c;c.next = '\0';
  p = h;
  while(p){printf("%d,",p->data);＿＿＿＿＿＿＿＿;}
  printf("\n");
}
```

三、编程题

已知 head 指向一个带头结点的单向链表，链表中每个结点包含数据域(data)和指针域(next)，数据域为整型。请分别编写函数，在链表中查找数据域值最大的结点。

  （1）由函数值返回找到的最大值。

  （2）由函数值返回最大值所在结点的地址值。

第 12 章 位 运 算

C 语言中，位运算的对象只能是整型或字符型数据，不能是其他类型的数据。本章主要介绍位运算符及位运算符的运算功能。

12.1 位 运 算 符

表 12-1 列出了 C 语言提供的 6 种运算符及其运算功能。

表 12-1　位运算符及功能

运算符	含义	优先级
~	按位取反	1（高）
<<	左移	2
>>	右移	2
&	按位与	3
∧	按位异或	4
|	按位或	5（低）

表 12-2 列出了 C 语言扩展运算及其含义。

表 12-2　扩展运算符及含义

扩展运算符	表达式	等价的表达式
<<=	a<<=2	a=a<<2
>>=	a>>=n	b=b>>n
&=	a&=b	a=a & b
∧=	a∧=b	a=a∧b
|=	a|=b	a=a|b

以上位运算符中，只有求"反"（~）为单目运算符，其余均为双目运算符。各双目运算符与赋值运算符结合可以组成扩展的赋值运算符，其表现形式及含义见表 12-2。

12.2 位运算符的运算功能

1. "按位取反"运算（~）

运算符~是位运算符中唯一的单目运算符，运算对象应置于运算符的右边。其运算功能是把运算对象的内容按位取反：使每一位上的 0 变 1，1 变 0。例如，表达式~0115 是将八进制数 0115 按位取反。由于是"位"运算，为了直观起见，把运算对象直接用二进制形式来表示：

$$\sim \quad 01001101$$

$$结果：\quad 10110010$$

2. "左移"运算（<<）

左移运算符是双目运算符。运算符左边的是移位对象；右边是整型表达式，代表左移的位数。左移时，右端（低位）补 0；左端（高位）移出的部分舍去。例如：

$$char \quad a=6,b;$$
$$b=a<<2;$$

用二进制数来表示运算过程如下：

$$a \qquad : \qquad 00000110 \quad (a=6)$$
$$b=a<<2 \qquad : \qquad 00011000 \quad (b=24=4*6)$$

左移时，若左端移出的部分不包含有效二进制数 1，则每左移一位，相当于移位对象乘以 2。某些情况下，可以利用左移的这一特性代替乘法运算，以加快运算速度。如果左端移出的部分包含有效二进制数 1，这一特性就不适用了。例如：

$$char \quad a=64,b;$$
$$b=a<<2;$$

移位情况如下：

$$a \qquad : \qquad 01000000 \quad (a=64)$$
$$b=a<<2 \qquad : \qquad 00000000 \quad (b=0)$$

当 a 左移两位时，a 中唯一的数字 1 被移出了高端，从而使 b 的值变成了 0（注意：a 的值并没有变）。

3. "右移"运算（>>）

右移运算符的使用方法与左移运算符一样，所不同的是移位方向相反。右移时，右端（低位）移出的二进制数舍弃，左端（高位）移入的二进制数分两种情况：对于无符号整数和正整数，高位补 0；对于负整数，高位补 1。这是因为负数在机器内均用补码表示。例如：（假设 int 型数据占 2 字节）

$$int \qquad a=-071400,b ;$$
$$b=a>>2;$$

用二进制数表示的运算过程如下：

符号位

a 的二进制原码表示	:	1111001100000000	
a 的二进制补码表示	:	1000110100000000	（机内存储形式）
b=a>>2	:	1110001101000000	（b 的二进制补码表示）
b 的二进制原码表示	:	1001110011000000	
b 的八进制数	:	-016300	

和左移相对应：右移时，若右端移出的部分不包含有效数字 1，则每右移一位相当于移位对象除以 2。

4. "按位与"运算（&）

运算符&的作用：把参加运算的两个运算数，按对应的二进制位分别进行"与"运算，当两个相应的位都为 1 时，该位的结果为 1；否则为 0。例如，表达式 12&10 的运算如下：

$$
\begin{array}{r}
12 \quad : \quad 00001100 \\
\&\quad 10 \quad : \quad 00001010 \\
\hline
\end{array}
$$

结果：　　　　00001000

分析以上运算结果可知，"按位与"运算具有如下特征：任何位上的二进制数，只要和 0 "与"，该位即被屏蔽（清零）；和 1 "与"，该位保留原值不变。"按位与"运算的这一特征具有很好的实用性。例如，设有 char a=0322;，则 a 的二进制数为 11010010；若要保留 a 的第 5 位，只要和这样的数进行"与"运算，这个数的第 5 位上为 1，其余位为 0。其运算过程如下：

$$
\begin{array}{r}
a \quad : \quad 11010010 \\
\&\quad 020 : \quad 00010000 \\
\hline
\end{array}
$$

a & 020:　　　00010000

5. "按位异或"运算（∧）

异或运算的规则：参与运算的两个运算数中相对应的二进制位上，若数相同，则该位的结果为 0；若不同，则该位的结果为 1。例如：

$$
\begin{array}{r}
00110011 \\
\wedge\quad 11000011 \\
\hline
\end{array}
$$

11110000

观察以上的运算结果可知：数为 1 的位和 1 "异或"结果为 0（最低的两位）；原为 0 的位和 1 "异或"结果就为 1（最高的两位）；而和 0 "异或"的位其值均未变（中间四位）。由此可见，要使某位的数翻转只要使其和 1 进行"异或"运算，要使某位保持原数只要使其和 0 进行"异或"运算。利用"异或"运算这一特征，可以使一个数中某些指定位翻转而另一些位保持不变。它要求反运算更具随意性（求反运算每一位都无条件翻转）。例如，设有

char　　　　　　a=0152;

若希望 a 的高四位不变；低四位取反，只需将高四位分别和 0 异或；低四位分别和 1 异或即可。

$$a:\ \ 01101010$$
$$\wedge\quad 017:\ \ 00001111$$

$$a \wedge 017:\ \ \ 01100101$$

6. "按位或"运算（|）

"按位或"的运算规则：参加运算的两个运算数中，只要两个相应的二进制位中有一个为 1，该位的运算结果即为 1；只有两个相应位都为 0 时，该位的运算结果才为 0。例如：

$$0123:\ 01010011$$
$$014:\ 00001100$$

$$0123\,|\,014:\ 01011111$$

利用"按位或"运算的操作特点，可以使一个数中的指定位置 1，其余位不变。即将希望置 1 的位与 1 进行"或"运算；保持不变的位与 0 进行"或"运算。例如：若想使 a 中的高四位不变，低四位置 1，可采用表达式：a=a 017。

7. 位数不同的运算数之间的运算规则

由前已知：位运算的对象可以是整型（long int 或 int）和字符型（char）数据。当两个运算数类型不同时位数亦会不同。遇到这种情况，系统将自动进行如下处理。

（1）先将两个运算数右端对齐。

（2）再将位数短的一个运算数往高位扩充，即无符号数和正整数左侧用 0 补全，负数左侧用 1 补全，然后对位数相等的这两个运算数按位进行位运算。

习 题 12

一、选择题

1. 表达式 0x13 & 0x18 的值是_____。

（A）0x13　　　　（B）0x10　　　　（C）0x18　　　　（D）0xac

2. 表达式 0x13 | 0x18 的值是_____。

（A）0x1b　　　　（B）0x13　　　　（C）0x18　　　　（D）0xbc

3. 若有定义和语句 char a=3, b=6, c;执行, c=a^b<<2, 那么 c 的二进制值是多少_____。

（A）00111011　（B）00101100　（C）00111100　（D）00011011

4. 以下程序的功能是进行位运算

```
main()
{
  unsigned char a,b;
  a=7^3;b=~4&3;
  printf("%d%d\n",a,b);
}
```

程序运行后的输出结果是

　　　（A）4,3　　　　　　（B）7,3　　　　　　（C）7,0　　　　　　（D）4,0

5. 设 int b=2;表达式(b>>2)/(b>>1)的值是

　　　（A）0　　　　　　　（B）2　　　　　　　（C）4　　　　　　　（D）8

6. 以下程序的输出结果是（　　）

```
main()
{
char x=040;
printf("%o",x<<1);
}
```

　　　（A）100　　　　　　（B）80　　　　　　　（C）64　　　　　　　（D）32

7. 下面程序段的输出为（　　）

```
#include <stdio.h>
main()
{
  printf("%d",12<<2);}
```

　　　（A）0　　　　　　　（B）47　　　　　　　（C）48　　　　　　　（D）24

8. 下面程序段的输出为（　　）

```
#include <stdio.h>
main()
{
  int a=8,b;
  b=a|1;
  b>>=1;
  printf("%d,%d ",a,b);
}
```

　　　（A）4,4　　　　　　（B）4,0　　　　　　　（C）8,4　　　　　　　（D）8,0

二、填空题

　　1. 设二进制数 A 是 00101101,若想通过异或运算 A^B 使 A 的高 4 位取反,低 4 位不变,则二进制数 B 应是（　　）

　　2. 设 char 型变量 x 中的值为 10100111,则表达式（2+x）^(~3)的值是（　　）。

　　3. 有定义 char a,b;若想通过&运算符保留 a 的第 3 位和第 6 位的值,则 b 的二进数应是（　　）。

　　4. 设 int a, b=10;执行 a=b<<2+1;后 a 的值是（　　）。

　　5. 若有 int a=1;int b=2;则 a|b 的值为（　　）。

　　6. 设 int b=2;表达式(b<<2)/(b>>1)的值是（　　）。

　　7. 设有以下程序段:

```
int a=3,b=4;
    a=a^b;
    b=b^a;
    a=a^b;
```

执行以上语句后,a 和 b 的值分别为（　　）。

第13章 文 件

之前章节中对数据的存储管理无论是采用变量、数组还是链表，都是存储在计算机内存中。当程序结束后数据都会丢失，再次运行程序时，数据都已不复存在，还需要重新输入或运算生成，这显然是不合理的。因此需要某种方法把程序运行的数据保存起来，以便下一次运行时继续使用。在计算机中持久保存数据的方法是利用"文件"形式将数据保存到外部介质（如磁盘）上。

13.1　C 语言文件的概念

所谓"文件"是指一组相关数据的有序集合。这个数据集有一个名称，称为文件名。实际上在前面的各章中已经多次使用了文件，如源程序文件、目标文件、可执行文件、库文件(头文件)等。

文件通常是驻留在外部存储介质(如磁盘等)上的，在使用时才调入内存中。从不同的角度可对文件作不同的分类。从用户的角度看，文件可分为普通文件和设备文件两种。

普通文件是指驻留在磁盘或其他外部介质上的一个有序数据集，可以是源文件、目标文件、可执行程序；也可以是一组待输入处理的原始数据，或者是一组输出的结果。对于源文件、目标文件、可执行程序可以称为程序文件，对输入输出数据可称为数据文件。

设备文件是指与主机相连的各种外部设备，如显示器、打印机、键盘等。在操作系统中，把外部设备也看做是一个文件来进行管理，把它们的输入、输出等同于对磁盘文件的读和写。

通常把显示器定义为标准输出文件，一般情况下在屏幕上显示有关信息就是向标准输出文件输出。如前面经常使用的 printf, putchar 函数就是这类输出。

键盘通常被指定为标准的输入文件，从键盘上输入就意味着从标准输入文件上输入数据。scanf, getchar 函数就属于这类输入。

从文件编码的方式来看，文件可分为 ASCII 码文件和二进制码文件两种。ASCII 文件也称为文本文件，这种文件在磁盘中存放时每个字符对应一个字节，用于存放对应的 ASCII 码。

例如，数 5678 的存储形式为

ASCII 码：　　　　　00110101　00110110　00110111　00111000

　　　　　　　　　　　↓　　　　　↓　　　　　↓　　　　　↓

十进制码：　　　　　5　　　　6　　　　7　　　　8

共占用 4 个字节。

ASCII 码文件可在屏幕上按字符显示。例如，源程序文件就是 ASCII 文件，用 DOS 命令 TYPE 可显示文件的内容。由于是按字符显示，因此能读懂文件内容。

二进制文件是按二进制的编码方式来存放文件的。

例如，数 5678 的存储形式为

　　　00010110　00101110

只占两个字节。二进制文件虽然也可在屏幕上显示，但其内容无法读懂。C 系统在处理这些文件时，并不区分类型，都看成是字符流，按字节进行处理。

输入输出字符流的开始和结束只由程序控制而不受物理符号(如回车符)的控制。因此也把这种文件称为流式文件。

本章讨论流式文件的打开、关闭、读、写、定位等各种操作。

13.2　文　件　指　针

在 C 语言中用一个指针变量指向一个文件，这个指针称为文件指针。通过文件指针就可对它所指的文件进行各种操作。

定义文件指针的一般形式为

```
FILE *指针变量标识符；
```

其中，FILE 应为大写，它实际上是由系统定义的一个结构体，该结构体中含有文件名、文件状态和文件当前位置等信息。在编写源程序时不必关心 FILE 结构体的细节。例如：

```
FILE *fp；
```

表示 fp 是指向 FILE 结构体的指针变量，通过 fp 即可找到存放某个文件信息的结构体变量，然后按结构体变量提供的信息找到该文件，实施对文件的操作。习惯上也笼统地把 fp 称为指向一个文件的指针。

13.3　打　开　文　件

文件在进行读写操作之前要先打开，使用完毕要关闭。所谓打开文件，实际上是建立文件的各种有关信息，并使文件指针指向该文件，以便进行其他操作。关闭文件则是断开指针与文件之间的联系，也就禁止再对该文件进行操作。

在 C 语言中，文件操作都是由库函数来完成的。本章将介绍主要的文件操作函数。

fopen 函数用来打开一个文件，其调用的一般形式为

```
文件指针名= fopen(文件名,使用文件方式)；
```

其中，文件指针名必须是被说明为 FILE 类型的指针变量；文件名是要打开文件的文件名；使用文件方式是指文件的类型和操作要求。例如：

```
FILE *fp；
fp=("file","r")；
```

其意义是在当前目录下打开文件 file，只允许进行"读"操作，并使 fp 指向该文件。又如：

```
FILE *fphzk
fphzk=("c:\\hzk16","rb")
```

其意义是打开 C 驱动器磁盘的根目录下的文件 hzk16，这是一个二进制文件，只允许按二进制方式进行"读"操作。两个反斜线"\\"中的第一个表示转义字符，第二个表示根目录。

使用文件的方式共有 12 种，它们的符号和意义如表 13-1 所示。

表 13-1 文件打开方式

文件使用方式	意义
rt	只读打开一个文本文件，只允许读数据
wt	只写打开或建立一个文本文件，只允许写数据
at	追加打开一个文本文件，并在文件末尾写数据
rb	只读打开一个二进制文件，只允许读数据
wb	只写打开或建立一个二进制文件，只允许写数据
ab	追加打开一个二进制文件，并在文件末尾写数据
rt+	读写打开一个文本文件，允许读和写
wt+	读写打开或建立一个文本文件，允许读写
at+	读写打开一个文本文件，允许读，或在文件末追加数据
rb+	读写打开一个二进制文件，允许读和写
wb+	读写打开或建立一个二进制文件，允许读和写
ab+	读写打开一个二进制文件，允许读，或在文件末追加数据

对于文件使用方式有以下几点说明：

（1）文件使用方式由 r，w，a，t，b，+六个字符组成，各字符的含义是：

r(read):　　　　　读

w(write):　　　　写

a(append):　　　 追加

t(text):　　　　　文本文件，可省略不写

b(binary):　　　　二进制文件

+:　　　　　　　读和写

（2）凡用"r"打开一个文件时，该文件必须已经存在，且只能从该文件读出。

（3）用"w"打开的文件只能向该文件写入。若打开的文件不存在，则以指定的文件名建立该文件，若打开的文件已经存在，则将该文件删去，重建一个新文件。

（4）若要向一个已存在的文件追加新的信息，只能用"a"方式打开文件。但此时该文件必须是存在的，否则将会出错。

（5）在打开一个文件时，如果出错，fopen 将返回一个空指针值 NULL。在程序中可以用这一信息来判别是否完成打开文件的工作，并作相应的处理。因此常用以下程序段打开文件：

```
if((fp=fopen("c:\\hzk16","rb")==NULL)
{
    printf("\nerror on open c:\\hzk16 file!");
    getchar();
    exit(1);
}
```

这段程序的意义是，如果返回的指针为空，表示不能打开 C 盘根目录下的 hzk16 文件，则给出提示信息"error on open c:\ hzk16 file!"，下一行 getchar()的功能是从键盘输入一个字符，但不在屏幕上显示。在这里，该行的作用是等待，只有当用户从键盘敲任一键时，程序才继续执行，因此用户可利用这个等待时间阅读出错提示。敲键后执行 exit(1)退出程序。

（6）把一个文本文件读入内存时，要将 ASCII 码转换成二进制码，而把文件以文本方式写入磁盘时，也要把二进制码转换成 ASCII 码，因此文本文件的读写要花费较多的转换时间。

对二进制文件的读写不存在这种转换。

（7）标准输入文件(键盘)、标准输出文件(显示器)、标准出错输出(出错信息)是由系统打开的，可直接使用。

13.4　关 闭 文 件

文件一旦使用完毕，应用关闭文件函数把文件关闭，以避免文件的数据丢失等错误。fclose 函数调用的一般形式是

```
fclose(文件指针);
```

例如：fclose(fp);

正常完成关闭文件操作时，fclose 函数返回值为 0。如返回非零值则表示有错误发生。

13.5　常用文件函数

对文件的读和写是最常用的文件操作。在 C 语言中提供了多种文件读写的函数。

（1）字符读写函数　：fgetc 和 fputc

（2）字符串读写函数：fgets 和 fputs

（3）数据块读写函数：freed 和 fwrite

（4）格式化读写函数：fscanf 和 fprinf

下面分别予以介绍。使用以上函数都要求包含头文件 stdio.h。

1. 字符读写函数

字符读写函数是以字符(字节)为单位的读写函数。 每次可从文件读出或向文件写入一个字符。

1）读字符函数 fgetc

fgetc 函数的功能是从指定的文件中读一个字符，函数调用的形式为

```
字符变量=fgetc(文件指针);
```

例如：ch=fgetc(fp);

其意义是从打开的文件 fp 中读取一个字符并送入 ch 中。

对于 fgetc 函数的使用有以下几点说明：

（1）在 fgetc 函数调用中，读取的文件必须是以读或读写方式打开的。

（2）读取字符的结果也可以不向字符变量赋值，

例如：fgetc(fp);

但是读出的字符不能保存。

（3）在文件内部有一个位置指针，用来指向文件的当前读写字节。在文件打开时，该指针总是指向文件的第一个字节。使用 fgetc 函数后，该位置指针将向后移动一个字节。 因此可连续多次使用 fgetc 函数，读取多个字符。应注意文件指针和文件内部的位置指针不是一回事。文件指针是指向整个文件的，须在程序中定义说明，只要不重新赋值，文件指针的值是不变的。文件内部的位置指针用以指示文件内部的当前读写位置，每读写一次，该指针均

向后移动，它不需在程序中定义说明，而是由系统自动设置的。

【例 13-1】读入文件 c1.doc，在屏幕上输出。

```c
#include <stdio.h>
main()
{
  FILE *fp;
  char ch;
  if((fp=fopen("d:\\c1.txt","rt"))==NULL)
    {
    printf("\nCannot open file strike any key exit!");
    getchar();
    exit(1);
    }
  ch=fgetc(fp);
  while(ch!=EOF)
  {
    putchar(ch);
    ch=fgetc(fp);
  }
  fclose(fp);
}
```

本例程序的功能是从文件中逐个读取字符，在屏幕上显示。程序定义了文件指针 fp，以读文本文件方式打开文件 c1.txt，并使 fp 指向该文件。如打开文件出错，给出提示并退出程序。程序第 12 行先读出一个字符，然后进入循环，只要读出的字符不是文件结束标志（每个文件末有一结束标志 EOF）就把该字符显示在屏幕上，再读入下一字符。每读一次，文件内部的位置指针向后移动一个字符，文件结束时，该指针指向 EOF。执行本程序将显示整个文件。

2）写字符函数 fputc

fputc 函数的功能是把一个字符写入指定的文件中，函数调用的形式为

  fputc(字符量，文件指针);

其中，待写入的字符量可以是字符常量或变量，例如：fputc('a',fp);

其意义是把字符 a 写入 fp 所指向的文件中。

对于 fputc 函数的使用也要说明以下几点。

（1）被写入的文件可以用写、读写、追加方式打开，用写或读写方式打开一个已存在的文件时将清除原有的文件内容，写入字符从文件首开始。如需保留原有文件内容，希望写入的字符从文件末开始存放，必须以追加方式打开文件。被写入的文件若不存在，则创建该文件。

（2）每写入一个字符，文件内部位置指针向后移动一个字节。

（3）fputc 函数有一个返回值，如写入成功则返回写入的字符，否则返回一个 EOF。可用此来判断写入是否成功。

【例 13-2】从键盘输入一行字符，写入一个文件，再把该文件内容读出显示在屏幕上。

```c
#include <stdio.h>
main()
{
  FILE *fp;
  char ch;
```

```
  if((fp=fopen("d:\\string","wt+"))==NULL)
  {
    printf("Cannot open file strike any key exit!");
    getchar();
    exit(1);
  }
  printf("input a string:\n");
  ch=getchar();
  while (ch!='\n')
  {
    fputc(ch,fp);
    ch=getchar();
  }
  rewind(fp);
  ch=fgetc(fp);
  while(ch!=EOF)
  {
    putchar(ch);
    ch=fgetc(fp);
  }
  printf("\n");
  fclose(fp);
}
```

程序中第 6 行以读写文本文件方式打开文件 string。程序第 13 行从键盘读入一个字符后进入循环，当读入字符不为回车符时，则把该字符写入文件之中，然后继续从键盘读入下一字符。每输入一个字符，文件内部位置指针向后移动一个字节。写入完毕，该指针已指向文件末。如要把文件从头读出，须把指针移向文件头，程序第 19 行 rewind 函数用于把 fp 所指文件的内部位置指针移到文件头。第 20~25 行用于读出文件中的一行内容。

【例 13-3】把命令行参数中的前一个文件名标识的文件，复制到后一个文件名标识的文件中，如命令行中只有一个文件名则把该文件写到标准输出文件（显示器）中。

```
#include <stdio.h>
main(int argc,char *argv[])
{
 FILE *fp1,*fp2;
 char ch;
 if(argc==1)
 {
   printf("have not enter file name strike any key exit");
   getchar();
   exit(0);
 }
  if((fp1=fopen(argv[1],"rt"))==NULL)
  {
    printf("Cannot open %s\n",argv[1]);
    getchar();
    exit(1);
  }
  if(argc==2) fp2=stdout;
  else if((fp2=fopen(argv[2],"wt+"))==NULL)
  {
    printf("Cannot open %s\n",argv[1]);
    getchar();
    exit(1);
  }
  while((ch=fgetc(fp1))!=EOF)
    fputc(ch,fp2);
```

```
  fclose(fp1);
  fclose(fp2);
}
```

本程序为带参数的 main 函数。程序中定义了两个文件指针 fp1 和 fp2，分别指向命令行参数中给出的文件。如命令行参数中没有给出文件名，则给出提示信息。程序第 18 行表示如果只给出一个文件名，则使 fp2 指向标准输出文件（即显示器）。程序第 25~28 行用循环语句逐个读出文件 1 中的字符再送到文件 2 中。再次运行时，给出了一个文件名，输出给标准输出文件 stdout，即在显示器上显示文件内容。第三次运行，给出了两个文件名，因此把 string 中的内容读出，写入到 OK 之中。可用 DOS 命令 type 显示 OK 的内容。

2. 字符串读写函数 fgets 和 fputs

1）读字符串函数 fgets

函数的功能是从指定的文件中读一个字符串到字符数组中，函数调用的形式为：

```
fgets(字符数组名,n,文件指针);
```

其中，n 是一个正整数。表示从文件中读出的字符串不超过 n–1 个字符。在读入的最后一个字符后加上串结束标志'\0'。

例如：fgets(str,n,fp);

其意义是从 fp 所指的文件中读出 n–1 个字符送入字符数组 str 中。

【例 13-4】从 string 文件中读入一个含 10 个字符的字符串。

```
#include <stdio.h>
main()
{
  FILE *fp;
  char str[11];
  if((fp=fopen("d:\\string","rt"))==NULL)
    {
  printf("\nCannot open file strike any key exit!");
  getchar();
    exit(1);
    }
  fgets(str,11,fp);
  printf("\n%s\n",str);
  fclose(fp);
}
```

本例定义了一个字符数组 str 共 11 个字节，在以读文本文件方式打开文件 string 后，从中读出 10 个字符送入 str 数组，在数组最后一个单元内将加上'\0'，然后在屏幕上显示输出 str 数组。

对 fgets 函数有以下两点说明。

① 在读出 n–1 个字符之前，如遇到了换行符或 EOF，则读出结束。

② fgets 函数也有返回值，其返回值是字符数组的首地址。

2）写字符串函数 fputs

fputs 函数的功能是向指定的文件写入一个字符串，其调用形式为

```
    fputs(字符串,文件指针);
```

其中，字符串可以是字符串常量，也可以是字符数组名或指针变量。

例如：fputs("abcd",fp);

其意义是把字符串"abcd"写入 fp 所指的文件之中。

【例 13-5】在例 13-2 中建立的文件 string 中追加一个字符串。

```
#include <stdio.h>
main()
{
  FILE *fp;
  char ch,st[20];
  if((fp=fopen("string","at+"))==NULL)
  {
    printf("Cannot open file strike any key exit!");
    getchar();
    exit(1);
  }
  printf("input a string:\n");
  scanf("%s",st);
  fputs(st,fp);
  rewind(fp);
  ch=fgetc(fp);
  while(ch!=EOF)
  {
    putchar(ch);
    ch=fgetc(fp);
  }
  printf("\n");
  fclose(fp);
}
```

本例要求在 string 文件末加写字符串，因此，在程序第 6 行以追加读写文本文件的方式打开文件 string。然后输入字符串，并用 fputs 函数把该串写入文件 string。在程序第 15 行用 rewind 函数把文件内部位置指针移到文件首。再进入循环逐个显示当前文件中的全部内容。

3. 数据块读写函数 fread 和 fwrite

C 语言提供了用于整块数据的读写函数。可用来读写一组数据，如一个数组元素，一个结构体变量的值等。

读数据块函数调用的一般形式为

```
fread(buffer,size,count,fp);
```

写数据块函数调用的一般形式为

```
fwrite(buffer,size,count,fp);
```

其中，buffer 是一个指针，在 fread 函数中，它表示存放输入数据的首地址，在 fwrite 函数中，它表示存放输出数据的首地址；Size 表示数据块的字节数；count 表示要读写的数据块块数；fp 表示文件指针。

例如：fread(fa,4,5,fp);

其意义是从 fp 所指的文件中，每次读 4 个字节（一个实数）送入实数组 fa 中，连续读 5 次，即读 5 个实数到 fa 中。

【例 13-6】从键盘输入两个学生数据，写入一个文件中，再读出这两个学生的数据显示在屏幕上。

```
#include <stdio.h>
struct stu
```

```
{
  char name[10];
  int num;
  int age;
  char addr[15];
}boya[2],boyb[2], *pp, *qq;
main()
{
  FILE *fp;
  char ch;
  int i;
  pp=boya;
  qq=boyb;
  if((fp=fopen("d:\\stu_list","wb+"))==NULL)
  {
    printf("Cannot open file strike any key exit!");
    getchar();
    exit(1);
  }
  printf("\ninput data\n");
  for(i=0;i<2;i++,pp++)
  scanf("%s%d%d%s",pp->name,&pp->num,&pp->age,pp->addr);
  pp=boya;
  fwrite(pp,sizeof(struct stu),2,fp);
  rewind(fp);
  fread(qq,sizeof(struct stu),2,fp);
  printf("\n\nname\tnumber    age    addr\n");
  for(i=0;i<2;i++,qq++)
  printf("%s\t%5d%7d%s\n",qq->name,qq->num,qq->age,qq->addr);
  fclose(fp);
}
```

本例程序定义了一个结构体 stu，说明了两个结构体数组 boya 和 boyb 以及两个结构体指针变量 pp 和 qq。pp 指向 boya，qq 指向 boyb。程序第 16 行以读写方式打开二进制文件"stu_list"，输入两个学生数据之后，写入该文件中，然后把文件内部位置指针移到文件首，读出两块学生数据后，在屏幕上显示。

4. 格式化读写函数 fscanf 和 fprintf

fscanf，fprintf 函数与前面使用的 scanf 和 printf 函数的功能相似，都是格式化读写函数。两者的区别在于 fscanf 和 fprintf 函数的读写对象不是键盘和显示器，而是磁盘文件。

这两个函数的调用格式为

```
fscanf(文件指针,格式字符串,输入表列);
fprintf(文件指针,格式字符串,输出表列);
```

例如：

```
fscanf(fp,"%d%s",&i,s);
fprintf(fp,"%d%c",j,ch);
```

用 fscanf 和 fprintf 函数也可以完成例 13-6 的问题，修改后的程序如例 13-7 所示。

【例 13-7】用 fscanf 和 fprintf 函数完成例 13-6 的问题。

```
#include <stdio.h>
struct stu
{
```

```
  char name[10];
  int num;
  int age;
  char addr[15];
}boya[2],boyb[2], *pp, *qq;
main()
{
  FILE *fp;
  char ch;
  int i;
  pp=boya;
  qq=boyb;
  if((fp=fopen("stu_list","wb+"))==NULL)
  {
    printf("Cannot open file strike any key exit!");
    getchar();
    exit(1);
  }
  printf("\ninput data\n");
  for(i=0;i<2;i++,pp++)
    scanf("%s%d%d%s",pp->name,&pp->num,&pp->age,pp->addr);
  pp=boya;
  for(i=0;i<2;i++,pp++)
    fprintf(fp,"%s%d%d%s\n",pp->name,pp->num,pp->age,pp->
          addr);
  rewind(fp);
  for(i=0;i<2;i++,qq++)
    fscanf(fp,"%s%d%d%s\n",qq->name,&qq->num,&qq->age,qq->addr);
  printf("\n\nname\tnumber      age       addr\n");
  qq=boyb;
  for(i=0;i<2;i++,qq++)
    printf("%s\t%5d%7d%s\n",qq->name,qq->num, qq->age, qq->addr);
  fclose(fp);
}
```

与例 13-6 相比，本程序中 fscanf 和 fprintf 函数每次只能读写一个结构体数组元素，因此采用了循环语句来读写全部数组元素。还要注意指针变量 pp 和 qq，由于循环改变了它们的值，因此在程序的第 25 和第 32 行分别对它们重新赋予了数组的首地址。

5. 文件的随机读写

前面介绍的文件的读写方式都是顺序读写，即读写文件只能从头开始，顺序读写各个数据。但在实际问题中常要求只读写文件中某一指定的部分。为了解决这个问题可移动文件内部的位置指针到需要读写的位置，再进行读写，这种读写称为随机读写。

实现随机读写的关键是要按要求移动位置指针，这称为文件的定位。

1）文件定位

移动文件内部位置指针的函数主要有两个，即 rewind 函数和 fseek 函数。

rewind 函数前面已多次使用，其调用形式为

```
rewind(文件指针);
```

它的功能是把文件内部的位置指针移到文件首。

下面主要介绍 fseek 函数。

fseek 函数用来移动文件内部位置指针，其调用形式为

```
fseek(文件指针,位移量,起始点);
```

其中，文件指针指向被移动的文件；位移量表示移动的字节数，要求位移量是 long 型数据，以便在文件长度大于 64KB 时不会出错，当用常量表示位移量时，要求加后缀"L"；起始点表示从何处开始计算位移量，规定的起始点有 3 种：文件首、当前位置和文件末尾。

其表示方法如表 13-2 所示。

表 13-2　起始点表示方法

起始点	表示符号	数字表示
文件首	SEEK_SET	0
当前位置	SEEK_CUR	1
文件末尾	SEEK_END	2

例如：fseek(fp,100L,0);

其意义是把位置指针移到离文件首 100 个字节处。

还要说明的是 fseek 函数一般用于二进制文件。在文本文件中由于要进行转换，故计算的位置往往会出现错误。

2）文件的随机读写

在移动位置指针之后，即可用前面介绍的任一种读写函数进行读写。由于一般是读写一个数据块，因此常用 fread 和 fwrite 函数。

下面用例题来说明文件的随机读写。

【例 13-8】在学生文件 stu_list 中读出第二个学生的数据。

```c
#include <stdio.h>
struct stu
{
  char name[10];
  int num;
  int age;
  char addr[15];
}boy, *qq;
main()
{
  FILE *fp;
  char ch;
  int i=1;
  qq=&boy;
  if((fp=fopen("stu_list","rb"))==NULL)
  {
    printf("Cannot open file strike any key exit!");
    getchar();
    exit(1);
  }
  rewind(fp);
  fseek(fp,i*sizeof(struct stu),0);
  fread(qq,sizeof(struct stu),1,fp);
  printf("\n\nname\tnumber age addr\n");
  printf("%s\t%5d%7d%s\n",qq->name,qq->num,qq->age,
        qq->addr);
}
```

文件 stu_list 已由例 13-6 的程序建立，本程序用随机读出的方法读出第二个学生的数据。程序中定义 boy 为 stu 型变量，qq 为指向 boy 的指针。以读二进制文件方式打开文件，程序第 22 行移动文件位置指针。其中的 i 值为 1，表示从文件头开始，移动一个 stu 型的长度，然后读出的数据即为第二个学生的数据。

6. 文件检测函数

C 语言中常用的文件检测函数有以下几个。

1）文件结束检测函数

feof 函数调用格式：

```
feof(文件指针);
```

功能：判断文件是否处于文件结束位置，如文件结束，则返回值为 1，否则为 0。

2）读写文件出错检测函数

ferror 函数调用格式：

```
ferror(文件指针);
```

功能：检查文件在用各种输入输出函数进行读写时是否出错，如 ferror 返回值为 0 表示未出错，否则表示出错。

3）文件出错标志和文件结束标志置 0 函数

clearerr 函数调用格式：

```
clearerr(文件指针);
```

功能：本函数用于清除出错标志和文件结束标志，使它们为 0 值。

习　题　13

一、选择题

1. 下列关于C语言文件的叙述中正确的是（　　）。

（A）文件由一系列数据依次排列组成，只能构成二进制文件

（B）文件由结构序列组成，可以构成二进制文件或文本文件

（C）文件由数据序列组成，可以构成二进制文件或文本文件

（D）文件由字符序列组成，其类型只能是文本文件

2. 设fp已定义，执行语句fp=fopen("file","w");后，以下针对文本文件file操作叙述的选项中正确的是（　　）。

（A）写操作结束后可以从头开始读　　　（B）只能写不能读

（C）可以在原有内容后追加写　　　（D）可以随意读和写

3. 有以下程序：

```
#include  <stdio.h>
main()
 {
    FILE *fp;
    int k,n,I,a[6]={1,2,3,4,5,6};
    fp = fopen("d2.dat","w");
    for(i = 0;i<6;i++)  fprintf(fp,"%d\n",a[i]);
```

```
        fclose(fp);
        fp = fopen("d2.dat","r");
        for(i = 0; i<3;i++)  fscanf(fp,"%d%d",&k,&n);
        fclose(fp);
        printf("%d,%d\n",k,n);
}
```

程序的输出结果是（　　）。

　（A）1,2　　　　　（B）3,4　　　　　（C）5,6　　　　　（D）123,456

4. 有以下程序：

```
#include <stdio.h>
main()
{
 FILE  *f;
 f = fopen("filea.txt","w");
 fprintf(f,"abc");
 fclose(f);
}
```

若文本文件filea.txt中原有内容为hello，则运行以上程序后，文件filea.txt中的内容为（　　）。

　（A）helloabc　　　（B）abclo　　　（C）abc　　　　　（D）abchello

5. 有以下程序：

```
#include <stdio.h>
main()
{
    FILE *fp;char str[10];
    fp=fopen("myfile.dat","w");
    fputs("abc",fp);fclose(fp);
    fp=fopen("myfile.dat","a+");
    fprintf(fp,"%d",28);
    rewind(fp);
    fscanf(fp,"%s",str);puts(str);
    fclose(fp);
}
```

程序的输出结果是（　　）。

　（A）abc　　　　　（B）28c　　　　　（C）abc28　　　　（D）因类型不一致而出错

二、填空题

1. 以下程序打开新文件f.txt，并调用字符输出函数将a数组中的字符写入其中，请填空。

```
#include <stdio.h>
main()
{
    _____  *fp;
    char a[5] = {'1','2','3','4','5'}, I;
    fp = fopen("f.txt","w");
    for(i = 0;i<5;I++)fputc(a[i],fp);
    fclose(fp);
}
```

2. 以下程序用来判断指定文件是否能正常打开，请填空。

```
#include <stdio.h>
main()
{
```

```
   FILE   *fp;
   if(((fp = fopen("test.txt","r"))==_____))
      printf("未能打开文件! \n");
   else
      printf("文件打开成功! \n");
   }
```

3. 以下程序的输出结果是_____。

```
#include <stdio.h>
main()
{
   FILE *fp;int x[6]={1,2,3,4,5,6},I;
   fp=fopen("test.dat", "wb");
   fwrite(x,sizeof(int),3,fp);
   rewind(fp);
   fread(x,sizeof(int),3,fp);
   for(i=0;i<6; i++)printf("%d",x[i]),
   printf("\n");
   fclose(fp);
}
```

第三篇 考 试 篇

第14章　数据结构与算法

本章以基本数据结构和算法设计策略为知识单元，系统地介绍了数据结构与算法的相关知识，主要内容包括算法的概念、算法时间复杂度及空间复杂度的概念、数据结构的定义、栈的定义及运算、线性链表的存储方式、树与二义树的概念、性质及遍历、顺序查找与二分查找算法、基本排序算法等。

14.1　算　　法

14.1.1　算法的基本概念

算法是指解题方案的准确而完整的描述，即一组严谨地定义运算顺序的规则，并且每一个规则都是有效的，且是明确的，没有二义性，同时该规则将在有限次运算后可终止。

14.1.2　算法的基本特征

1. 可行性

由于算法的设计是为了在某一个特定的计算工具上解决某一个实际的问题而设计的，因此，它总是受到计算工具的限制，使执行产生偏差。

例如，计算机的数值有效位是有限的，当大数和小数进行运算时，往往会因为有效位数的影响而使小数丢失，因此，在算法设计时，应该考虑到这一点。

2. 确定性

算法的设计必须是每一个步骤都有明确的定义，不允许有模糊的解释，也不能有多义性。

例如，一个实际的问题，小宝和萍萍共有 12 个苹果，小宝比萍萍多 4 个，请问小宝和萍萍各有几个苹果？这个问题，可以立一个方程组 x+y=12 和 x–y=4 来求解，要求 x 和 y 的值、公式是正确的，但如何让计算能够进行？算法不能把公式直接输进去，而应该设计出解题的步骤和过程，即设计的算法是计算工具能够正常解决问题的过程。

3. 有穷性

算法的有穷性，即在一定的时间是能够完成的，即算法应该在计算有限个步骤后能够正常结束。

例如，在数学中的无穷级数，在计算机中只能求有限项，即计算的过程是有穷的。

4. 拥有足够的情报

算法的执行与输入的数据和提供的初始条件相关，不同的输入或初始条件会有不同的输出结果，提供准确的初始条件和数据，才能使算法正确执行。

14.1.3　算法的基本要素

算法的基本要素包括两点：一是数据对象的运算和操作；二是算法的控制结构。

1. 算法中对数据的运算和操作

算法实际上是由按解题要求从环境能进行的所有操作中选择的合适操作组成的一组指令序列，即算法是由计算机能够处理的操作组成的指令序列。

2. 算法的控制结构

算法的功能不仅取决于所选用的操作，而且还与各操作之间的顺序有关。

在算法中，操作的执行顺序又称算法的控制结构，一般的算法控制结构有 3 种：顺序结构、选择结构和循环结构。

对算法描述是，有相关的工具对这 3 种结构进行描述，常用的描述工具：流程图、N-S 结构图和算法描述语言等。

14.1.4　算法设计的基本方法

为用计算机解决实际问题而设计的算法称为计算机算法。

通常的算法设计有如下几种。

1. 列举法

列举法的基本思想是，根据提出的问题，列举出所有可能的情况，并用问题中给定的条件检验哪些是满足条件的，哪些是不满足条件的。列举法通常用于解决"是否存在"或"有哪些可能"等问题。

例如，我国古代的趣味数学题："百钱买百鸡"、"鸡兔同笼"等，均可采用列举法进行解决。

使用列举法时，要对问题进行详细的分析，将与问题有关的知识条理化、完备化、系统化，从中找出规律。

2. 归纳法

归纳法的基本思想是，通过列举少量的特殊情况，经过分析，最后找出一般的关系。归纳是一种抽象，即从特殊现象中找出一般规律。但由于在归纳法中不可能对所有的情况进行列举，因此，该方法得到的结论只是一种猜测，还需要进行证明。

3. 递推

递推，即从已知的初始条件出发，逐次推出所要求的各个中间环节和最后结果。其中初始条件或问题本身已经给定，或是通过对问题的分析与化简而确定。

递推的本质也是一种归纳，递推关系式通常是归纳的结果。

例如，裴波那契数列，是采用递推的方法解决问题的。

4. 递归

在解决一些复杂问题时，为了降低问题的复杂程度，通常是将问题逐层分解，最后归结为一些最简单的问题。这种将问题逐层分解的过程，并没有对问题进行求解，而只是当解决了最后的问题后，再沿着原来分解的逆过程逐步进行综合，这就是递归的方法。

递归分为直接递归和间接递归两种。如果一个算法直接调用自己，称为直接递归调用；如果一个算法 A 调用另一个算法 B，而算法 B 又调用算法 A，则此种递归称为间接递归调用。

5. 减半递推技术

减半递推即将问题的规模减半，然后重复相同的递推操作。

例如，一元二次方程的求解。

6. 回溯法

有些实际的问题很难归纳出一组简单的递推公式或直观的求解步骤,也不能使用无限的列举。对于这类问题，只能采用试探的方法，通过对问题的分析，找出解决问题的线索，然后沿着这个线索进行试探，如果试探成功，就得到问题的解，如果不成功，再逐步回退，换别的路线进行试探。这种方法即为回溯法。

例如，人工智能中的机器人下棋。

14.1.5　算法复杂度

算法的复杂度包括时间复杂度和空间复杂度。

1. 时间复杂度

时间复杂度即实现该算法需要的计算工作量。算法的工作量用算法所执行的基本运算次数来计算。

同一个问题规模下，如果算法执行所需要的基本次数取决于某一特定输入时，可以用以下两种方法来分析算法的工作量。

算法工作量=f(n)

1）平均性态

用各种特定输入下的基本运算次数的加权平均值来度量算法的工作量。

设 x 是某个可能输入中的某个特定输入，p(x)是 x 出现的概率，t(x)是算法在输入为 x 时所执行的基本运算次数，则算法的平均性态定义为

$$A(n) = \sum_{x \in D_n} p(x)t(x)$$

式中，D_n 表示当规模为 n 时，算法执行时所有可能输入的集合。

2）最坏情况复杂度

指在规模为 n 时，算法所执行的基本运算的最大次数。它定义为

$$W(n) = \max_{x \in D_n} \{t(x)\}$$

例如，在具有 n 个元素的数列中搜索一个数 x。

平均性态：$A(n) = \sum_{i=1}^{n+1} p_i t_i = \sum_{i=1}^{n} \frac{q}{n} i + (1-q)n = \frac{(n+1)q}{2} + (1-q)n$

即该数在数列中任何位置出现的数列是相同的，也有可能不存在，存在的概率为 q。

如果有一半的机会存在，则概率 q 为 1/2，平均性态：

$$A(n) = \frac{(n+1) \times \frac{1}{2}}{2} + \left(1 - \frac{1}{2}\right)n \approx \frac{3}{4}n$$

如果查找的元素一定在数列中，则每个数存在的概率即为 1，则平均性态为 $A(n) = \frac{n+1}{2} \approx \frac{n}{2}$。最坏情况分析：即要查找的元素 x 在数列的最后或不在数列中，显然，它的最坏情况复杂度为 $W(n) = \max\{t_i \mid 1 \leqslant i \leqslant n+1\} = n$。

2. 空间复杂度

算法的空间复杂度指要执行该算法所需要的内存空间。算法所占用的内存空间包括算法程序所占的空间，输入的初始数据所占的存储空间以及算法执行过程中所需要的额外空间，如执行过程中工作单元以及某种数据结构所需要的附加存储空间等。

14.2 数据结构的基本概念

1. 概念

数据结构是指相互有关联的数据元素的集合。它包括以下两个方面：

（1）表示数据元素的信息。

（2）表示各数据之间的前后件关系。

2. 数据的逻辑结构

数据的逻辑结构是指反映数据元素之间的逻辑关系的数据结构。

数据的逻辑结构有两个要素：

（1）数据元素的集合，记为 D。

（2）数据之间的前后件关系，记为 R。

则数据结构 B=（D，R）

3. 数据的存储结构

数据的逻辑结构在计算机存储空间中的存放形式称为数据的存储结构或数据的物理结构，即数据存储时，不仅要存放数据元素的信息，还要存储数据元素之间的前后件关系的信息。

通常的数据存储结构有顺序、链接、索引等。

4. 数据结构的图形表示

数据结构的图形表示有两个元素：

（1）中间标有元素值的方框表示数据元素，称为数据结点。

（2）用有向线段表示数据元素之间的前后件关系，即有向线段从前件结点指向后件结点。

注意：在结构图中，没有前件的结点称为根结点，没有后件的结点称为终端结点，也称叶子结点。

5. 线性结构与非线性结构

如果一个数据没有元素，该数据结构称为空数据结构。在空数据结构中插入一个新的元素后数据结构变为非空数据结构；将数据结构中的所有元素均删除，则该数据结构变成空数据结构。

如果一个非空的数据结构满足如下条件，则该数据结构为线性结构。

（1）有且只有一个根结点。

（2）每一个结点最多只有一个前件，也最多只有一个后件。

线性结构又称线性表。

注意：在线性表中插入或删除元素，该线性表仍然应满足线性结构。

如果一个数据结构不满足线性结构，则称为非线性结构。

14.3　线性表及其顺序存储结构

1. 基本概念

线性表是最常用的数据结构，它由一组数据元素组成。

注意：这里的数据元素是一个广义的数据元素，并不仅指一个数据，如矩阵、学生记录表等。

非空线性表的结构特征如下：

（1）有且只有一个根结点，它无前件。

（2）有且只有一个终端结点，它无后件。

（3）除根结点和终端结点，所有的结点有且只有一个前件和一个后件。线性表中结点的个数称为结点的长度，用 n 表示。当 n=0 时，称为空表。

2. 顺序存储结构

1）顺序存储结构的特点

（1）线性表中所有的元素所占的存储空间是连续的。

（2）线性表中各数据元素在存储空间中是按逻辑顺序依次存放的。

通常，顺序存储结构中，线性表中每一个数据元素在计算机存储空间中的存储地址只由该元素在线性表中的位置序号确定。

2）线性表的顺序存储结构下的基本运算

（1）在指定位置插入一个元素。

（2）删除线性表中的指定元素。

（3）查找某个或某些特定的元素。

（4）线性表的排序。

（5）按要求将一个线性表拆分为多个线性表。

（6）将多个线性表合并为一个线性表。

（7）复制线性表。

（8）逆转一个线性表。

3. 线性表的基本操作

1）顺序表的插入运算

在顺序存储结构的线性表中插入一个元素。

注意：找到插入位置后，将插入位置开始的所有元素从最后一个元素开始顺序后移。另外，在定义线性表时，一定要定义足够的空间，否则，将不允许插入元素。

2）顺序表的删除运算

在顺序存储结构的线性表中删除一个元素。

注意：找到删除的数据元素后，从该元素位置开始，将后面的元素一一向前移动，在移动完成后，线性表的长度减1。

14.4 栈 和 队 列

1. 栈及其基本运算

1）栈

栈是一种特殊的线性表，它是限定在一端进行插入和删除的线性表。它的插入和删除只能在表的一端进行，而另一端是封闭的，不允许进行插入和删除操作。

在栈中，允许插入和删除操作的一端称为栈顶，不允许插入和删除操作的一端称为栈底。栈顶的元素总是最后被插入的元素，也是最先被删除的元素。它遵循的原则是先进后出或后进先出。

堆栈指针总是指向栈顶元素。

2）栈的顺序存储及其运算

在栈的顺序存储空间 S（1：m）中，S（bottom）通常为栈底元素，S（top）为栈顶元素。Top=0 表示栈空；top=m 表示栈满。

（1）入栈运算：在栈的顶部插入一个新元素。操作方式：将栈顶指针加1，再将元素插至指针所指的位置。

（2）退栈运算：将栈顶元素取出并赋给一个指定的变量。操作方式：先将栈顶元素赋给指定的变量，再将栈顶指针减1。

（3）读栈顶元素：将栈顶元素赋给某一指定变量，但栈顶指针不变。

2. 队列及其基本运算

1）队列

队列是允许在一端进行插入，而在另一端进行删除的线性表。允许插入的一端称为队尾，通常用一个尾指针指向队尾；允许删除的一端称为队首，通常用一个队首指针指向排队元素的前一个位置。

队列遵循的规则：先进先出或后进后出。

2）循环队列

队列的顺序存储结构一般采用循环队列的形式。

循环队列，即此队列存储空间的最后一个位置绕到第一个位置，形成逻辑上的环状空间，供队列循环使用。

在循环队列中，用队尾指针 rear 指向队列中的队尾元素，用排头指针 front 指向排头元素的前一个位置，因此，从排头指针 front 指向的后一个位置到队尾指针 rear 指向的位置之间所有的元素均为队列中的元素。

循环队列的初始状态为空，即 rear=front=m。m 即为队列的存储空间。

3）循环队列的基本运算

入队运算：每进行一次入队运算，队尾指针加 1。当队尾指针 rear=m+1 时，即表示队列空间的尾部已经放置了元素，则下一个元素应该旋转到队列空间的首部，即 rear=1。

退队运算：每退队一个元素，排头指针加 1。当排头指针 front=m+1 时，即排头指针指向队列空间的尾部，退队后，排头指针指向队列空间的开始，即 front=1。

在队列操作时，循环队列满时，front=rear，队列空时，也有 rear=front，即在队列空或满时，排头指针和队尾指针均指向同一个位置。要判断队列空或满时，还应增加一个标志，s 值的定义：

$$s = \begin{cases} 0, & \text{表示队列空} \\ 1, & \text{表示队列满} \end{cases}$$

判断队列空与队列满的条件如下。

队列空的条件：s = 0。

队列满的条件：s = 1，front = rear。

（1）入队操作：在队尾加入一个新元素。这个运算有两个基本操作：首先，将队尾指针加 1，即 rear=rear+1，当 rear=m+1 时，置 rear=1；然后，将新元素插入到队尾指针指向的位置。

当循环队列非空（s=1），且 front=rear 时，队列满，不能进行入队操作。此情况称为"上溢"。

（2）退队操作：将队首的元素赋给一个指定的变量。该运算也有两个基本操作：首先，将排头指针加 1，即 front=front+1；当 front=m+1 时，置 front=1；然后，将排头指针指向的元素赋给指定的变量。

当循环队列为空（s=0）时，不能进行退队运算。此种情况称为"下溢"。

14.5　线　性　链　表

14.5.1　基本概念

前面的线性表均是采用顺序存储结构及在顺序存储结构下的运算。

（1）顺序存储结构的优点：①结构简单；②运算方便。

（2）顺序存储结构的缺点：①要在顺序存储的线性表中插入一个新元素或删除一个元素时，为了保证插入或删除后的线性表仍然为顺序存储，在插入或删除元素时，需要移动大量的数据元素，因此运算效率较低；②如果一个线性表分配顺序存储空间后，如果出现线性表的存储空间已满，但还需要插入元素时，会发生"上溢"错误；③在实际应用时，可能有多个线性表同时使用存储空间，这样给存储空间的分配带来了问题，有可能使有的队列空间不够或过多造成浪费。

基于上述情况，对于大的线性表或元素变动频繁的大线性表不宜采用顺序存储结构，而应采用链式存储结构。

1. 链式存储结构

假设每一个数据结点对应一个存储单元，该存储单元称为存储结点，简称结点。

在链式存储方式中，要求每一个结点由两部分组成：一部分用于存放数据元素，称为数据域；另一部分用于存放指针，称为指针域。该指针用于指向该结点的前一个或后一个结点。

在链式存储结构中，存储数据结构的存储空间可以不连续，各数据结点的存储顺序与数据元素之间的逻辑关系不一致，而数据元素之间的逻辑关系是由指针域来确定的。

链式存储结构既可用于线性结构，也可用于非线性结构。

2. 线性链表

线性表的链式存储结构称为线性链表。

将存储空间划分成若干个小块，每块占用若干个字节，这些小块称为存储结点。

将存储结点分为两个部分：一部分用于存储数据元素的值，称为数据域；另一部分用于存储元素之间的前后件关系，即存放下一个元素的存储位置（存储地址），即指向后件结点，称为指针域。

在线性链表中用一个专门的指针 HEAD 指向线性链表中第一个数据元素的结点（即存放第一个元素的地址）。线性表中最后一个元素没有后件，因此，线性链表中的最后一个结点的指针域为空（用 Null 或 0 表示），表示链终结。

在线性链表中，各元素的存储序号是不连续的，元素间的前后件关系与位置关系也是不一致的。在线性链表中，前后件的关系依靠各结点的指针来指示，指向表的第一个元素的指针 HEAD 称为头指针，当 HEAD=NULL 时，表示该链表为空。

对于线性链表，可以从头指针开始，沿着各结点的指针扫描到链表中所有的结点。

这种线性链表称为线性单链表，即可以从表头开始向后扫描链表中所有的结点，而不能从中间或表尾结点向前扫描位于该结点之前的元素。

这种链表结构的缺点是不能任意地对链表中的元素按顺序的方向进行扫描。在某些应用中，如果对链表中的元素设置两个指针域，一个为指向前件的指针域，称为左指针（LLink），另一个为指向后件的指针域，称为右指针（RLink），则这种链表是双向链表。

3. 带链的栈

带链的栈是用来收集计算机存储空间中的所有空闲的存储结点的，这种带链的栈称为可利用栈。

当需要存储结点时，从可利用的栈的顶部取出栈顶结点；当系统要释放一个存储结点时，将该结点空间放回到可利用栈的栈顶，即在计算机中所有空闲的空间，均可以以结点的方式链接到可利用栈中，随着其他线性链表中结点的插入与删除，可利用栈处于动态变化中，即可利用栈经常要进行退栈和入栈操作。

4. 带链的队列

队列也是线性表，也可利用链式存储结构来进行保存。

14.5.2　线性链表的基本运算

线性链表包括的基本运算：

（1）在链表中包含指定元素的结点之前插入一个新元素。

（2）在链表中删除包含指定元素的结点。

（3）将两个线性链表按要求合并成一个线性链表。

（4）将一个线性链表按要求进行分解。

（5）逆转线性链表。

（6）复制线性链表。

（7）线性链表的排序。

（8）线性链表的查找。

1. 线性链表中查找指定的元素

在线性链表中查找元素 x：从头指针指向的结点开始往后沿指针进行扫描，直到后面已没有结点或下一个结点的数据域为 x 为止。

元素的查找，经常是为了进行插入或删除操作而进行的，因此，在查找时，往往需要记录该结点的前一个结点。

2. 线性链表的插入

线性链表的插入即在链式存储结构的线性表中插入一个新元素。

在线性链表中包含元素 x 的结点之前插入新元素 b，插入过程如下：

（1）从可利用栈中取得一个结点，设该结点号为 p，即取得的结点的存储序号存放在变量 p 中。并置结点 p 的数据域为插入的元素值 b。

（2）在线性链表中寻找包含元素 x 的前一个结点，该结点的存储序号为 q。

（3）将结点 p 插入到结点 q 之后。具体的操作：首先，使结点 p 插入到结点 q 之后（即结点 q 的后件结点）；然后，使结点 q 的指针域内容改为指向结点 p。

由于新结点来自可利用栈，因此不会造成线性表的溢出。同样，由于可利用栈可被多个线性表利用，因此不会造成存储空间的浪费，共同动态地使用存储空间。

3. 线性链表的删除

线性链表的删除即在链式存储结构下的线性表中删除指定元素的结点。

操作方式如下：

（1）在线性表中找到包含指定元素 x 的前一个结点 p。

（2）将该结点 p 后的包含元素 x 的结点从线性链表中删除，然后将被删除结点的后一个结点 q 的地址提供给结点 p 的指针域，即将结点 p 指向结点 q。

（3）将删除的结点送回可利用栈。

从以上的删除操作可见，删除一个指定的元素，不需要移动其他的元素即可实现，这是顺序存储的线性表不能实现的。同时，此操作还可以更有效地利用计算机的存储空间。

14.5.3 循环链表及其基本操作

在线性链表中，虽然对数据元素的插入和删除操作比较简单，但由于它对第一个结点和空表需要单独处理，使空表与非空表的处理不一致。

循环链表采用另一种链接方式，它的特点如下：

（1）在循环链表中增加一个表头结点，其数据域为任意或根据需要来设置，指针域指向线性表的第一个元素的结点。循环链表的头指针指向表头结点。

（2）循环链表中最后一个结点的指针域不是空的，而是指向表头结点。在循环链表中，所有结点的指针构成一个环状链。

在循环链表中，只要指出表中任何一个结点的位置，均可以从它开始扫描到所有的结点，而线性链表做不到，线性链表是一种单向的链表，只能按照指针的方向进行扫描。

循环链表中设置了一个表头结点，因此，在任何时候都至少有一个结点，使空表与非空表的运算相统一。

14.6 树与二叉树

14.6.1 树的基本概念

树是一种简单的非线性结构。在树结构中，数据元素之间有着明显的层次结构。在树的图形表示中（图 14-1），用直线连接两端的结点，上端点为前件，下端点为后件。

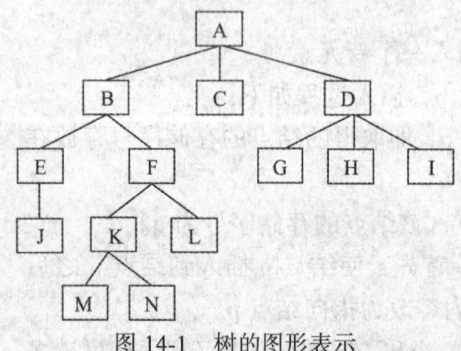

图 14-1 树的图形表示

在树结构中，每一个结点只有一个前件，称为父结点，如 A 即为结点 B、C、D 的父结点。

没有父结点的结点只有一个，此结点称为根结点。结点 A 即为根结点。

每一个结点可以有多个后件，它们均称为该结点的子结点，如结点 G、H、I 是结点 D 的子结点。

没有后件的结点，称为叶子结点。叶子结点有 J、M、N、L、C、G、H、I。

在树结构中，一个结点所拥有的后件结点个数称为该结点的度。例如，结点 D 的度为 3，结点 E 的度为 1 等，按此原则，所有叶子结点的度均为 0。

在树中，所有结点中最大的度称为该树的度。图 14-1 所示的树中，所有结点中最大的度是 3，所以该树的度为 3。

树分层，根结点为第一层，往下依次类推。同一层结点的所有子结点均在下一层。图 14-1 中：A 结点在第 1 层，B、C、D 结点在第 2 层，E、F、G、H、I 在第 3 层，J、K、L 在第 4 层，M、N 在第 5 层。

树的最大层次称为树的深度。图 14-1 所示树的深度为 5。

在树中，某结点的一个子结点为根构成的树称为该结点的子树。叶子结点没有子树。

在计算机中，可以用树来表示算术表达式。原则如下：

（1）表达式中每一个运算符在树中对应一个结点，称为运算符结点。

（2）运算符的每一个运算对象在树中为该运算符结点的子树（在树中的顺序为从左到右）。

（3）运算对象中的单变量均为叶子结点。

树在计算机中用多重链表表示。多重链表中的每个结点描述了树中对应结点的信息，而每个结点中的链域（即指针域）个数将随着树中该结点的度而定义。

如果在树中，每一个结点的子结点的个数不相同，则在多重链中各结点的链域个数也不相同，会导致算法太复杂。因此，在树中，常采用定长结点来表示树中的每一个结点，即取树的度作为每个结点的链域的个数。这样，管理相对简化了，但会造成空间的浪费，因为有许多结点存在空链域。

14.6.2　二叉树及其基本性质

1. 二叉树的定义

二叉树的特点：

（1）非空二叉树只有一个根结点。

（2）每一个结点最多只有两个子结点，且结点分左右。则一个结点最多可以有两棵子树，分别称为左子树和右子树。

在二叉树中，每一个结点的度最大为 2，即二叉树的度为 2。在二叉树中，任何的子树也均为二叉树。

在二叉树中，每一个结点的子树被分为左子树和右子树。在二叉树中，允许某一个结点只有左子树或只有右子树。如果一个结点既没有左子树，也没有右子树，则该结点为叶子结点。

2. 二叉树的性质

性质 1：在二叉树的第 k 层上，最多有 2^{k-1}（$k \geqslant 1$）个结点。

性质 2：深度为 m 的二叉树最多有 $2^{m}-1$ 个结点。

性质 3：在任意一棵二叉树中，度为 0 的结点（即叶子结点）总比度为 2 的结点多一个。

性质 4：具有 n 个结点的二叉树，其深度至少为$[\log_2 n]+1$，其中$[\log_2 n]$表示 $\log_2 n$ 的整数部分。

3. 满二叉树与完全二叉树

1）满二叉树

特点：除最后一层，每一层上的所有结点都有两个子结点。即在满二叉树中，每一层上的结点数都达到最大值，即在满二叉树上的第 k 层上有 2^{k-1} 个结点。图 14-2 所示即为一棵满二叉树。

2）完全二叉树

特点：除最后一层，每一层上的结点数均达到最大值，在最后一层上只缺少右边的若干个结点。

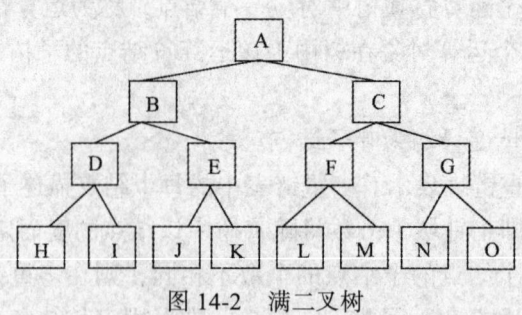

图 14-2 满二叉树

如果从根结点开始，对二叉树的结点自上而下、自左而右用自然数进行连续编号，则深度为 m 且有 n 个结点的二叉树，当且仅当其每一个结点都与深度为 m 的满二叉树中编号从 1 到 n 的结点一一对应，则是完全二叉树。

完全二叉树具有如下性质。

性质 1：具有 n 个结点的完全二叉树的深度为[$\log_2 n$]+1。

性质 2：设完全二叉树共有 n 个结点。如果从根结点开始，按层次（每一层从左到右）用自然数 1，2，…，n 给结点编号，对于编号为 k（k=1，2，…，n）的结点有如下结论：

（1）若 k=1，则该结点为根结点，它没有父结点；若 k>1，则该结点的父结点编号为 INT(k/2)。

（2）若 2k≤n，则编号为 k 的结点的左子结点编号为 2k；否则该结点无左子结点（当然也没有右子结点）。

（3）若 2k+1≤n，则编号为 k 的结点的右子结点编号为 2k+1；否则该结点无右子结点。

14.6.3 二叉树的存储结构

二叉树的存储常采用链式存储结构。

存储二叉树中各元素的存储结点由两部分组成：数据域和指针域。在二叉树中，由于每个结点可有两个子结点，则它的指针域有两个：一个用于存储该结点的左子结点的存储地址，称为左指针域；一个用于存储指向该结点的右子结点的存储地址，称为右指针域。

存储结构如下：

	Lchild	Value	Rchild
i	L(i)	V(i)	R(i)

二叉树的存储结构中每一个存储结点都有两个指针域，因此，二叉树的链式存储结构也称为二叉树的链表。在二叉树的存储中，用一个头指针指向二叉树的根结点的存储地址。

二叉树如图 14-3 所示。

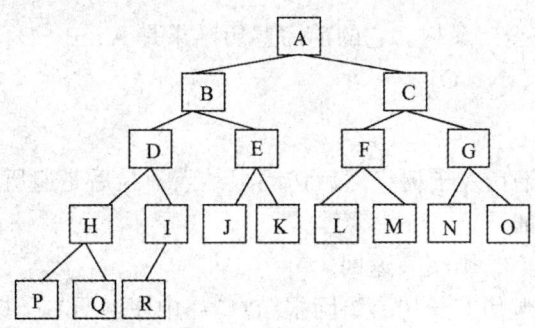

图 14-3　完全二叉树

如果将该二叉树的所有结点顺序编号，顺序存放在存储空间里，则它们在内存空间中的存放方式为图 14-4 所示。

当然，对于满二叉树或完全二叉树而言，也可采用顺序存储的方式，但顺序存储的方式不适合其他的二叉树。

	i	L(i)	V(i)	R(i)
BT→	1	2	A	3
	2	4	B	5
	3	6	C	7
	4	8	D	9
	5	10	E	11
	6	12	F	13
	7	14	G	15
	8	16	H	17
	9	18	I	0
	10	0	J	0
	11	0	K	0
	12	0	L	0
	13	0	M	0
	14	0	N	0
	15	0	O	0
	16	0	P	0
	17	0	Q	0
	18	0	R	0

图 14-4　二叉树的存储结构

14.6.4　二叉树的遍历

二叉树的遍历即不重复地访问二叉树的所有结点。

在遍历二叉树时，一般先遍历左子树，然后再遍历右子树。在先左后右的原则下，二叉树的遍历又可分为 3 种：前序遍历、中序遍历和后序遍历。

1. 前序遍历

前序遍历即先访问根结点，然后遍历左子树，最后遍历右子树。在遍历左子树和遍历右子树时，依然是先遍历根结点，然后是左子树，再是右子树。

操作的具体方式如下：

（1）若二叉树为空，则结束返回。

（2）否则：访问根结点→前序遍历左子树→前序遍历右子树。

图 14-3 所示的完全二叉树，它的前序遍历结果是 A、B、D、H、P、Q、I、R、E、J、K、C、F、L、M、G、N、O。

2. 中序遍历

中序遍历，即先遍历左子树，然后访问根结点，最后是遍历右子树。

具体的操作方式如下：

（1）若二叉树为空，则结束返回。

（2）否则：中序遍历左子树→访问根结点 →中序遍历右子树。

这里强调，在遍历左子树和右子树时，仍然要采用中序遍历的方法。

图 14-3 所示的完全二叉树，它的中序遍历结果是 P、H、Q、D、R、I、B、J、E、K、A、L、F、M、C、N、G、O。

3. 后序遍历

后序遍历，即先遍历左子树，然后再遍历右子树，最后访问根结点。

具体的操作方式如下。

（1）若二叉树为空，则结束返回。

（2）否则：前序遍历左子树→前序遍历右子树→访问根结点。

图 14-3 所示的完全二叉树，它的后序遍历结果是 P、Q、H、R、I、D、J、K、E、B、L、M、F、N、O、G、C、A。

14.7 查找技术

查找是指在一个给定的数据结构中查找某个指定的元素。

14.7.1 顺序查找

顺序查找又称顺序搜索。一般是在线性表中查找指定的元素。

基本操作方法如下：

从线性表的第一个元素开始，与被查元素进行比较，相等则查找成功，否则继续向后查找。如果所有的元素均查找完毕后都不相等，则该元素在指定的线性表中不存在。

顺序查找的最好情况：要查找的元素为线性表的第一个元素，则查找效率最高。如果要查找的元素在线性表的最后或根本不存在，则查找需要搜索所有的线性表元素，这种情况是最差情况。

对于线性表而言，顺序查找效率很低。但对于以下的线性表，也只能采用顺序查找的方法。

线性表为无序表，即表中的元素没有排列或不是按大小顺序进行排列的，这类线性表不管它的存储方式是顺序存储还是链式存储，都只能按顺序查找方式进行查找。

即使是有序线性表，如果采用链式存储，也只能采用顺序查找的方式。

例如，有线性表：7、2、1、5、9、4，要在序列中查找元素 6，查找的过程如下：

（1）整个线性表的长度为 5。

（2）查找计次 n=1，将元素 6 与序列的第一个元素 7 进行比较，不等，继续查找。

（3）n=2，将 6 与第二个元素 2 进行比较，不等，继续查找。

（4）n=3，将 6 与第三个元素 1 进行比较，不等，继续查找。

（5）n=4，将 6 与第四个元素 5 进行比较，不等，继续查找。

（6）n=5，将 6 与第五个元素 9 进行比较，不等，继续查找。

（7）n=6，将 6 与第六个元素 4 进行比较，不等，继续查找。

（8）n=7，超出线性表的长度，查找结束，则该表中不存在要查找的元素。

14.7.2　二分查找

1. 二分查找的方法

二分查找只适用于顺序存储的有序表。此处所说的有序表是指线性中的元素按值非递减排列（即由小到大，但允许相邻元素值相等），二分查找的方法如下：

将要查找的元素与有序序列的中间元素进行比较：

（1）如果该元素的值比中间元素的值大，则继续在线性表的后半部分（中间项以后的部分）进行查找。

（2）如果要查找的元素的值比中间元素的值小，则继续在线性表的前半部分（中间项以前的部分）进行查找。

（3）这个查找过程一直按相同的顺序进行下去，一直到查找成功或子表长度为 0（说明线性表中没有要查找的元素）。

有序线性表的二分查找，条件是这个有序线性表的存储方式必须是顺序存储的。它的查找效率比顺序查找要高得多，它的最坏情况的查找次数是 $\log_2 n$ 次，而顺序查找的最坏情况的查找次数是 n 次。

当然，二分查找的方法也支持顺序存储的递减序列的线性表。

2. 非递减有序线性表查找方法

有非递减有序线性表：1、2、4、5、7、9，要查找元素 6。查找的方法是：

（1）序列长度为 n=6，中间元素的序号 m=[(n+1)/2]=3。

（2）查找计次 k=1，将元素 6 与中间元素即元素 4 进行比较，不等，6>4。

（3）查找计次 k=2，查找继续在后半部分进行，后半部分子表的长度为 3，计算中间元素的序号 m=3+[(3+1)/2]=5，将元素与后半部分的中间项进行比较，即第五个元素中的 7 进行比较，不等，6<7。

（4）查找计次 k=3，继续在后半部分序列的前半部分子序列中查找，子表长度为 1，则中间项序号 m=3+[(1+1)/2]=4，即与第四个元素 5 进行比较，不相等，继续查找的子表长度为 0，查找结束。

14.8　排　序　技　术

排序是将一个无序的序列整理成按值非递减顺序排列的有序序列。这里讨论的是顺序存储的线性表的排序操作。

14.8.1 交换类排序法

交换类排序法，即借助数据元素之间的互相交换进行排序的方法。

1. 冒泡排序法

冒泡排序法是利用相邻数据元素之间的交换逐步将线性表变成有序序列的操作方法。操作过程如下：

（1）从表头开始扫描线性表，在扫描过程中逐次比较相邻两个元素的大小，若相邻两个元素中前一个元素的值比后一个元素的值大，则将两个元素位置进行交换，当扫描完成一遍时，序列中最大的元素被放置到序列的最后。

（2）再继续对序列从头进行扫描，这一次扫描的长度是序列长度减 1，因为最大的元素已经就位了，采用与前面相同的方法，两两之间进行比较，将次大数移到子序列的末尾。

（3）按相同的方法继续扫描，每次扫描的子序列的长度均比上一次减小 1，直至子序列的长度为 1 时，排序结束。

例如，有序列 5、2、9、4、1、7、6，将该序列从小到大进行排列。

采用冒泡排序法，具体操作步骤如下：

序列长度 n=7

原序列	5	2	9	4	1	7	6
第一遍（从前往后）	5←→	2	9	4	1	7	6
	2	5	9←→	4	1	7	6
	2	5	4	9←→	1	7	6
	2	5	4	1	9←→	7	6
	2	5	4	1	7	9←→	6
第一遍结束后	2	5	4	1	7	6	9
第二遍（从前往后）	2	5←→	4	1	7	6	9
	2	4	5←→	1	7	6	9
	2	4	1	5	7←→	6	9
	2	4	1	5	6	7	9
第二遍结束后	2	4	1	5	6	7	9
第三遍（从前往后）	2	4←→	1	5	6	7	9
	2	1	4	5	6	7	9
第三遍结束	2	1	4	5	6	7	9
第四遍（从前往后）	2←→	1	4	5	6	7	9
	1	2	4	5	6	7	9
第四遍结束	1	2	4	5	6	7	9
最后结果	1	2	4	5	6	7	9

最多需要扫描的次数为 n−1，如果序列已经就位，则扫描结束。测试是否已经就位，可设置一个标志，如果该次扫描没有数据交换，则说明数据排序结束。

2. 快速排序法

冒泡排序法每次交换只能改变相邻两个元素之间的逆序，速度相对较慢。如果将两个不相邻的元素之间进行交换，可以消除多个逆序。

快速排序的方法如下：

从线性表中选取一个元素，设为 T，将线性表后面小于 T 的元素移到前面，而前面大于 T 的元素移到后面，结果将线性表分成两个部分（称为两个子表），T 插到其分界线的位置处，这个过程称为线性表的分割。对线性表的一次分割，就以 T 为分界线，将线性表分成前后两个子表，且前面子表中的所有元素均不大于 T，而后面的所有元素均不小于 T。

再将前后两个子表进行相同的快速排序，将子表再进行分割，直到所有的子表均为空，则完成快速排序操作。

在快速排序过程中，随着对各子表不断地进行分割，划分出的子表会越来越多，但一次又只能对一个子表进行分割处理，需要将暂时不用的子表记忆起来，这里可用栈来实现。

对某个子表进行分割后，可以将分割出的后一个子表的第一个元素与最后一个元素的位置压入栈中，而继续对前一个子表进行再分割；当分割出的子表为空时，可以从栈中退出一个子表进行分割。

这个过程直到栈为空为止，说明所有子表为空，没有子表再需分割，排序就完成。

14.8.2　插入类排序法

1. 简单插入排序

插入排序是指将无序序列中的各元素依次插入到已经有序的线性表中。

插入排序操作的思路：在线性表中，只包含第一个元素的子表作为该有序表，从线性表的第二个元素开始直到最后一个元素，逐次将其中的每一个元素插入到前面有序的子表中。

该方法与冒泡排序方法的效率相同，最坏的情况下需要 $n(n-1)/2$ 次比较。

例如，有序列 5、2、9、4、1、7、6，将该序列从小到大进行排列。

采用简单插入排序法，具体操作步骤如下。

序列长度 n=7

5	2	9	4	1	7	6
	↑j=2					
2	5	9	4	1	7	6
		↑j=3				
2	5	9	4	1	7	6
			↑j=4			
2	4	5	9	1	7	6
				↑j=5		
1	2	4	5	9	7	6
					↑j=6	
1	2	4	5	7	9	6
						↑j=7

插入排序后的结果

1	2	4	5	6	7	9

2. 希尔排序法

希尔排序法的基本思想：将整个无序序列分割成若干个小的子序列分别进行插入排序。

子序列的分割方法：将相隔某个增量 h 的元素构成一个子序列，在排序的过程中，逐次减小这个增量，最后当 h 减小到 1 时，再进行一次插入排序操作，即完成排序。

增量序列一般取 $h_t=n/2^k$ （k=1,2,…, $\log_2 n$），其中 n 为待排序序列的长度。

14.8.3 选择类排序法

1. 简单选择排序法

基本思路：扫描整个线性表，从中选出最小的元素，将它交换到表的最前面，然后对后面的子表采用相同的方法，直到子表为空为止。

对于长度为 n 的序列，需要扫描 n–1 次，每一次扫描均找出剩余的子表中最小的元素，然后将该最小元素与子表的第一个元素进行交换。

例如，有序列 5、2、9、4、1、7、6，将该序列从小到大进行排列。

采用简单选择排序法，具体操作步骤如下：

```
原序列      5 2 9 4 1 7 6
第一遍扫描   1 2 9 4 5 7 6
第二遍扫描   1 2 9 4 5 7 6
第三遍扫描   1 2 4 9 5 7 6
第四遍扫描   1 2 4 5 9 7 6
第五遍扫描   1 2 4 5 6 7 9
第六遍扫描   1 2 4 5 6 7 9
排序结果     1 2 4 5 6 7 9
```

2. 堆排序法

堆排序法属于选择类排序方法。

有 n 个元素的序列（$h_1, h_2, \cdots, h_n$），当且仅当满足 $\begin{cases} h_i \geqslant h_{2i} \\ h_i \geqslant h_{2i+1} \end{cases}$ 或 $\begin{cases} h_i \leqslant h_{2i} \\ h_i \leqslant h_{2i+1} \end{cases}$ （i=1, 2,…,n/2）时称为堆。

本节只讨论满足前者条件的堆。

由堆的定义看，堆顶元素（即第一个元素）必为最大项。

可以用一维数组或完全二叉树来表示堆的结构。

用完全二叉树表示堆时，树中所有非叶子结点值均不小于其左右子树的根结点的值，因此堆顶（完全二叉树的根结点）元素必须为序列的 n 个元素中的最大项。

例如，有序列 5、2、9、4、1、7、6，将该序列从小到大进行排列。

利用堆排序法将该序列进行排序，如图 14-5 所示。

操作方式：先将无序堆的根结点 5 与左右子树的根结点 2，9 进行比较，5<9，将 5 与 9 进行交换；调整后，对左右子树进行堆调整，左子树的根结点 2 小于其左叶子结点 5，调整；右子树的根结点 5 小于其左右子结点 7 和 6，根据堆的要求，将 5 和 7 进行调整。

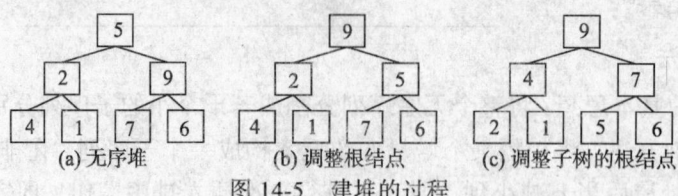

图 14-5 建堆的过程

根据堆的定义，可以得到堆排序的方法：首先将一个无序序列建成堆；然后将堆顶元素（序列中的最大项）与堆中最后一个元素交换（最大项应该在序列的最后）。

14.9　历　年　真　题

在笔试中，本章内容会出现 5~6 个题目，是公共基础知识部分中出题量比较多的一章，所占分值也比较大，约 10 分。

一、算法部分

【真题 1】算法的有穷性是指_____。（2008 年 4 月）

　　（A）算法程序的长度是有限的

　　（B）算法只能被有限的用户使用

　　（C）算法程序的运行时间是有限的

　　（D）算法程序所处理的数据量是有限的

【真题 2】算法的空间复杂度是指_____。（2009 年 9 月）

　　（A）算法程序中的语句或指令条数

　　（B）算法在执行过程中所需要的临时工作单元数

　　（C）算法在执行过程中所需要的计算机内部存储空间

　　（D）算法所处理的数据量

【真题 3】下列叙述中正确的是_____。（2007 年 3 月）

　　（A）数据的逻辑结构与存储结构是一一对应的

　　（B）算法的时间复杂度与空间复杂度一定相关

　　（C）算法的效率只与问题的规模有关，而与数据的存储结构无关

　　（D）算法的时间复杂度是指执行算法所需要的计算工作量

【真题 4】算法的时间复杂度是指_____。（2010 年 3 月）

　　（A）算法程序中的语句或指令条数

　　（B）算法在执行过程中所需要的基本运算次数

　　（C）算法的执行时间

　　（D）算法所处理的数据量

二、数据结构部分

要点 1：数据结构的定义

【真题 1】下列数据结构中，属于非线性结构的是_____。（2009 年 9 月）

　　（A）二叉树　　　（B）带链栈　　（C）循环队列　　　（D）带链队列

【真题 2】下列叙述正确的是_____。（2007 年 9 月）

　　（A）程序执行的效率只取决于所处理的数据量

　　（B）程序执行的效率只取决于程序的控制结构

　　（C）程序执行的效率与数据的存储结构密切相关

　　（D）以上 3 种说法都不对

要点2：线性表、线性链表和循环链表

【真题3】下列叙述中正确的是_____。（2009年3月）

（A）循环队列是非线性结构

（B）有序线性表既可以采用顺序存储结构，也可以采用链式存储结构

（C）栈是"先进先出"的线性表

（D）队列是"先进后出"的线性表

【真题4】下列叙述中正确的是_____。（2010年9月）

（A）线性表的链式存储结构所需要的存储空间一般要少于顺序存储结构

（B）线性表的链式存储结构所需要的存储空间一般要多于顺序存储结构

（C）线性表的链式存储结构与顺序存储结构所需要的存储空间是相同的

（D）上述3种说法都不对

要点3：栈、队列和循环队列

【真题5】对于循环队列，下列叙述中正确的是_____。（2009年9月）

（A）队头指针一定小于队尾指针

（B）队头指针可以大于队尾指针，也可以小于队尾指针

（C）队头指针是固定不变的

（D）队头指针一定大于队尾指针

【真题6】设某循环队列的容量为50，头指针front=5(指向队头元素)，尾指针rear = 29(指向队尾元素)，则该循环队列中共有_____个元素。（2008年4月）

【真题7】线性表的存储结构主要分为顺序存储结构和链式存储结构。队列是一种特殊的线性表，循环队列是队列的_____存储结构。（2007年9月）

【真题8】一个队列的初始状态为空。现将元素A,B,C,D,E,F,5,4,3,2,1依次入队，然后再依次退队，则元素退队的顺序为_____。（2010年3月）

【真题9】假设用一个长度为50的数组（数组元素的下标从0~49作为栈的存储空间），栈底指针bottom指向栈底元素，栈顶指针top指向栈顶元素，如果bottom=49，top=30(数组下标),则栈中具有_____个元素。（2009年3月）

【真题10】支持子程序调用的数据结构是_____。（2009年3月）

（A）队列　　　（B）二叉树　　　（C）栈　　　（D）树

【真题11】一个栈的初始状态为空，现将元素1、2、3、4、5、A、B、C、D、E依次入栈，然后再依次出栈，则元素出栈的顺序是_____。（2008年9月）

（A）ABCDE12345　　　　　　（B）54321EDCBA

（C）12345ABCDE　　　　　　（D）EDCBA54321

【真题12】一个栈的初始状态为空。首先将元素5，4，3，2，1依次入栈，然后退栈一次，再将元素A，B，C，D依次入栈，之后将所有元素全部退栈，则所有元素(包括中间退栈的元素)退栈的顺序为_____。（2010年9月）

要点4：线性链表、双向链表与循环链表

【真题13】下列叙述中正确的是_____。（2008年9月）

（A）顺序存储结构能存储有序表，链式存储结构不能存储有序表

（B）链式存储结构比顺序存储结构节省存储空间

（C）顺序存储结构的存储一定是连续的，链式存储结构的存储空间不一定是连续的

（D）顺序存储结构只针对线性结构，链式存储结构只针对非线性结构

【真题 14】下列叙述中正确的是_____。（2007 年 9 月）

（A）程序设计语言中的数组一般是顺序存储结构，因此，利用数组只能处理线性结构

（B）由于计算机存储空间是向量式的存储结构，因此，数据的存储结构一定是线性结构

（C）数据的逻辑结构与存储结构必定是一一对应的

（D）以上 3 种说法都不对

要点 5：二叉树

【真题 15】某二叉树有 5 个度为 2 的结点，则该二叉树中的叶子结点数是_____。（2009 年 3 月）

（A）6　　　　　（B）4　　　　　（C）10　　　　　（D）8

【真题 16】深度为 5 的满二叉树有_____个叶子节点。（2008 年 4 月）

【真题 17】一棵二叉树中共有 70 个叶子节点与 80 个度为 1 的结点，则该二叉树总结点数为_____。（2007 年 9 月）

（A）229　　　　（B）231　　　　（C）219　　　　（D）221

【真题 18】某二叉树中有 n 个度为 2 的结点，则该二叉树中的叶子结点数为_____。（2007 年 3 月）

（A）2n　　　　（B）n/2　　　　（C）n+1　　　　（D）n–1

【真题 19】下列二叉树进行中序遍历的结果是_____。（2008 年 9 月）

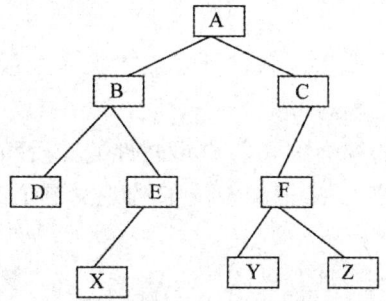

【真题 20】某二叉树有 5 个度为 2 的结点以及 3 个度为 1 的结点，则该二叉树中共有_____个结点。（2009 年 9 月）

【真题 21】一棵二叉树有 10 个度为 1 的结点，7 个度为 2 的结点，则该二叉树有_____个结点。（2010 年 9 月）

第 15 章　软件工程基础

本章主要介绍了软件工程的基本概念、结构化分析和结构化设计的相关方法、软件测试和软件调试的理论；详细介绍了软件的概念、软件生命周期的概念及各阶段所包含的活动，概要设计与详细设计的概念、模块独立性及度量标准，详细设计常用的工具，软件测试的目的、四个步骤及软件调试的任务等。

15.1　软件工程基本概念

15.1.1　软件定义与软件特点

1. 软件的定义

软件就是与计算机系统的操作有关的计算机程序、规程、规则以及可能有的文件、文档及数据。

2. 软件的特点

（1）软件是一种逻辑实体，而不是物理实体，具有抽象性。

（2）软件的生产与硬件不同，它没有明显的制作过程。

（3）软件在运行、使用期间不存在磨损、老化问题；但为了适应硬件、环境以及需求的变化要进行修改，会导致一些错误的引入，导致软件失效率升高，从而使得软件退化。

（4）软件的开发、运行对计算机系统具有依赖性，受到计算机系统的限制，这导致了软件移植的问题。

（5）软件复杂性高，成本昂贵。软件开发需要投入大量、高强度的脑力劳动，成本高，风险大。

（6）软件开发涉及诸多的社会因素。许多软件的开发和运行涉及软件用户的机构设置，体制问题以及管理方式等，甚至涉及人们的观念和心理，软件知识产权及法律等问题。

3. 软件的分类

按功能可分为以下 3 类。

（1）应用软件：为解决特定领域的应用而开发的软件。

（2）系统软件：是计算机管理自身资源，提高计算机使用效率并为计算机用户提供各种服务的软件。

（3）支撑软件（或工具软件）：介于系统软件和应用软件之间，协助用户开发软件的工具性软件，包括辅助、支持开发和维护应用软件的工具软件。

15.1.2　软件危机与软件工程

1. 软件危机

软件危机泛指在计算机软件的开发和维护过程中遇到的一系列严重问题。它主要表现如下：

（1）软件需求的增长得不到满足，用户对系统不满意的情况经常发生。

（2）软件开发成本和进度无法控制，开发的成本超预算和开发周期的超期经常出现。

（3）软件质量难以保证。

（4）软件不可维护或维护程度非常低。

（5）软件成本不断提高。

（6）软件开发生产率的提高赶不上硬件的发展和应用需求的增长。

2. 软件工程

（1）软件工程的定义：是应用于计算机软件的定义、开发和维护的一整套方法、工具、文档、实践标准和工序。

（2）软件工程包括如下 3 个要素。①方法：完成软件工程项目的技术手段；②工具：支持软件的开发、管理、文档生成；③过程：支持软件开发的各个环节的控制、管理。

15.1.3　软件工程过程与软件生命周期

1. 软件工程过程

软件工程过程是把输入转化为输出的一组彼此相关的资源和活动。支持软件工程过程的两方面内涵如下。

（1）软件工程过程是指为获得软件产品，在软件工具支持下由软件工程师完成的一系列软件工程活动。它包括以下 4 种基本活动：

P——软件规格说明。规定软件的功能及其运行时的限制。

D——软件开发。产生满足规格说明的软件。

C——软件确认。确认软件能够满足客户提出的要求。

A——软件演进过程。为满足客户的变更要求，软件必须在使用的过程中演进。

（2）使用适当的资源（包括人员、硬软件工具、时间等），为开发软件进行的一组开发活动，在过程结束时将输入（用户要求）转化为输出（软件产品）。

软件工程过程是将软件工程的方法和工具综合起来，以达到合理、及时地进行计算机软件开发的目的。

2. 软件生命周期

将软件产品从提出、实现、使用维护到停止使用的过程称为软件生命周期。软件产品从开始考虑其概念开始，到软件产品不能使用为止的整个时期都属于软件生命周期，一般包括可行性研究与需求分析、设计、实现、测试、交付使用以及维护等活动。这些活动可以有重复，执行时也可以有迭代。

生命周期的主要阶段分为软件定义、软件开发和软件维护 3 个阶段。

软件生命周期的主要活动阶段如下：

（1）可行性研究与计划制定：确定待开发软件系统的开发目标和总的要求，给出它的功能、性能、可靠性以及接口等方面的可能方案，制订完成开发任务的实现计划。

（2）需要分析：对待开发软件提出的需求进行分析并给出详细的定义。

（3）软件设计：系统设计人员和程序设计人员给出软件的结构、模块的划分、功能的分配以及处理流程。

（4）软件实现：把软件设计转换成计算机可以接受的程序代码，即完成源程序的编码，编写用户手册、操作手册等面向用户的文档，编写单元测试计划。

（5）软件测试：在设计测试用例的基础上，检验软件的各个组成部分，编写测试分析报告。

（6）运行和维护：将已交付的软件投入运行，并在运行使用中不断地维护，根据新提出的需求进行必要且可能的扩充和删改。

15.1.4 软件工程的目标与原则

1. 软件工程的目标

软件工程的目标：在给定成本、进度的情况下，开发出具有有效性、可靠性、可理解性、可维护性、可重用性、可适应性、可移植性、可追踪性和可互操作性且满足用户需求的产品。

软件工程需要达到的基本目标：

（1）付出较低的开发成本。

（2）达到要求的软件功能。

（3）取得较好的软件性能。

（4）开发的软件易于移植。

（5）需要较低的维护费用。

（6）能按时完成开发，及时交付使用。

2. 软件工程的原则

（1）抽象：抽取事物基本的特征和行为，忽略非本质细节。采用分层次抽象，自顶向下，逐层细化的办法控制软件开发过程的复杂性。

（2）信息隐蔽：采用封装技术，将程序模块的实现细节隐藏起来，使模块接口尽量简单。

（3）模块化：模块是程序中相对独立的成分，一个独立的编程单位，应有良好的接口定义，块太大会使模块内部过度复杂，不利于对模块的理解和修改，也不利于模块的调试和重用；模块太小会使程序结构过于复杂，难于控制。

（4）局部化：在同一个物理模块中集中逻辑上相互关联的计算资源，保证模块间具有松散的耦合关系，模块内部有较强的内聚性。

（5）确定性：所有的概念表达应是确定、无歧义且规范的。

（6）一致性：包括程序、数据和文档的整个软件系统的各模块应使用已知的概念、符号和术语；程序内外部接口保持一致，系统规格说明与系统行为应保持一致。

（7）完备性：软件系统不丢失任何重要成分，完全实现系统所需要的功能。

（8）可验证性：开发大型软件系统需要对系统自顶向下，逐层分解。

15.1.5　软件开发工具与软件开发环境

1. 软件开发工具

早期的软件开发，使用的是单一的程序设计语言，没有相应的开发工具，效率很低，随着软件开发工具的发展，提供了自动的或半自动的软件支撑环境，为软件开发提供了良好的环境。

2. 软件开发环境

软件开发环境或称软件工程环境是全面支持软件开发全过程的软件工具集合。

计算机辅助软件工程将各种软件工具、开发机器和一个存放开发过程信息的中心数据库结合起来，形成软件工程环境。

15.2　结构化分析方法

15.2.1　需求分析与需求分析方法

1. 需求分析

软件需求分析是指用户对目标软件系统在功能、行为、性能、设计约束等方面的期望。需求分析的任务是发现需求、求精、建模和定义需求的过程。需求分析阶段的工作分为以下几点。

（1）需求获取：需求获取的目的是确定对目标系统的各方面需求。

（2）需求分析：对获取的需求进行分析和综合，最终给出系统的解决方案和目标系统的逻辑模型。

（3）编写需求规格说明书：为用户、分析人员和设计人员之间进行交流提供方便。

（4）需求评审：对需求分析阶段的工作进行复审，验证需求文档的一致性、可靠性、完事性和有效性。

2. 需求分析方法

（1）结构化分析方法：①面向数据流的结构化分析方法；②面向数据结构的 Jackson 方法；③面向数据结构的结构化数据系统开发方法。

（2）面向对象的分析方法

从需求分析建立模型的特性分类，需求分析方法又分为静态分析方法和动态分析方法。

15.2.2　结构化分析方法

1. 关于结构化分析方法

结构化分析方法的实质：着眼于数据流，自顶向下，逐层分解，建立系统的处理流程，以数据流图和数据字典为主要工具，建立系统的逻辑模型。

结构化分析的步骤：

（1）通过对用户的调查，以软件需求为线索，获得系统的具体模型。

（2）去掉模型的非本质因素，抽象出系统的逻辑模型。

（3）根据计算机的特点分析当前系统与目标系统的差别，建立目标系统的逻辑模型。

（4）完善目标系统并补充细节，写出目标系统的软件需求规格说明。

（5）评审直到确认完全符合用户对软件的需求。

2. 结构化分析的常用工具

1）数据流图

数据流图从数据传递和加工的角度来刻画数据流从输入到输出的移动变换过程。

数据流图下的图形元素如下：

〇（圆），加工（转换）：输入数据经过加工变换产生输出。

➔（箭头），数据流：沿箭头方向传送数据的通道：一般在旁边标注数据流名。

二（平行的二条直线），存储文件（数据源）：处理过程中存放各种数据的文件。

口（长方形），源，潭：系统和环境的接口，属于系统之外的实体。

2）数据字典

数据字典是结构化分析方法的核心。对数据流图中出现的被命名的图形元素的确切解释，通常包括名称、别名、何处使用/如何使用、内容描述、补充信息等。

3）判定树

利用判定树，对数据结构中的数据之间的关系进行描述，弄清楚判定条件之间的从属关系、并列关系、选择关系。

4）判定表

在数据流图中的加工要依赖多个条件的取值，即完成该加工的一组动作是由于某一组条件取值的组合而引发的。它与判定树相似，但更适用于较复杂的条件组合。

15.2.3 软件需求规格说明书

软件需求规格说明书是需求分析阶段的最后成果，是软件开发的重要文档之一。

1. 作用

（1）便于用户、开发人员进行理解和交流。

（2）反映用户问题的结构，可以作为软件开发工作的基础和依据。

（3）作为确认测试和验收的依据。

2. 内容

在软件计划中对确定的软件范围加以展开，制定出完整的信息描述、详细的功能说明、恰当的检验标准以及其他与要求有关的数据。

3. 特点

软件需求规格说明书是保证软件质量的措施，它具有如下特点：

（1）正确性。

（2）无歧义性。

（3）完整性。

（4）可验证性。

（5）一致性。

（6）可理解性。

（7）可修改性。

（8）可追踪性。

15.3　结构化设计方法

15.3.1　软件设计的基本概念

1. 软件设计的基础

软件设计包括软件结构设计、数据设计、接口设计以及过程设计。其中，结构设计是定义软件系统各主要部件之间的关系；数据设计是将分析时创建的模型转化为数据结构的定义；接口设计是描述软件内部、软件和协作系统之间以及软件与用户之间如何通信；过程设计是把系统结构部件转换成软件的过程性描述。

软件设计的一般过程：软件设计是一个迭代的过程，先进行高层次的结构设计；后进行低层次的过程设计；穿插进行数据设计和接口设计。

2. 软件设计的基本原理

1）抽象

抽象的层次从概要设计到详细设计逐渐降低。在软件概要设计中的模块分层也是由抽象到具体逐步分析和构造出来的。

2）模块化

模块是指把一个待开发的软件分解成若干个小的简单的部分。

模块化是指解决一个复杂问题时自顶向下逐层把软件系统划分成若干个模块的过程。

3）信息隐蔽

在一个模块内包含的信息（过程或数据），对于不需要这些信息的其他模块来说是不能访问的。

4）模块独立性

独立性是指每个模块只完成系统要求的独立的子功能，并且与其他模块的联系最少且接口简单。

衡量软件的模块独立性的标准如下。

内聚性：一个模块内部各个元素间彼此结合的紧密程度的度量。

耦和性：模块间相互连接的紧密程序的度量。

3. 结构化设计方法

将软件设计成相对独立、单一功能的模块组成结构。

15.3.2 概要设计

1. 概要设计的任务

1）设计软件系统结构

设计软件系统结构即将系统划分成模块以及模块的层次结构。

2）数据结构及数据库设计

数据结构设计是实现需求定义和规格说明过程中提出的数据对象的逻辑表示。

数据结构设计的具体任务：①确定输入、输出文件的详细数据结构；②结合算法设计，确定算法所必需的逻辑数据结构及其操作；③确定对逻辑数据结构所必需的那些操作的程序模块，限制和确定各个数据设计决策的影响范围；④需要与操作系统或调度程序接口所必需的控制表进行数据交换时，确定其详细的数据结构和使用规则数据的保护性设计包括防卫性、一致性、冗余性设计。

3）编写概要设计文档

需要编写的文档：概要设计说明书、数据库设计说明书、集成测试计划。

4）概要设计文档评审

需要评审的内容：设计部分是否完整地实现了需求中规定的功能、性能等要求，设计方案的可行性，关键的处理及内外部接口定义的正确性、有效性，各部分之间的一致性等。

2. 面向数据流的设计方法

（1）变换型：将数据流分成3个部分：输入数据、中心变换和输出数据。

（2）事务型：在事务中心接收数据，分析数据以确定它的类型，再选取一条活动的通路。

3. 设计的准则

（1）提高模块的独立性。

（2）模块规模适中。

（3）深度、宽度、扇出和扇入适当。

（4）使模块的作用域在该模块的控制域内。

（5）应减少模块的接口和界面的复杂性。

（6）设计成单入口、单出口的模块。

（7）设计功能可预测的模块。

15.3.3 详细设计

详细设计即软件结构图中的每一个模块确定实现算法和局部数据结构，用某种工具表示算法和数据结构的细节。

常用的设计工具如下。

（1）图形工具：程序流程图、N-S、PAD、HIPO。

（2）表格工具：判定表。

（3）语言工具：PDL（伪码）。

15.4　软件测试

15.4.1　软件测试的目的

使用人工或自动手段来运行或测定某个系统的过程，其目的在于检验它是否满足规定的需求或是否弄清预期的结果与实际结果之间的差别。

15.4.2　软件测试的准则

（1）所有测试应追溯到需求。

（2）严格执行测试计划，排除测试的随意性。

（3）充分注意测试中的群集现象。

（4）程序员应避免检查自己的程序。

（5）穷举测试不可能。

（6）妥善保存测试计划、测试用例、出错统计和最终分析报告，为维护提供方便。

15.4.3　软件测试技术与方法综述

1. 静态测试与动态测试

静态测试包括代码检查、静态结构分析、代码质量度量等。

动态测试是基于计算机的测试，根据软件需求设计测试用例，利用这些用例去运行程序，以发现程序错误的过程。

2. 白盒测试方法与测试用例设计

白盒测试也称结构测试或逻辑驱动测试。

白盒测试的原则：保证所有的测试模块中每一条独立路径至少执行一次；保证所有的判断分支至少执行一次；保证所有的模块中每一个循环都在边界条件和一般条件下至少各执行一次；验证所有内部数据结构的有效性。

主要的方法有逻辑覆盖（包括语句覆盖、路径覆盖、判定覆盖、条件覆盖和判断-条件覆盖）、基本路径测试等。

3. 黑盒测试方法与测试用例设计

黑盒测试方法也称功能测试或数据驱动测试，是对软件已经实现的功能是否满足需求进行测试和验证。

黑盒测试主要诊断功能不对或遗漏、界面错误、数据结构或外部数据库访问错误、性能错误、初始化和终止条件错误。

黑盒测试方法主要有等价类划分法（包括有效等价类和无效等价类）、边界值分析法、错误推测法、因果图等，主要用于软件确认测试。

15.4.4 软件测试的实施

1. 单元测试

对模块进行测试，用于发现模块内部的错误。

2. 集成测试

测试和组装软件的过程，主要用于发现与接口有关的错误。

集成测试包括的内容：软件单元的接口测试、全局数据结构测试、边界条件和非法输入的测试等。

集成测试分为增量方式组装（包括自顶而下、自底而上、自顶向下和自底向上的混合增量方式）与非增量方式组装。

3. 确认测试

验证软件的功能和性能及其他特征是否满足了需求规格说明中确定的各种需求，以及软件配置是否完全、正确。

4. 系统测试

将经过测试后的软件，与计算机的硬件、外设、支持软件、数据和用户等其他元素组合在一起，在实际运行环境中进行一系列的集成测试和确认测试。

15.5 程序的调试

15.5.1 基本概念

程序调试活动包括根据错误的迹象确定程序中错误的确切性质、原因和位置，对程序进行修改，排除错误。

1. 基本步骤

（1）错误定位。

（2）修改设计和代码。

（3）进行回溯测试，防止引进新的错误。

2. 程序调试的原则

（1）确定错误的性质和位置：①分析与错误有关的信息；②避开死胡同；③调试工具只是一种辅助手段，只能帮助思考，不能代替思考；④避免用试探法。

（2）修改错误的原则：①在出现错误的地方，有可能还有别的错误，在修改时，一定要观察和检查相关的代码，以防止其他的错误；②一定要注意错误代码的修改，不要只注意表象，而要注意错误的本身，把问题解决；③注意在修正错误时，可能代入新的错误，错误修改后，一定要进行回归测试，避免产生新的错误；④修改错误也是程序设计的一种形式；⑤修改源代码程序，不要改变目标代码。

15.5.2 软件调试方法

1. 强行排错法

（1）通过内存全部打印来排错。

（2）在程序特定部位设置打印语句——断点法。

（3）自动调试工具。

2. 回溯法

适合小规模程序的排错。发现错误，分析错误表象，确定位置，再回溯到源程序代码，找到错误位置或确定错误范围。

3. 原因排除法

（1）演绎法：是一种从一般原理或前提出发，经过排除和精化的过程来推导出结论的思考方法。

（2）归纳法：从特殊推断出一般的系统化思考方法。其基本思想是从一些线索着手，通过分析寻找到潜在的原因，从而找出错误。

（3）二分法：如果已知每个变量在程序中若干个关键点的正确值，则可以使用定值语句在程序中的某点附近给这些变量赋值，然后运行程序并检查程序的输出。

15.6　历　年　真　题

在笔试中，本章一般占 8 分左右，约 3 道选择题，1 道填空题，是公共基础部分中比较重要的一章。从出题的深度来看，本章主要考察对基本概念的识记，有少量对基本原理的理解，没有实际运用，因此考生在复习本章时，重点应放在基本概念的记忆和基本原理的理解上。

【真题 1】软件按功能可以分为应用软件、系统软件和支撑软件(或工具软件)。下面属于应用软件的是＿＿＿＿＿＿＿。（2009 年 3 月）

（A）教务管理系统　　　　（B）汇编程序

（C）编译程序　　　　　　（D）操作系统

【真题 2】软件是指＿＿＿＿＿＿＿。（2007 年 9 月）

（A）算法和数据结构

（B）程序、数据和相关文档的完整集合

（C）程序

（D）程序和文档

【真题 3】软件按功能可以分为应用软件、系统软件和支撑软件(或工具软件)。下面属于系统软件的是＿＿＿＿＿＿＿。（2010 年 3 月）

（A）教务管理系统　　　　（B）浏览器

（C）编辑软件　　　　　　（D）操作系统

【真题 4】软件是＿＿＿＿＿＿＿、数据和文档的集合。（2010 年 3 月）

【真题 5】软件工程 3 要素包括方法、工具和过程，其中＿＿＿＿＿＿＿支持软件开发的各个环节的控制和管理。（2008 年 9 月）

【真题 6】软件生命周期可分为 3 个阶段：定义阶段、开发阶段和维护阶段。编码和测试属于＿＿＿＿＿＿＿阶段。（2007 年 3 月）

【真题 7】下面描述中，不属于软件危机表现的是＿＿＿＿＿＿＿。（2010 年 9 月）

（A）软件质量难以控制　　　　（B）软件成本不断提高

（C）软件过程不规范　　　　（D）软件开发生产率低

【真题 8】软件生命周期是指＿＿＿＿＿＿＿。（2010 年 9 月）

（A）软件的开发过程

（B）软件的运行维护过程

（C）软件产品从提出、实现、使用维护到停止使用的过程

（D）软件从需求分析、设计、实现到测试完成的过程

【真题 9】数据流图中带有箭头的线段表示的是＿＿＿＿＿＿＿。（2008 年 9 月）

（A）模块调用　　　　　　（B）数据流

（C）控制流　　　　　　（D）事件驱动

【真题 10】在软件开发中，需求分析阶段可以使用的工具是＿＿＿＿＿＿＿。（2008 年 9 月）

（A）PAD　　　（B）程序流程图　　　（C）N-S 图　　　（D）DFD

【真题 11】在结构化分析使用的数据流图（DFD）中，利用＿＿＿＿＿＿＿对其中的图形元素进行确切解释。（2007 年 3 月）

【真题 12】数据流程图(DFD)是＿＿＿＿＿＿＿。（2010 年 3 月）

（A）结构化方法的需求分析工具

（B）面向对象方法的需求分析工具

（C）软件概要设计的工具

（D）软件详细设计的工具

第 16 章　数据库基础

数据库技术是数据管理的最新技术，是计算机科学的重要分支。目前较大的信息系统都是建立在数据库设计之上的。本章对数据库的基础知识进行了简要介绍，包括数据库系统的基本概念数据模型、关系代数、数据库设计与管理。

16.1　数据库系统的基本概念

16.1.1　数据、数据库、数据库管理系统、数据库管理员、数据库系统、数据库应用系统

1. 数据

数据：数据库中存储与处理的对象，是描述事物的符号记录，如数字、文字、图形、图像、声音等。

数据的含义称为数据的语义，数据与其语义是不可分的。例如，学生档案中的学生记录（李明，男，197205，江苏南京市，计算机系，1990），语义：学生姓名、性别、出生年月、籍贯、所在院系、入学时间。解释：李明是个大学生，1972 年 5 月出生，江苏南京市人，1990 年考入计算机系。

2. 数据库

数据库是长期储存在计算机内、有组织的、可共享的大量数据集合。其特征是数据按一定的数据模型组织、描述和储存，可为各种用户共享；冗余度较小；数据独立性较高；易扩展。

3. 数据库管理系统

数据库管理系统（database management system，DBMS）是位于用户与操作系统之间的一层数据管理软件。它的职能是有效地组织和存储数据、获取和管理数据，接受和完成用户提出的访问数据的各种请求。同时还能保证数据的安全性、可靠性、完整性、一致性，还要保证数据的高度独立性。

（1）数据库管理系统功能如下。

①数据模式定义：为数据库构建其数据框架。

②数据存取的物理构建：为数据模式的物理存取与构建提供有效的存取方法与手段。

③数据操纵：为用户使用数据库的数据提供方便，如查询、插入、修改、删除等以及简单的算术运算及统计。

④数据的完整性、安生性定义与检查。

⑤数据库的并发控制与故障恢复。

⑥数据的服务：如拷贝、转存、重组、性能监测、分析等。

（2）数据库管理系统提供如下的数据语言。

①数据定义语言：负责数据的模式定义与数据的物理存取构建。

②数据操纵语言：负责数据的操纵，如查询与增、删、改等。

③数据控制语言：负责数据完整性、安全性的定义与检查以及并发控制、故障恢复等。

数据语言按其使用方式具有两种结构形式：交互式命令(又称自含型或自主型语言)和宿主型语言（一般可嵌入某些宿主语言中）。

4. 数据库管理员

对数据库进行规划、设计、维护、监视等的专业管理人员。

5. 数据库系统

在计算机系统中引入数据库后的系统。由数据库（数据）、数据库管理系统（软件）、数据库管理员（人员）、硬件平台（硬件）、软件平台（软件）5 个部分构成的运行实体。

6. 数据库应用系统

由数据库系统、应用软件及应用界面 3 个方面组成。

16.1.2 数据库系统的发展

随着计算机软硬件技术的发展，数据管理技术也经历了从低级到高级的发展过程，按照数据管理的特点可将其划分为人工管理、文件系统及数据库系统 3 个阶段。

1. 人工管理阶段(20 世纪 40 年代中期~50 年代中期)

计算机主要用于数值科学计算。当时的硬件状况是外存只有纸带、卡片、磁带，没有直接存取设备；软件状况是没有操作系统以及管理数据的软件；数据处理方式是批处理。特点如下。

（1）数据的管理者：应用程序、数据不保存。

（2）数据面向的对象：某一应用程序。

（3）数据的共享程度：无共享、冗余度极大。

（4）数据的独立性：不独立，完全依赖于程序。

（5）数据的结构化：无结构。

（6）数据控制能力：应用程序自己控制。

2. 文件系统阶段(20 世纪 50 年代末期~60 年代中期)

应用需求为科学计算、数据管理；硬件水平为出现磁盘、磁鼓；软件水平为有文件系统；处理方式为联机实时处理、批处理。特点如下。

（1）数据的管理者：文件系统、数据可长期保存。

（2）数据面向的对象：某一应用程序。

（3）数据的共享程度：共享性差、冗余度大。

（4）数据的结构化：记录内有结构，整体无结构。

（5）数据的独立性差：独立性差，数据的逻辑结构改变必须修改应用程序。

（6）数据控制能力：应用程序自己控制。

3. 数据库系统阶段(20 世纪 60 年代末期以来)

应用需求为大规模管理；硬件水平为出现大容量磁盘；软件水平为出现数据库管理系统；处理方式为联机实时处理、分布处理和批处理。特点如下。

（1）数据的结构化。

（2）数据的共享性高，冗余度低，易扩充。

（3）数据的独立性高。

（4）数据由 DBMS 统一管理和控制。

16.1.3　数据库系统的基本特点

1. 数据结构化

整体数据的结构化是数据库的主要特征之一，　整体结构化指数据不再仅针对某一个应用，而是面向全组织，不仅数据内部结构化，而且数据整体是结构化的，数据之间具有联系。

2. 数据的共享性高，冗余度低，易扩充

数据库系统从整体角度看待和描述数据，数据面向整个系统，可以被多个用户、多个应用共享使用。

数据共享的好处：

（1）减少数据冗余，节约存储空间。

（2）避免数据之间的不相容性与不一致性。

（3）使系统易于扩充。

3. 数据的独立性高

数据的独立性是指数据与程序间的互不依赖性，即数据的逻辑结构、存储结构与存取方式的改变不会影响应用程序。

（1）物理独立性指用户的应用程序与存储在磁盘上的数据库中数据是相互独立的。当数据的物理存储改变了，应用程序不用改变。

（2）逻辑独立性指用户的应用程序与数据库的逻辑结构是相互独立的。数据的逻辑结构改变了，用户程序也可以不变，即数据的物理结构（包括存储结构、存取方式）的改变，不会影响数据库的逻辑结构，即不会引起应用程序的变化。

4. 数据统一管理与控制

（1）数据的安全性（security）保护。即保护数据，以防止不合法的使用造成的数据的泄密和破坏。每个用户只能按规定对某些数据以某些方式进行使用和处理。

（2）数据的完整性（integrity）检查。数据的完整性指数据的正确性、有效性和相容性。将数据控制在有效的范围内，或保证数据之间满足一定的关系。

（3）并发（concurrency）控制。对多用户的并发操作加以控制和协调，防止相互干扰而得到错误的结果。

（4）数据库恢复（recovery）。将数据库从错误状态恢复到某一已知的正确状态。

16.1.4　数据库系统的内部体系结构

数据库系统的内部具有三级模式和二级映象。

1. 数据库系统的三级模式

数据模式是数据库系统中数据结构的一种表示形式，它具有不同的层次与结构方式。

（1）模式（也称逻辑模式）是数据库中全体数据的逻辑结构和特征的描述。所有用户的公共数据视图，综合了所有用户的需求。

（2）外模式又称子模式或用户模式，数据库用户（包括应用程序员和最终用户）看见和使用的局部数据的逻辑结构和特征的描述。

（3）内模式又称物理模式，它给出数据库物理存储结构与物理存储方法，如数据存储的文件结构、索引、集簇及 hash 等存取方式与存取路径，内模式的物理性主要体现在操作系统及文件级上。内模式对一般的用户是透明的，但它的设计直接影响数据库系统的性能。

模式的 3 个级别层次反映了模式的 3 个不同环境以及它们的不同要求，其中内模式处于最底层，它反映数据在计算机物理结构中的实际存储形式；概念模式处于中层，它反映了设计者的数据全局逻辑要求；而外模式处于最外层，通过两种映射由物理数据库映射而成，它反映用户对数据的要求。

2. 数据库系统的二级映像

数据库系统的三级模式是对数据的 3 个级别抽象，它把数据的具体物理实现留给物理模式，使全局设计者不必关心数据库的具体实现与物理背景；二级映像在 DBMS 内部实现这 3 个抽象层次的联系和转换，使概念模式与外模式虽然并不物理存在，但也能通过映射获得实体。同时，两级映射也保证了数据库系统中数据的独立性。

两级模式的映射如下：

（1）外模式／模式映像。该映像给出了外模式与模式之间的对应关系，通常包含在各外模式的描述中。外模式／模式映像保证了数据的逻辑独立性，即当模式改变时，数据库管理员修改有关的外模式／模式映像，使外模式保持不变。应用程序是依据数据的外模式编写的，从而应用程序不必修改，保证了数据与程序的逻辑独立性，简称数据的逻辑独立性。

（2）模式／内模式映像。该映射给出模式中数据的全局逻辑结构到数据的物理存储结构间的对应关系，通常包含在模式的描述中。保证数据的物理独立性。当数据库的存储结构改变时（如选用了另一种存储结构），数据库管理员修改模式／内模式映像，使模式保持不变，应用程序不受影响。保证了数据与程序的物理独立性，简称数据的物理独立性。

16.2　数　据　模　型

16.2.1　数据模型的基本概念

数据是现实世界符号的抽象，而数据模型是数据特征的抽象，它从抽象层次上描述了系统的静态特征、动态行为和约束条件，为数据库系统的信息表示与操作提供了一个抽象的框架。

数据模型的种类很多，目前广泛使用的可分为两种类型。一种是独立于计算机系统的数据模型，不涉及信息在计算机中的表示，只是用来描述某个特定组织所关心的信息结构，这种模型称为概念数据模型。概念模型是按用户的观点对数据建模，强调其语义表达能力，概念应该简单、清晰、易于用户理解，它是对现实世界的第一层抽象，是用户和数据库设计人员之间进行交流的工具。其典型代表就是著名的实体–关系模型（E-R 模型）。另一种数据模型是直接面向数据库的逻辑结构，这种模型直接与数据库管理系统有关，称为逻辑数据模型，包括层次模型、网状模型、关系模型和面向对象模型。逻辑数据模型应该包含数据结构、数据操作和数据完整性约束 3 个部分。

（1）数据结构：描述数据的类型、内容、性质及数据间的联系等。

（2）数据操作：主要描述在相应的数据结构上的操作类型与操作方式。

（3）数据的完整性约束条件：主要描述数据结构内数据间的语法、语义联系，它们之间的制约与依存关系以及数据动态变化的规则，以保证数据的正确、有效与相容。

16.2.2　E-R 模型

1. E-R 模型的基本要素

E-R 模型（entity-relationship model），即实体联系模型，是描述现实世界的概念模型。构成 E-R 图的基本要素是实体、属性和联系。

1）实体

客观存在并可相互区别的事物称为实体（entity），可以是具体的人、事、物或抽象的概念。

2）属性

实体所具有的某一特性称为属性。一个实体可以由若干个属性来刻画。

3）联系

现实世界中事物内部以及事物之间的联系在信息世界中反映为实体内部的联系和实体之间的联系。实体内部的联系通常指组成实体的各属性之间的联系。实体之间的联系通常指不同实体集之间的联系。联系分为两个实体集间的联系、多个实体集之间的联系和一个实体集内部的联系。

2. 两个实体集间的联系

1）一对一的联系

如果对于实体集 A 中每一个实体，实体集 B 中至多有一个实体与之联系，反之亦然，则称实体集 A 与实体集 B 具有一对一联系，记为 1:1。

2）一对多的联系

如果对于实体集 A 中每一个实体，实体集 B 中有 n 个实体（n≥0）与之联系，反之，对于实体集 B 中每一个实体，实体集 A 中至多只有一个实体与之联系，则称实体集 A 与实体集 B 具有一对多联系，记为 1:n。

3）多对多的联系

如果对于实体集 A 中每一个实体，实体集 B 中有 n（n≥0）个实体与之联系，反之，对于实体集 B 中每一个实体，实体集 A 中也有 m（m≥0）个实体与之联系，则称实体集 A 与实体集 B 具有多对多联系，记为 m:n。

3. E-R 模型提供了表示实体型、属性和联系的方法

（1）实体型用矩形表示，矩形框内写明实体名。

（2）属性用椭圆形表示，并用无向边将其与相应的实体连接起来。

（3）联系用菱形表示，菱形框内写明联系名，并用无向边分别与有关实体连接起来，同时在无向边旁标上联系的类型（1:1、1:n 或 m:n）。

（4）联系的属性：联系也是一种实体型，也可以有属性。如果一个联系具有属性，则这些属性也要用无向边与该联系连接起来。

16.2.3　层次模型

若用图表示，层次模型是一棵倒立的树，如图 16-1 所示。在数据库中，满足以下两个条件的数据模型称为层次模型。

（1）有且仅有一个结点，无父结点，这个结点称为根结点。

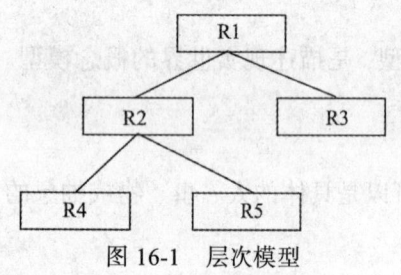

图 16-1　层次模型

（2）其他结点有且仅有一个父结点。

在层次模型中，结点层次从根开始定义，根为第一层，根的子结点为第二层，根为其子结点的父结点，同一父结点的子结点称为兄弟结点，没有子结点的结点称为叶结点。

层次模型表示的是一对多的关系，即一个父节点可以对应多个子节点。

R1 是根节点，R2、R3 是 R1 的子结点，它们互为兄弟结点；R4、R5 为 R2 的子结点，它们也互为兄弟节点；R3、R4、R5 是叶子结点。

其中，每一个节点都代表一个实体型，各实体型由上而下是 1:n 的联系。

支持层次模型的 DBMS 称为层次数据库管理系统，在这种数据库系统中建立的数据库是层次数据库。

层次数据模型支持的操作主要有查询、插入、删除和更新。

层次模型的优点是简单、直观、处理方便、算法规范；缺点是不能表达含有多对多关系的复杂结构。

16.2.4　网状模型

若用图表示，网状模型是一个网络，如图 16-2 所示。在数据库中，满足以下两个条件的数据模型称为网状模型。

（1）允许一个以上的结点无父结点，一个结点可以有一个以上的父结点。

（2）允许两个结点间有两种以上的联系，即允许结点间有复合链，用网络表示某种联系。

由于在网状模型中子结点与父结点的联系不是唯一的，所以要为每个联系命名，并指出与该联系有关的父结点和子结点。

在网状模型中，R1 与 R4 之间的联系命名为 L1；R1 与 R3 之间的联系命名为 L2；R2 与 R3 之间的联系命名为 L3；R3 与 R5 之间的联系命名为 L4；R4 与 R5 之间的联系命名为 L5。R1 为 R3 和 R4 的父结点，R2 也是 R3 的父结点，R1 和 R2 没有父结点。

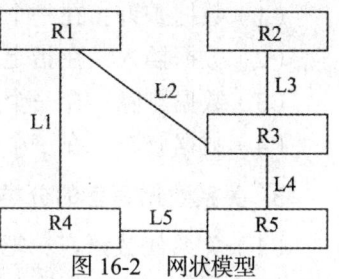

图 16-2　网状模型

网状模型是一个不加任何条件限制的无向图。它没有层次模型那样需要严格满足的条件，相对比较灵活。

通常的操作方式是将网状模型分解成若干个二级树，即只有两个层次的树。

在网状模型标准中，基本结构简单二级树称为系，系的基本数据单位是记录，它相当于 E-R 模型中的实体集；记录又可由若干数据项组成，它相当于 E-R 模型中的属性。

网状模型的优点是可以表示复杂的数据结构，存取数据的效率比较高；缺点是结构复杂，每个问题都有其相对的特殊性，实现的算法难以规范化。

16.2.5　关系模型

1. 关系的数据结构

关系模型用二维表来表示，简称表。表头即属性的集合，在表中每一行存放数据，称为元组。

二维表要求满足的条件：

（1）二维表中元组的个数有限。

（2）元组在二维表中的唯一性，在同一个表中不存在完全相同的两个元组。

（3）二维表中元组的顺序无关，可以任意调换。

（4）元组中的各分量不能再分解。

（5）二维表中各属性名唯一。

（6）二维表中各属性的顺序无关。

（7）二维表属性的分量具有与该属性相同的值域。

码是能够唯一标识一条元组的属性或属性的组合集。例如，在学生表中，可以用学号来唯一标识某个学生，即学号可以作为该表的码。在二维表中凡是能够唯一标识元组的最小属性集称为该表的键或码。二维表中可能有若干个键码，称为候选码。从二维表的所有候选码中选取一个作为用户使用的主码。

主属性：包含在任何一个候选码中的属性，叫主属性。

非主属性：不包含在任何一个码中的属性叫非主属性或非码属性。

外码：如果表中的一个属性不是本表的码，而是另外一个表的码，则该属性称为外码。例如，学号在选修表中不是码，而在学生表中是码，则学号是选修表的外码。

主码和外码提供了一个表示关系间联系的手段。

2. 关系的数据操作

关系模型的数据操作是建立在关系上的数据操作，一般有查询、插入、删除和修改。

（1）数据查询：在一个或多个关系中查询指定的元组。

（2）数据插入：在指定的关系中插入一个或多个元组。

（3）数据删除：在一个关系中删除一个或多个元组。

（4）数据修改：在一个关系中修改指定的元组与属性。

3. 关系数据语言的分类

（1）关系代数语言：把关系当做集合，用集合运算和特殊的关系运算来表达查询要求和条件，是一种抽象的查询语言。

（2）关系演算语言：用谓词来表达查询要求和条件，谓词变元的基本对象可以是元组变量或域变量，故可分为元组关系演算和域关系演算两类，是一种抽象的查询语言。

（3）SQL：介于关系代数和关系演算之间，集 DDL、DML 和 DCL 于一身的关系数据语言。

4. 关系的完整性约束条件

关系完整性是为保证数据库中数据的正确性和相容性，对关系模型提出的某种约束条件或规则。

完整性约束分类：实体完整性约束、参照完整性约束和用户定义完整性约束。

（1）实体完整性约束。实体完整性是指关系的主关键字不能重复也不能取空值。

一个关系对应现实世界中一个实体集。现实世界中的实体是可以相互区分、识别的，即它们应具有某种唯一性标识。在关系模式中，以主关键字作为唯一性标识，而主关键字中的属性(称为主属性)不能取空值，否则，表明关系模式中存在不可标识的实体(因为空值是不确定的)，这与现实世界的实际情况相矛盾，这样的实体就不是一个完整实体。按实体完整性规则要求，主属性不得取空值，如主关键字是多个属性的组合，则所有主属性均不得取空值。

（2）参照完整性约束。参照完整性是定义建立关系之间联系的主关键字与外部关键字引用的约束条件。

关系数据库中通常都包含多个存在相互联系的关系，关系与关系之间的联系是通过公共属性来实现的。所谓公共属性，是一个关系 R(称为被参照关系或目标关系)的主关键字，同时又是另一关系 K(称为参照关系)的外部关键字。如果参照关系 K 中外部关键字的取值，要么与被参照关系 R 中某元组主关键字的值相同，要么取空值，那么在这两个关系间建立关联的主关键字和外部关键字引用，符合参照完整性规则要求。如果参照关系 K 的外部关键字也是其主关键字，根据实体完整性要求，主关键字不得取空值，因此，参照关系 K 外部关键字的取值实际上只能取相应的被参照关系 R 中已经存在的主关键字值。

（3）用户定义完整性约束。实体完整性和参照完整性适用于任何关系型数据库系统，它主要是针对关系的主关键字和外部关键字取值必须有效而作出的约束。用户定义完整性则是根据应用环境的要求和实际的需要，对某一具体应用所涉及的数据提出约束性条件。这一约束机制一般不应由应用程序提供，而应由关系模型提供定义并检验，用户定义完整性主要包括字段有效性约束和记录有效性。

16.3　关　系　代　数

关系代数是一种抽象的查询语言，是关系数据操纵语言的一种传统表达方式。它是用对关系的运算来表达查询的。关系运算符有 4 类：集合运算符、专门的关系运算符、算术比较符和逻辑运算符，如表 16-1 所示。

表 16-1 关系运算符

运算符		含义	运算符		含义
集合运算符	∪	并	比较运算符	>	大于
	−	差		≥	大于等于
	∩	交		<	小于
				≤	小于等于
				= ≠	等（不等）于
专门的关系运算符	×	笛卡儿积	逻辑运算符	¬	非
	σ	选择		∧	与
	π	投影		∨	或
	⋈	连接			
	÷	除			

根据运算符的不同，关系代数运算可分为传统的集合运算和专门的关系运算。

16.3.1　传统的集合运算

传统的集合运算是从关系的水平方向进行的，主要包括并、差、交及广义笛卡儿积。

1. 并(union)

关系 R 与 S 的并记为

$$R \cup S = \{t \in R \lor t \in S\}$$

2. 差(difference)

关系 R 与 S 的差记为

$$R - S = \{t \in R \land t \notin S\}$$

3. 交(intersection)

关系 R 与 S 的交记为

$$R \cap S = \{t \in R \land t \in S\}$$

4. 广义笛卡儿积(extended cartesian product)

两个分别为 n 目和 m 目的关系 R 和 S 的广义笛卡儿积是一个(n+m)列的元组的集合。元组的前 n 列是关系 R 的一个元组，后 m 列是关系 S 的一个元组。若 R 有 K1 个元组，S 有 K2 个元组。则 R 和 S 的广义笛卡儿积有 K1×K2 个元组。记为

$$R \times S = \{\widehat{t_r t_s} \mid t_r \in R \land t_s \in S\}$$

16.3.2 专门的关系运算

专门的关系运算既可以从关系的水平方向进行运算，又可以向关系的垂直方向运算。

1. 选择(selection)

选择运算是从关系的水平方向进行运算，是从关系 R 中选择满足给定条件的诸元组，记为

$$\sigma_F（R）=\{t[A]|t\in R \wedge F(t)='真'\}$$

2. 投影(projection)

投影运算是从关系的垂直方向进行运算，在关系 R 中选择出若干属性列组成新的关系，记为

$$\pi_A（R）=\{t[A]|t\in R\}$$

3. 连接(join)

连接分为 θ 连接、等值连接及自然连接 3 种，分述如下：

（1）θ连接：从两个关系的笛卡儿积中选取属性间满足一定条件的元组。记为

$$R\underset{A\theta B}{\bowtie}S=\{\widehat{t_r t_s}\mid t_r\in R \wedge t_s\in S \wedge t_r[A]\,\theta\,t_s[B]\}$$

其中，θ是比较运算符，A 和 B 分别为 R 和 S 上度数相等，且可比的属性组。

（2）等值连接：当 θ 为"="时，称为等值连接，记为

$$R\underset{A=B}{\bowtie}S=\{\widehat{t_r t_s}\mid t_r\in R \wedge t_s\in S \wedge t_r[A]=t_s[B]\}$$

（3）自然连接：一种特殊的等值连接，它要求两个关系中进行比较的分量必须是相同的属性组，并且在结果中将重复属性列去掉。若 R 和 S 具有相同的属性组 B，则自然连接可以记为

$$R\bowtie S=\{\widehat{t_r t_s}\mid t_r\in R \wedge t_s\in S \wedge t_r[B]=t_s[B]\}$$

一般连接是从关系的水平方向运算，而自然连接不仅要从关系的水平方向，还要从关系的垂直方向运算。

4. 除(division)

除运算是从关系的水平方向和垂直方向同时进行运算。

给定关系 R(X，Y)和 S(Y，Z)，X，Y，Z 为属性组。R÷S 应当满足元组在 X 上的分量值 x 的象集 Yx 包含 S 在 Y 上投影的集合。记为

$$R\div S=\{t_r[X]\mid t_r\in R \wedge \pi_y[S]\subseteq Y_x\}$$

其中，Yx 为 x 在 R 中的象集，x = t_r[X]。

例如设教学数据库中有 3 个关系：

学生关系 S(SNO,SNAME,AGE,SEX)

学习关系 SC(SNO,CNO,GRADE)

课程关系 C(CNO,CNAME,TEACHER)

用关系代数表达式表达每个查询语句。

（1）检索学习课程号为 C2 的学生学号与成绩。

$$\pi_{SNO, GRADE}(\sigma_{CNO='C2'}(SC))$$

（2）检索学习课程号为 C2 的学生学号与姓名。

$$\pi_{SNO, SNAME}(\sigma_{CNO='C2'}(S \bowtie SC))$$

由于这个查询涉及 S 和 SC 两个关系，因此先对这两个关系进行自然连接，同一位学生的有关的信息，然后再执行选择投影操作。

此查询亦可等价地写为

$$\pi_{SNO, SNAME}(S) \bowtie (\pi_{SNO}(\sigma_{CNO='C2'}(SC)))$$

这个表达式中自然连接的右分量为学了 C2 课的学生学号的集合。这个表达式比前一个表达式优化，执行起来要省时间，省空间。

（3）检索选修课程名为 MATHS 的学生学号与姓名。

$$\pi_{SNO, SANME}(\sigma_{CNAME='MATHS'}(S \bowtie SC \bowtie C))$$

（4）检索选修课程号为 C2 或 C4 的学生学号。

$$\pi_{SNO}(\sigma_{CNO='C2' \lor CNO='C4'}(SC))$$

（5）检索至少选修课程号为 C2 或 C4 的学生学号。

$$\pi_1(\sigma_{1=4 \land 2='C2' \land 5='C4'}(SC \times SC))$$

其中，（SC×SC）表示关系 SC 自身相乘的乘积操作，数字 1，2，4，5 都为它的结果关系中的属性序号。

比较这一题与上一题的差别。

（6）检索不学 C2 课的学生姓名与年龄。

$$\pi_{SNAME, AGE}(S) - \pi_{SNAME, AGE}(\sigma_{CNO='C2'}(S \bowtie SC))$$

这个表达式用了差运算，差运算的左分量为全体学生的姓名和年龄，右分量为学了 C2 课的学生姓名与年龄。

（7）检索学习全部课程的学生姓名。

编写这个查询语句的关系代数过程如下：

① 学生选课情况可用 $\pi_{SNO,CNO}(SC)$ 表示。

② 全部课程可用 $\pi_{CNO}(C)$ 表示。

③ 学了全部课程的学生学号可用除法操作表示。

操作结果为学号 SNO 的集合，该集合中每个学生（对应 SNO）与 C 中任一门课程号 CNO 配在一起都在 $\pi_{SCO, CNO}$（SC）中出现（即 SC 中出现），所以结果中每个学生都学了全部的课程（这是除法操作的含义）：

$$\pi_{SNO,CNO}(SC) \div \pi_{CNO}(C)$$

④ 从 SNO 求学生姓名 SNAME，可以用自然连接和投影操作组合而成：

$$\pi_{SNAME}(S \bowtie (\pi_{SNO,CNO}(SC) \div \pi_{CNO}(C)))$$

这就是最后得到的关系代数表达式。

（8）检索所学课程包含 S3 所学课程的学生学号。

注意：学生 S3 可能学多门课程，所以要用到除法操作来表达此查询语句。

学生选课情况可用操作 $\pi_{SNO,CNO}(SC)$ 表示。

所学课程包含学生 S3 所学课程的学生学号，可以用除法操作求得：

$$\pi_{SNO,CNO}(SC) \div \pi_{CNO}(\sigma_{SNO='S3'}(SC))$$

16.4　数据库设计与管理

16.4.1　数据库应用系统的设计步骤

按规范设计的方法可将数据库设计分为以下 6 个阶段：

（1）需求分析。

（2）概念结构设计。

（3）逻辑结构设计。

（4）数据库物理设计。

（5）数据库实施。

（6）数据库运行和维护。

16.4.2　需求分析

需求收集和分析，收集基本数据和数据流图。

主要任务是通过详细调查现实世界要处理的对象（组织、部门、企业等），充分了解原系统的工作概况，明确用户的各种需求，在此基础上确定新系统的功能。需求分析的重点是调查、收集与分析用户在数据管理中的信息要求、处理要求、安全性与完整性要求。

在众多的分析和表达用户需求中，结构化分析（structured analysis，SA）是一个简单实用的方法。SA 方法用自顶向下、逐层分解的方式分析系统。用数据流图，数据字典描述系统。然后把一个处理功能的具体内容分解为若干子功能，每个子功能继续分解，直到把系统的工作过程表达清楚为止。在处理功能逐步分解的同时，它们所用的数据也逐级分解，形成若干层次的数据流图。数据流图表达了数据和处理过程的关系。处理过程的处理逻辑常用判定表或判定树来描述。数据字典则是对系统中数据的详尽描述，是各类数据属性的清单。对数据库应用系统设计来讲，数据字典是进行详细的数据收集和数据分析所获得的主要结果。数据字典是各类数据描述的集合，通常包括以下 5 个部分。

（1）数据项，是数据最小单位。

（2）数据结构，是若干数据项有意义的集合。

（3）数据流，可以是数据项，也可以是数据结构。表示某一处理过程的输入输出。

（4）数据存储，处理过程中存取的数据。常是手工凭证、手工文档或计算机文件。

（5）处理过程，具体处理逻辑一般用判定表或判定树来描述。数据字典中只需要描述处理过程的说明性信息。

16.4.3　概念结构设计

将需求分析得到的用户需求抽象为信息结构即概念模型的过程就是概念结构设计,概念结构是各种数据模型的共同基础,它比数据模型更独立于机器、更抽象,从而更加稳定,概念结构设计是整个数据库设计的关键。概念结构独立于数据库逻辑结构,独立于支持数据库的 DBMS,也独立于具体计算机软件和硬件系统。

1. 主要特点

(1)能充分地反映现实世界,包括实体和实体之间的联系,能满足用户对数据处理的要求,是现实世界的一个真实的模型或接近真实的模型。

(2)易于理解,从而可以和不熟悉计算机的用户交换意见。用户的积极参与是数据库应用系统设计成功的关键。

(3)易于更改。当现实世界改变时容易修改和扩充,特别是软件、硬件环境变化时更应如此。

(4)易于向关系、网状或层次等各种数据模型转换。

2. 概念结构的设计策略

描述概念结构的有力工具是 E-R 模型。设计概念结构的策略有以下 4 种。

(1)自顶向下:首先定义全局概念结构的框架,然后逐步细化。

(2)自底向上:首先定义各局部应用的概念结构,然后将它们集成,得到全局概念结构。

(3)逐步扩张:首先定义最重要的核心概念结构,然后向外扩充,以“滚雪球”的方式逐步生成其他概念结构,直至总体概念结构。

(4)混合策略:自顶向下和自底向上相结合的方法。用自顶向下策略设计一个全局概念结构的框架,以它为骨架集成由自底向上策略中设计的各局部概念结构。

3. 自底向上概念结构的设计步骤

1)数据抽象与局部视图设计

E-R 模型是对现实世界的一种抽象。一般地讲,所谓抽象是对实际的人、物、事和概念的人为处理。它抽取人们关心的共同特性,忽略非本质的细节,并把这些特性用各种抽象的概念精确地加以描述。这些概念组成了现实世界的一种模型表示。有 3 种抽象方法形成了抽象机制,来对数据进行组织:①分类(classification) 定义某一概念作为现实世界中一组对象的类型。这些对象具有某些共同的特性和行为。它抽象了对象值和型之间的“is a member of”的语义。在 E-R 模型中,实体型就是这种抽象。②聚集(aggregation)定义某一类型的组成成分。它抽象了对象内部属性类型和整体与部分之间“is a part of”的语义。在 E-R 模型中若干属性的聚集组成了实体型,就是这种抽象。③概括(generalization) 定义类型之间的一种子集联系。它抽象了类型之间的“is a subset of”的语义。概括具有一个很重要的性质:继承性。子类继承超类上定义的所有抽象性质。当然,子类可以增加自己的某些特殊属性。概念结构设计的第一步就是利用上面介绍的抽象机制对需求分析阶段收集到的数据进行组织,形成实体、实体的属性,标识实体的码，确定实体之间的联系类型（1:1, 1:n, n:m），设计成部分 E-R 图。

设计局部视图时，分两个步骤：①选择局部应用。在多层的数据流图中选择一个适当层次的数据流图，作为设计分 E-R 图的出发点。通常以中层数据流图作为设计分 E-R 图的依据。②逐一设计分 E-R 图：将各局部应用涉及的数据分别从数据字典中抽取出来，参照数据流图，标定各局部应用中的实体、实体的属性、标识实体的码，确定实体之间的联系及其类型（1:1, 1:n, m:n）。

为了简化 E-R 图的处置，现实世界的事物能作为属性对待的尽量作为属性对待。

注释：实体与属性之间并没有形式上可以截然划分的界限，但可以给出两条准则。

①作为属性，不能再具有需要描述的性质。属性必须是不可分的数据项，不能包含其他属性。

②属性不能与其他实体具有联系，即 E-R 图中所表示的联系是实体之间的联系。

2）视图的集成

各子系统的分 E-R 图设计好以后，下一步就是要将所有的分 E-R 图综合成一个系统的总 E-R 图。一般来说，视图集成可以有两种方式：①多个部分 E-R 图一次集成。②逐步集成。用累加的方式一次集成两个部分 E-R 图。

无论哪种方式，每次集成可分两步走。第一步是合并，解决各部分 E-R 图之间的冲突问题，生成初步 E-R 图。第二步是修改和重构，消除不必要的冗余，生成基本 E-R 图。

消除各分 E-R 图的冲突是合并分 E-R 图的主要工作与关键所在。

4. 各分 E-R 图之间的 3 类主要冲突

1）命名冲突

（1）同名异义冲突。即不同意义的对象在不同的局部应用中具有相同的名字。

（2）异名同义冲突。即同一意义的对象在不同的局部应用中具有不同的名字。

2）属性冲突

（1）属性域冲突。即属性的类型、取值范围、取值集合在不同的局部应用中不同。

（2）属性取值单位冲突。

3）结构冲突

（1）同一对象在一个实体中可能作为实体，在另一个视图中可能作为属性或联系。

（2）同一实体在不同的分 E-R 图中所包含的属性个数和属性排列次序不完全相同。

（3）不同的视图可能有不同的约束。

在初步 E-R 图中，可能存在一些冗余的数据和实体间冗余的联系。所谓冗余的数据是指可由基本数据导出的数据，冗余的联系是指可由其他联系导出的联系。冗余的数据和冗余联系容易破坏数据库的完整性，为数据库的维护增加困难，应当予以消除。消除了冗余后的初步 E-R 图称为基本 E-R 图。

并不是所有的冗余数据与冗余联系都必须加以消除，有时为了提高效率，不得不以冗余信息作为代价。因此在设计数据库概念结构时，那些冗余信息必须消除，那些冗余信息允许存在，需要根据用户的整体需求来确定。如果人为地保留了一些冗余数据，则应把数据字典中数据关联的说明作为完整性约束条件。

5. 视图集成后形成的整体的数据库概念结构必须进行验证，满足如下要求：

（1）整体概念结构内部必须具有一致性，即不能存在互相矛盾的表达。

（2）整体概念结构能准确地反映原来的每个视图结构，包括属性、实体及实体间的联系。

（3）整体概念结构能满足需求分析阶段所确定的所有要求。

（4）整体概念结构还需要提交给用户，征求用户和有关人员的意见，进行评审、修改和优化，最后定稿。

16.4.4 逻辑结构设计

逻辑结构设计的任务是把概念结构转换为选用的 DBMS 所支持的数据模型。设计逻辑结构按理应选择对某个概念结构最好的数据模型，然后对支持这种数据模型的各种 DBMS 进行比较，选出最合适的 DBMS。但实际情况常是已给定了某台机器，设计人员没有选择 DBMS 的余地。现行的 DBMS 一般只支持关系、网状或层次 3 种模型中的某一种，对某一种数据模型，各个机器系统又有许多不同的限制，提供不同的环境与工具。因而把设计过程分 3 步进行。首先把概念结构向一般的关系模型转换，然后向特定的 DBMS 支持下的数据模型转换，最后进行模型的优化。

1. E-R 图向关系数据模型的转换

下面给出把 E-R 图转换为关系模型的转换规则。

（1）一个实体转换为一个关系模式。实体的属性就是关系的属性，实体的码就是关系的码。

（2）一个联系转换为一个关系模式，与该联系相连的各实体的码以及联系的属性转换为关系的属性。该关系的码则有 3 种情况：若联系为 1∶1，则每个实体的码均是该关系的候选码；若联系为 1∶n，关系的码为 n 端实体的码；若联系为 n∶m，则关系的码为诸实体码的组合。具有相同码的关系模式可合并。形成了一般的数据模型后，下一步就向特定的 DBMS 规定的模型转换。设计人员必须熟知所用 DBMS 的功能及限制。这一步转换是依赖于机器的，不能给出一个普遍的规则。转化后的模型必须进行优化。对数据模型进行优化是指调整数据模型的结构，以提高数据库应用系统的性能。性能有动态性能和静态性能两种。静态性能分析容易实现。根据应用要求，选出合适的模型是一项复杂的工作。

2. 规范化理论的应用

规范化理论是数据库逻辑设计的指南和工具,具体地讲可应用在下面几个方面:① 在数据分析阶段用数据依赖的概念分析和表示各数据项之间的关系;② 在设计概念结构阶段,用规范化理论为工具消除初步 E-R 图中冗余的联系;③ 由 E-R 图向数据模型转换过程中用模式分解的概念和算法指导设计。不管选用的 DBMS 是支持哪种数据模型的,均先把概念结构向关系模型转换;然后,充分运用规范化理论的成果优化关系数据库模式的设计。

16.4.5　数据库的物理设计

物理设计的内容主要包括以下 4 个方面。

（1）确定数据的存储结构。从 DBMS 提供的存储结构中选取一种合适的加以实现。确定存储结构的主要因素是存取时间、存储空间利用率和维护代价 3 个方面。设计者常要对这些因素进行权衡。一般的 DBMS 也总是具有一定灵活性供你选择。例如，若引入某些冗余数据，则可能减少物理 I/O 次数提高检索效率。相反，节约存储空间检索代价就会增加。当然应该尽量寻找优化方法，使这 3 方面的性能都较好。折中有时是必须的。

（2）存取路径的选择和调整。数据库必须支持多个用户的多种应用，因而必须提供对数据库的多个存取入口，也就是对同一数据存储要提供多条存取路径。物理设计的任务应确定建立哪些存取路径。设计者应该进行定量的分析，根据计算结果确定存取路径。

（3）确定数据存放位置。首先按数据的应用情况划分为不同的组，然后确定存放位置。一般的应把数据的易变部分和稳定部分分开，把经常存取和不常存取的数据分开。经常存取或存取时间要求高的记录应存放在高速存储器上，如硬盘。存取频率小或存取时间要求低的放在低速存储器上，如软盘磁带。对于同一数据文件也可根据情况进行水平划分或垂直划分。

（4）确定存储分配。许多 DBMS 提供了存储分配的参数供设计者物理优化处理用。例如，溢出空间的大小和分布参数，块的长度，块因子的大小，装填因子，缓冲区的大小和个数等，它们都要在物理设计中确定。这些参数的大小影响存取时间和存储空间的分配。物理设计过程需要对时间、空间效率、维护代价和各种用户要求进行权衡，其结果可以产生多种方案。在实施数据库前对这些方案进行细致的评价，以选择一个较优的方案。

16.4.6　数据库应用系统的实施和维护

对数据库的物理设计初步评价完成后就可建立数据库了。数据库应用系统实施对应于软件工程的编码、调试阶段。设计人员运用 DBMS 提供的数据定义语言将逻辑设计和物理设计的结果严格地描述出来，成为 DBMS 可接受的源代码，经过调试产生目标模式，然后组织数据入库。组织数据入库是数据库应用系统实施阶段最主要的工作。

（1）数据库数据的载入和应用程序的开发由于数据库数据量一般都非常大，并且这些数据来源于一个组织的各个部门，分散在各种数据文件或原始凭证中。这些数据的结构和格式一般也不符合数据库的要求，还需要进行转换。因此组织数据入库是一件耗费大量人力物力的工作。数据的转换和组织对于小系统可以用人工方法完成。但是，人工转换效率低、质量差。一般来说，应设计一个数据输入子系统让计算机完成这个工作。输入子系统的主要功能是原始数据的输入、抽取、校验、分类、转换和综合，最终把数据组织成符合数据库结构的形式，然后把数据存入数据库中。数据的转换、分类和综合常要经过多次才能完成，因而输入子系统的设计和实施亦是比较复杂的，要编写许多应用程序。输入子系统的设计不能等物理设计完成后才动手，应该和数据库设计工作并行开展。为了保证数据库数据正确无误，必须高度重视数据的检验工作。在输入子系统进行数据转换的过程中应该进行多次检验，每次检验的方法亦不要相同。对于重要数据的校验更应该反复多次，确认正确后方可入库。数据库应用系统中应用程序的设计应该和数据库模式设计并行。数据库应用系统的实施阶段的另一项工作便是这些应用程序的编码、调试工作。有了装载实际数据的数据库和应用程序，就建立了数据库应用系统，可以试运行了。

（2）数据库应用系统的试运行在完成上述工作后，便可进入数据库的试运行阶段或称联合调试阶段。这个阶段的主要工作如下。

①实际运行应用程序，执行对数据库的各种操作，测试应用程序的功能。

②测量系统的性能指标，分析是否符合设计目标。虽然已在物理设计过程中进行了性能预测，但是仅估价了时间和空间指标，而且在性能估价的过程中作了许多简化和假设，忽略了许多次要因素，因而估价是粗糙的并可能失真。必须在试运行阶段进行实际测量和评价。有些参数的最佳值往往是经过运行调试后才找到的。如果实际结果不符合设计目标，则需返回物理设计阶段，调整物理结构，修改参数。有时也许还需要返回逻辑设计阶段，调整逻辑结构。这里还要强调两点。第一，组织数据入库是十分费事的，如果运行调试后又要修改数据库设计，则要重新组织数据入库。因此应分批分期输入数据，逐步完成运行评价。第二，数据库的实施和调试不是一朝一夕能完成的，在此期间软硬件的错误随时可能发生。加上数据库刚刚建立，工作人员对系统还不熟悉，对其规律更缺乏深入了解，容易发生操作错误。因此必须做好数据库的转储和恢复工作，这就要求设计人员了解 DBMS 的这个功能，并根据调试方式和特点首先实施，尽量减少对数据库的破坏并简化故障恢复。

（3）数据库应用系统的运行和维护数据库应用系统投入运行标志着开发任务的基本完成和维护工作的开始，但并不意味着设计过程结束。数据库应用系统的维护不仅是维护其正常活动而且是设计工作的继续和提高。维护阶段的主要工作：

①数据库的安全性、完整性控制及系统的转储和恢复。

②性能的监督、分析和改进。

③数据库的重组织和重构造。

下面简单介绍数据库的重组织和重构造。数据库运行一段时间后，由于记录的不断增、删、改，会使数据库的物理存储变坏。例如，逻辑上属于同一记录型或同一关系的数据被分散到了不同的文件或文件的多个碎片上。从而降低了数据库存储空间的利用率和数据的存取效率，数据库的性能下降。这时，DBA 就要进行数据库的重组织，DBMS 一般都提供重组织用的实用程序。在重组过程中，按原设计要求重新安排记录的存储位置，调整数据区和溢出区，回收"垃圾"，减少指针链等。数据库的重组织不改变原设计的数据逻辑结构和物理结构，而数据库的重构造则不同。部分修改原数据库的模式或内模式称为数据库的重构造。由于数据库应用环境的变化，数据库重构的程度是有限的。只能作部分的修改和调整。若应用变化太大，重构也无济于事，则表明数据库应用系统生命周期的结束，应该重新设计数据库应用系统。新的数据库应用系统的生命周期开始了。

16.5 历 年 真 题

【真题 1】 数据库管理系统是＿＿＿＿＿＿。（2009 年 9 月）

（A）一种编译系统　　　　　（B）一种操作系统

（C）操作系统的一部分　　　（D）在操作系统支持下的系统软件

【真题 2】 数据库系统的核心是＿＿＿＿＿系统。（2009 年 3 月）

【真题 3】 在数据管理技术发展的三个阶段中，数据共享最好的是＿＿＿＿＿。（2008 年 9 月）

（A）数据库系统阶段　　　　（B）三个阶段相同

（C）人工管理阶段　　　　　（D）文件系统阶段

【真题 4】 在数据库管理系统提供的数据定义语言、数据操纵语言和数据控制语言中，＿＿＿＿＿语言负责数据的模式定义与数据的物理存取构建。（2008 年 4 月）

【真题 5】 下列叙述中正确的是＿＿＿＿＿。（2007 年 9 月）

（A）数据库管理系统就是数据库系统

（B）三种说法都不对

（C）数据库系统是一个独立的系统，不需要操作系统的支持

（D）数据库技术的根本目标是要解决数据共享的问题

【真题 6】 下列叙述中错误的是＿＿＿＿＿。（2007 年 3 月）

（A）数据库设计是指在已有数据库管理系统的基础上建立数据库

（B）数据库系统需要操作系统的支持

（C）数据库系统中，数据的物理结构必须与逻辑结构一致

（D）数据库技术的根本目标是要解决数据的共享问题

【真题 7】 在数据库系统中，实现各种数据管理功能的核心软件称为＿＿＿＿＿。（2007 年 3 月）

【真题 8】 数据库 DB、数据库系统 DBS、数据库管理系统 DBMS 之间的关系是＿＿＿＿＿。（2006 年 4 月）

（A）DBS 包含 DB 和 DBMS

（B）没有任何关系

（C）DB 包含 DBS 和 DBMS

（D）DBMS 包含 DB 和 DBS

【真题 9】 数据库系统的核心是＿＿＿＿＿。（2005 年 9 月）

（A）数据库　　　　　　　　（B）数据库管理员

（C）数据模型　　　　　　　（D）数据库管理系统

【真题 10】 数据管理技术发展过程经过人工管理、文件系统和数据库系统三个阶段，其中数据独立性最高的阶段是＿＿＿＿＿。（2005 年 9 月）

【真题 11】 数据库管理系统中负责数据模式定义的语言是＿＿＿＿＿。（2010 年 3 月）

（A）数据操纵语言　　　　　（B）数据控制语言

　　　（C）数据定义语言　　　　（D）数据管理语言

【真题12】数据库技术的根本目标是要解决数据的_____。（2006年9月）

　　　（A）安全问题　　　　　　（B）保护问题
　　　（C）存储问题　　　　　　（D）共享问题

【真题13】数据库设计的根本目标是要解决_____。（2005年9月）

　　　（A）大量数据存储问题　　（B）简化数据维护
　　　（C）数据共享问题　　　　（D）数据安全问题

【真题14】数据独立性是数据库技术的重要特点之一。所谓数据独立性是指_____。
　　　（2005年4月）

　　　（A）不同的数据只能被对应的应用程序所使用
　　　（B）三种说法都不对
　　　（C）数据与程序独立存放
　　　（D）不同的数据被存放在不同的文件中

【真题15】数据独立性分为逻辑独立性与物理独立性。当数据的存储结构改变时，其
　　　逻辑结构可以不变，因此，基于逻辑结构的应用程序不必修改，称为
　　　_____独立性。（2006年4月）

【真题16】数据库设计中反映用户对数据要求的模式是_____。（2010年9月）

　　　（A）外模式　　　　　　　（B）设计模式
　　　（C）内模式　　　　　　　（D）概念模式

【真题17】在E-R图中，用来表示实体联系的图形是_____。（2009年9月）

　　　（A）菱形　　　　　　　　（B）三角形
　　　（C）椭圆形　　　　　　　（D）矩形

【真题18】在E-R图中，图形包括矩形框、菱形框、椭圆框、其中表示实体联系的是
　　　_____框。（2009年3月）

【真题19】将E-R图转换为关系模式时，实体和联系都可以表示为_____。（2009
　　　年3月）

　　　（A）关系　　（B）域　　　（C）属性　　　（D）键

【真题20】一间宿舍可住多个学生，则实体宿舍和学生之间的联系是_____。（2008
　　　年9月）

　　　（A）多对一　　　　　　　（B）多对多
　　　（C）一对一　　　　　　　（D）一对多

【真题21】在E-R图中，矩形表示_____。（2007年9月）

【真题22】在E-R图中，用来表示实体之间联系的图形是_____。（2007年3月）

　　　（A）菱形　　　　　　　　（B）平行四边形
　　　（C）矩形　　　　　　　　（D）椭圆形

【真题23】在E-R图中，用来表示实体的图形是_____。（2006年4月）

　　　（A）菱形　　　　　　　　（B）三角形
　　　（C）矩形　　　　　　　　（D）椭圆形

【真题24】在二维表中，元组的_____是不能再分成更小的数据项的。（2008年9月）

【真题25】在关系数据库中，用来表示实体之间联系的是_____。（2008年4月）

【真题26】下列叙述中正确的是_____。（2007年9月）

    （A）一个关系的属性名表称为关系模式

    （B）一个关系可以包括多个二维表

    （C）为了建立一个关系，首先要构造数据的逻辑结构

    （D）表示关系的二维表中各元组的每一个分量还可以分成若干个数据项

【真题27】一个关系表的行称为_____。（2006年9月）

【真题28】在关系模型中，把数据看成是二维表，每一个二维表称为一个_____。（2006年4月）

【真题29】用树形结构表示实体之间联系的模型是_____。（2005年4月）

    （A）层次模型   （B）三个都是

    （C）关系模型   （D）网状模型

【真题30】在关系数据库中，把数据表示成二维表，每一个二维表称为_____。（2005年4月）

【真题31】在数据库技术中，实体集之间的联系可以是一对一、一对多或多对多的，那么"学生"和"可选课程"的联系为_____。（2009年9月）

【真题32】"商品"与"顾客"两个实体集之间的联系一般是_____。（2006年4月）

    （A）多对一   （B）多对多

    （C）一对一   （D）一对多

【真题33】数据独立性分为逻辑独立性与物理独立性。当数据的存储结构改变时，其逻辑结构可以不变，因此，基于逻辑结构的应用程序不必修改，称为_____独立性。（2006年4月）

【真题34】层次型、网状型和关系型数据库划分原则是_____。（2010年9月）

    （A）联系的复杂程度   （B）数据之间的联系方式

    （C）记录长度   （D）文件的大小

【真题35】一个工作人员可以使用多台计算机，而一台计算机可被多个人使用，则实体工作人员与实体计算机之间的联系是_____。（2010年9月）

    （A）多对多   （B）多对一

    （C）一对一   （D）一对多

第17章 全国计算机等级考试二级 C 考试大纲（2007 年版）

17.1 基 本 要 求

（1）熟悉 Visual C++ 6.0 集成开发环境。

（2）掌握结构化程序设计的方法，具有良好的程序设计风格。

（3）掌握程序设计中简单的数据结构和算法并能阅读简单的程序。

（4）在 Visual C++ 6.0 集成环境下，能够编写简单的 C 程序，并具有基本的纠错和调试程序能力。

17.2 考 试 内 容

1. C 语言程序的结构

（1）程序的构成，main 函数和其他函数。

（2）头文件、数据说明、函数的开始和结束标志以及程序中的注释。

（3）源程序的书写格式。

（4）C 语言的风格。

2. 数据类型及其运算

（1）C 的数据类型（基本类型，构造类型，指针类型，无值类型）及其定义方法。

（2）C 运算符的种类、运算优先级和结合性。

（3）不同类型数据间的转换与运算。

（4）C 表达式类型（赋值表达式、算术表达式、关系表达式、逻辑表达式、条件表达式、逗号表达式）和求值规则。

3. 基本语句

（1）表达式语句、空语句、复合语句。

（2）输入输出函数的调用，正确输入数据并正确设计输出格式。

4. 选择结构程序设计

（1）用 if 语句实现选择结构。

（2）用 switch 语句实现多分支选择结构。

（3）选择结构的嵌套。

5. 循环结构程序设计

（1）for 循环结构。

（2）while 和 do-while 循环结构。

（3）continue 语句和 break 语句。

（4）循环的嵌套。

6. 数组的定义和引用

（1）一维数组和二维数组的定义、初始化和数组元素的引用。

（2）字符串与字符数组。

7. 函数

（1）库函数的正确调用。

（2）函数的定义方法。

（3）函数的类型和返回值。

（4）形式参数与实在参数，参数值的传递。

（5）函数的正确调用、嵌套调用、递归调用。

（6）局部变量和全局变量。

（7）变量的存储类别（自动、静态、寄存器、外部），变量的作用域和生存期。

8. 编译预处理

（1）宏定义和调用（不带参数的宏、带参数的宏）。

（2）"文件包含"处理。

9. 指针

（1）地址与指针变量的概念，地址运算符与间址运算符。

（2）一维、二维数组和字符串的地址以及指向变量、数组、字符串、函数、结构体的指针变量的定义。通过指针引用以上各类型数据。

（3）用指针做函数参数。

（4）返回地址值的函数。

（5）指针数组，指向指针的指针。

10. 结构体（即结构）与共同体（即联合）

（1）用 typedef 说明一个新类型。

（2）结构体和共用体类型数据的定义和成员的引用。

（3）通过结构体构成链表，单向链表的建立，结点数据的输出、删除与插入。

11. 位运算

（1）位运算符的含义和使用。

（2）简单的位运算。

12. 文件操作

只要求缓冲文件系统（即高级磁盘 I/O 系统），对非标准缓冲文件系统（即低级磁盘 I/O 系统）不要求。

（1）文件类型指针（FILE 类型指针）。

（2）文件的打开与关闭（fopen、fclose）。

（3）文件的读写（fputc，fgetc，fputs，fgets，fread，fwrite，fprintf，fscanf 函数的应用），文件的定位（rewind，fseek 函数的应用）。

13．考试方式

（1）笔试：120 分钟，满分 100 分，其中含公共基础知识部分的 30 分。

（2）上机：60 分钟，满分 100 分。

上机操作题型包括填空、改错和编程。

第四篇 实 验 篇

实验 1　VC++上机环境介绍、数据类型、运算符和表达式

1.1　实　验　目　的

（1）掌握 VC++的上机环境，掌握在 VC++中如何编辑、编译、连接和运行一个 C 源程序。

（2）熟悉下列命令及函数：include<stdio.h>，main，printf。

（3）掌握简单的 C 语言的数据类型、运算符和表达式。

1.2　VC++ 6.0 工作环境介绍

1. 进入 VC 环境

"开始"→"程序"→"Microsoft Visual Studio 6.0"→"Microsoft Visual C++6.0"，这时进入 VC 集成环境的主菜单窗口。

2. VC 环境下 C 程序的编辑、编译、连接和运行

(1) 在 VC 环境中选择"文件"菜单，然后单击"新建"菜单项，如图实验 1-1 所示。

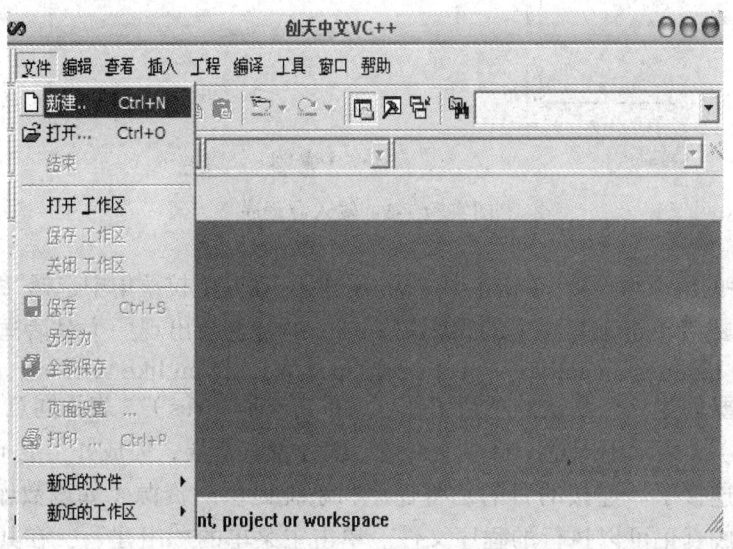

图实验 1-1　新建 C 程序文件

(2) 在弹出的新建对话框中设置好相应的内容，如图实验 1-2 所示。

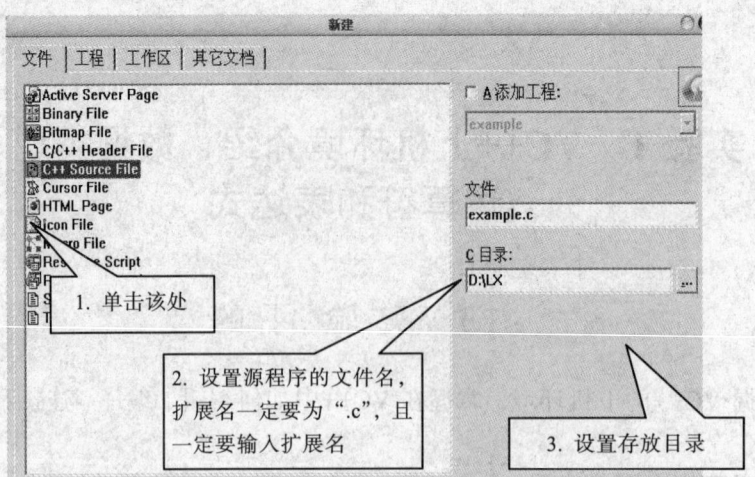

图实验 1-2　设置文件名与存放目录

(3) 在图实验 1-3 所示的工作区中，输入源程序。

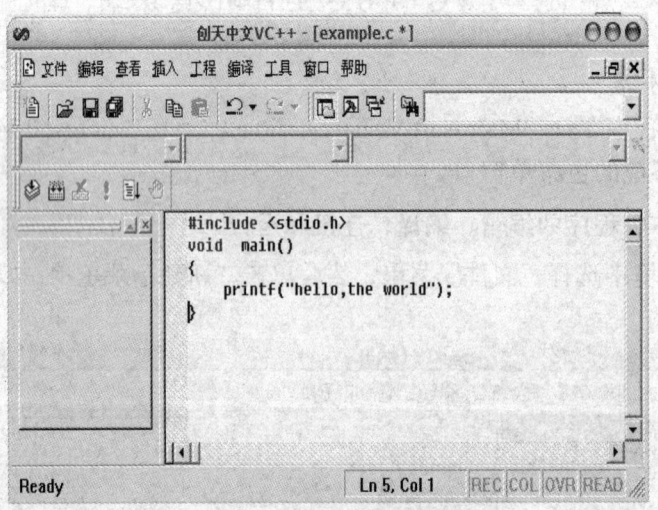

图实验 1-3　输入源程序

(4) 源程序的编译与连接。单击主菜单的"组建"，在其下拉菜单中选择"编译（Compile）"（example.c），或者单击工具栏上的"编译"按钮，屏幕上会出现一个对话框，内容是"This build command requires an active project worksapce,Would you like to create a default project worksapce?"，要创建一个默认的项目工作区，单击"是（Yes）"，表示同意，将开始编辑；单击"否（No）"，表示不同意，将取消编译。编译没有错误，完成并生成 obj 文件后，就可进入程序的连接了。连接的目的是将程序和系统提供的资源（如函数库、头文件等）建立连接，生成真正可以执行的程序文件。单击主菜单的"组建"， 在其下拉菜单中选择"组建（Build）"，或者单击工具栏上的"组建（Build）"按钮。

(5) 程序的执行。完成了编译、连接后，就生成了可执行程序文件，此时该程序可执行了。单击主菜单的"组建"，在其下拉菜单中选择"执行（Execute）"（example.exe），或者单击工具栏上的"执行（Build）"（excute）按钮。

1.3　实　验　内　容

1. 填空题

（1）若有定义语句 int x=12,y=8,z；其后执行语句 z=0.9+x/y；则 z 的值为_____。

（2）若有定义语句 int k1=10,k2=20；执行表达式(k1=k1>k2)&&(k2=k2>k1)后，k1 和 k2 的值分别为：_____；_____。

2. 改错题

（1）
```c
#include <stdio.h>
void main()
{
    c1=97;
    c2=98;
    printf("%c %c",c1,c2);
}
```

找出上面程序中的两个错误并改正：_____；_____。

（2）
```c
#include <stdio.h>
void main()
{
    int a,b,c;
    scanf("%d,%d",&a,&b);
    c=max(a,b)
    printf("max is %d\n",c);
}

int max(int x,inty)
{
    int z;
    if(x>y) z=x;
    else if(x=y) z=x;
    else z=y
    return z;
}
```

找出上面程序中 max 函数的两个错误并改正：_____；_____。

3. 编程题

（1）已知华氏温度 h 为 89°，输出摄氏温度 c 为多少？
提示：摄氏温度=5.0/9*（华氏温度-32）

（2）从键盘任意输入一个大写字母，要求转换成小写字母并输出，同时要求输出这个小写字母相邻的两个字母以及它们的 ASCII 码。提示：大写字母=小写字母-32。

实验 2　顺序结构、选择结构程序设计

2.1　实　验　目　的

（1）掌握 printf 函数和 scanf 函数对各种数据类型的输入输出方法，能正确使用各种格式转换符。

（2）掌握各种形式的 if 语句语法和使用方法。注意 if 语句和 else 的匹配关系及 if 语句的嵌套使用。

（3）掌握 switch 语句语法和使用方法。注意 switch 语句的控制流程，在 switch 语句中 break 语句的用法及 switch 语句的嵌套。

（4）能够独立编写简单的分支结构程序并调试通过。

（5）用 if 语句、switch 语句解决简单的应用问题并上机实现。

2.2　实　验　内　容

1. 填空题

（1）读以下程序：

```c
#include <stdio.h>
void main()
{
    int a=3,b=4,c=5;
    if(a>c)
    {
        a=b;b=c;c=a;
    }
    else
    {
        a=c;c=b;b=a;
    }
    printf("%d,%d,%d",a,b,c);
}
```

程序的运行结果为_____。

（2）读以下程序：

```c
#include <stdio.h>
void main()
{
    int a=1,b=0;
    if(--a) b++;
    else if(a==0) b+=2;
    else b+=3;
    printf("%d\n",b);
}
```

程序的运行结果为＿＿＿＿＿＿＿＿。

（3）读以下程序：

```c
#include <stdio.h>
void main()
{
    int a=7;
    while(a--);
    printf("%d",a);
}
```

程序的运行结果为＿＿＿＿＿＿＿＿。

2. 改错题

（1）从键盘输入实数 x 的值，按下列公式计算并输出 y 的值。

$$y = \begin{cases} x & (x \leqslant 1) \\ 2x-1 & (1 < x < 10) \\ 3x-11 & (x \geqslant 10) \end{cases}$$

```c
#include <stdio.h>
void main()
{
    scanf("%d",& x);
    if (x<=1)  y=x;
    else   if (x<10)   y=2*x-1;
    else   y=3*x-11;
}
```

找出上面程序中的 3 个错误并改正：＿＿＿＿＿＿＿；＿＿＿＿＿＿＿；＿＿＿＿＿＿＿。

（2）编写一个函数 leap ，若参数 y 为闰年，则返回 1；否则返回 0。

```c
#include <stdio.h>
int leap(y)
{
    int isleap;
    if (((y%100<>0)&&(y%4==0))||(y%400==0))
      isleap=1;
    else   isleap=0;
}
void main()
{
    int year;
    int tag;
    printf("please input a year:\n");
    scanf("%d",&year);
    tag=leap(year)
}
```

找出上面程序中的两个错误并改正：＿＿＿＿＿＿＿；＿＿＿＿＿＿＿。

（3）求 a、b 两个实数中的较大者。

```
#include <stdio.h>
void  main ( )
{
    float a,b,c;
    printf("please enter a and b:\n");
    scanf("%f,%f", &a,&b);
    c = max(a,b) ;
    printf ("\n max = %d\n",c );
}
float  max (float x ,y)
{
    float z;
    if (x>y)  z = x;
    else  z = y;
}
```

找出上面程序中的 3 个错误并改正：_____；_____；_____。

3. 编程题

（1）用户任意输入圆的半径，编程求圆的面积和周长。

（2）用户任意输入一个三位数，编程求百位、十位与个位上的 3 个数之和。

（3）从键盘任意输入一个字符，判断它如果是大写字母将其转换成小写字母，如果不是则不转换。

（4）编程实现下列函数：

$$y = \begin{cases} x & (x < 1) \\ 2x - 1 & (1 \leqslant x < 10) \\ |3x - 11| & (x \geqslant 10) \end{cases}$$

提示：绝对值函数为 abs，包含在 math.h 中。

（5）编写程序，输入一个百分制成绩，对应输出等级 A、B、C、D、E，90 分以上为 A；80~89 分为 B；70~79 分为 C；60~69 分为 D；60 分以下为 E。

实验 3 循 环 控 制

3.1 实 验 目 的

（1）熟悉用 while 语句，do-while 语句和 for 语句实现循环的方法。
（2）掌握在程序设计中用循环的方法实现各种算法（如穷举、迭代、递推等）。

3.2 实 验 内 容

1. 填空题

（1）给定程序中，函数 fun 的功能：计算下式前 n 项的和，并作为函数值返回。

$$s = \frac{1 \times 3}{2^2} + \frac{3 \times 5}{4^2} + \frac{5 \times 7}{6^2} + \cdots + \frac{(2 \times n - 1) \times (2 \times n + 1)}{(2 \times n)^2}$$

例如，当形参 n 的值为 10 时，函数返回：9.612558。

注意：部分源程序如下。

请勿改动主函数 main 和其他函数中的任何内容，仅在函数 fun 的横线上填入所编写的若干表达式或语句。

```
#include <stdio.h>
double fun(int  n)
{
int  i;    double  s, t;
/**********found**********/
  s=__1__;
/**********found**********/
  for(i=1; i<=__2__; i++)
  {
t=2.0*i;
/**********found**********/
    s=s+(2.0*i-1)*(2.0*i+1)/__3__;
  }
  return  s;
}
main()
{
int  n=-1;
  while(n<0)
  { printf("Please input(n>0): "); scanf("%d",&n); }
  printf("\nThe result is: %f\n",fun(n));
}
```

（2）给定程序中，函数 fun 的功能：找出 100~999（含 100 和 999）所有整数中各位上数字之和为 x（x 为一正整数）的整数,然后输出；符合条件的整数个数作为函数值返回。

例如，当 x 值为 5 时，100~999 各位上数字之和为 5 的整数有 104，113，122，131，

140，203，212，221，230，302，311，320，401，410，500。共有 15 个。当 x 值为 27 时，各位数字之和为 27 的整数是 999。只有 1 个。

注意：部分源程序如下。

请勿改动主函数 main 和其他函数中的任何内容，仅在函数 fun 的横线上填入所编写的若干表达式或语句。

```
#include  <stdio.h>
fun(int  x)
{
int n, s1, s2, s3, t;
  n=0;
  t=100;
/**********found**********/
  while(t<=  1  ){
/**********found**********/
    s1=t%10;  s2=(  2  )%10;  s3=t/100;
/**********found**********/
    if(s1+s2+s3==  3  )
    {
    printf("%d",t);
      n++;
    }
    t++;
  }
  return  n;
}
main()
{
int x=-1;
  while(x<0)
  { printf("Please input(x>0):");  scanf("%d",&x);  }
  printf("\nThe result is: %d\n",fun(x));
}
```

2. 改错题

（1）下列给定程序中，fun 函数的功能：根据形参 m，计算下列公式的值。

$$t = 1-1/2 + 1/3-1/4+\cdots+(-1)(m + 1)/m$$

例如，若输入 5，则应输出 0.783333。

请改正程序中的错误，使它能得到正确的结果。

注意：不要改动 main 函数，不得增行或删行，也不得更改程序的结构。

```
#include <conio.h>
#include <stdio.h>
/***************************found***************************/

int fun(int m)
{
  double t=1.0,j=1.0;
  int i;
/***************************found***************************/

  for(i=1;i<m;i++)
```

```
        {j=-1*j;t+=j/i;}
    return t;
}
main()
{
    int m;
    clrscr();
    printf("\nPlease enter 1 integer number: ");
    scanf("%d",&m);
    printf("\nThe result is %lf\n", fun(m));
}
```

（2）给定程序 MODI1.C 中，函数 fun 的功能：判断一个整数是否是素数，若是返回 1，否则返回 0。

在 main 函数中，若 fun 返回 1 输出 YES，若 fun 返回 0 输出 NO!。

请改正程序中的错误，使它能得出正确的结果。

```
#include <stdio.h>
int  fun(int m)
{
    int k=2;
    while(k<=m&&(m%k))
/***********found***********/
        k++
/***********found***********/
    if(m=k)
        return 1;
    else    return  0;
}

main()
{
    int  n;
    printf("\nPlease enter n: "); scanf("%d",&n);
    if(fun(n)) printf("YES\n");
    else printf("NO!\n");
}
```

3. 编程题

（1）编写函数 fun，它的功能：计算并输出下列级数和。

$$S = \frac{1}{1 \times 2} + \frac{1}{2 \times 3} + \cdots + \frac{1}{n(n+1)}$$

例如，当 n = 10 时，函数值为 0.909091。

注意：部分源程序在文件 PROG1.C 中。

请勿改动主函数 main 和其他函数中的任何内容，仅在函数 fun 的花括号中填入你编写的若干语句。

```
#include <stdio.h>
double  fun(int  n)
{

}
```

```
main()    /*主函数*/
{
   printf("%f\n",fun(10));
   NONO();
}
```

（2）编写函数 fun，它的功能：求小于形参 n 同时能被 3 与 7 整除的所有自然数之和的平方根，并作为函数值返回。

例如，当 n 为 1000 时，程序输出应为 s = 153.909064。

注意：部分源程序在文件 PROG1.C 中。

请勿改动主函数 main 和其他函数中的任何内容，仅在函数 fun 的花括号中填入你编写的若干语句。

```
#include <math.h>
#include <stdio.h>
double  fun(int  n)
{



}

main()    /* 主函数 */
{
   printf("s=%f\n",fun(1000));
   NONO();
}
```

实验 4 数   组

4.1 实 验 目 的

（1）掌握一维数组和二维数组的定义、赋值和输入输出的方法。
（2）掌握字符数组和字符串函数的使用。
（3）掌握与数组有关的算法（特别是排序算法）。

4.2 实 验 内 容

1. 填空题

（1）请补充函数 fun，该函数的功能是求一维数组 x[N] 的平均值，并对所得结果进行四舍五入（保留两位小数）。

例如：当 x[10]={15.6,19.9,16.7,15.2,18.3,12.1,15.5,11.0,10.0,16.0}，结果为 avg=15.030000。

注意：部分源程序如下。

请勿改动主函数 main 和其他函数中的任何内容，仅在函数 fun 的横线上填入所编写的若干表达式或语句。

```
#include <stdio.h>
#include <conio.h>
double fun(double x[10])
{
    int i;
    long t;
    double avg=0.0;
    double sum=0.0;
    for(i=0;i<10;i++)
        ___1___;
    avg=sum/10;
    avg=___2___;
    t=___3___;
    avg=(double)t/100;
    return avg;
}
main()
{
    double avg,x[10]={15.6,19.9,16.7,15.2,18.3,12.1,15.5,11.0,10.0,16.0};
    int i;
    clrscr();
    printf("\nThe original data is :\n");
    for(i=0;i<10;i++)
        printf("%6.1f",x[i]);
        printf("\n\n");
        avg=fun(x);
        printf("average=%f\n\n",avg);
}
```

（2）请补充 main 函数，该函数的功能是从一个字符串中截取前面若干个给定长度的子字符串。其中，str1 指向原字符串，截取后的字符存放在 str2 所指的字符数组中，n 中存放需截取的字符个数。

例如：当 str1="cdefghij"，然后输入 4，则 str2="cdef"。

注意：部分源程序如下。

请勿改动主函数 main 和其他函数中的任何内容，仅在函数 fun 的横线上填入所编写的若干表达式或语句。

```c
#include <stdio.h>
#include <conio.h>
#define LEN 80
main()
{
    char str1[LEN],str2[LEN];
    int n,i;
    clrscr();
    printf("Enter the string:\n");
    gets(str1);
    printf("Enter the position of the string deleted:");
    scanf(  1  );
    for(i=0;i<n;i++)
        2
    str2[i]='\0';
    printf("The new string is:%s\n",  3  );
}
```

2. 改错题

（1）下列给定程序中，函数 fun 的功能是依次取出字符串中所有的字母，形成新的字符串，并取代原字符串。

请改正程序中的错误，使它能得到正确结果。

注意：不要改动 main 函数，不得增行或删行，也不得更改程序的结构。

```c
#include <stdio.h>
#include <conio.h>
void fun(char *s)
{
 int i,j;
 for(i=0,j=0;s[i]!='\0';i++)
/*************************found*************************/

    if((s[i]>='A'&&s[i]<='Z')&&(s[i]>='a'&&s[i]<='z'))
    s[j++]=s[i];
/*************************found*************************/

 s[j]= "\0";
}
main()
{
    char item[80];
    clrscr();
    printf("\nEnter a string: ");
    gets(item);
```

```
    printf("\n\nThe string is:\%s\n",item);
    fun(item);
    printf("\n\nThe string of changing is :\%s\n",item);
}
```

（2）下列给定的程序中，函数 fun 的功能是用选择法对数组中的 n 个元素按从大到小的顺序进行排序。

请改正程序中的错误，使它能得到正确结果。

注意：不要改动 main 函数，不得增行或删行，也不得更改程序的结构。

```
#include <stdio.h>
#define N 20
void fun(int a[],int n)
{
  int i,j,t,p;
/**********************found***********************/

  for(j=0;j<n-1;j++) ;
    {
    p=j;
    for(i=j;i<n;i++)
      if(a[i]>a[p])
        p=i;
    t=a[p];
    a[p]=a[j];
/**********************found***********************/

    a[p]=t;
    }
}
main()
{
 int a[N]={11,32,-5,2,14},i,m=5;
 printf("排序前的数据: ");
 for(i=0;i<m;i++)
    printf("%d ",a[i]);
 printf("\n");
 fun(a,m);
 printf("排序后的顺序: ");
 for(i=0;i<m;i++)
    printf("%d ",a[i]);
 printf("\n");
}
```

3. 编程题

请编写一个函数 fun，它的功能是求出一个 4×M 整型二维数组中最小元素的值，并将此值返回调用函数。

注意：部分源程序如下。

请勿改动主函数 main 和其他函数中的任何内容，仅在函数 fun 的花括号中填入所编写的若干语句。

```
#define M 4
#include <stdio.h>
```

```
fun (int a[][M])
{


}

main()
{
  int arr[4][M]={11,3,9,35,42,-4,24,32,6,48,-32,7,23,34,12,-7};
  printf("min=%d\n",fun(arr));
}
```

实验 5 函数、编译预处理

5.1 实 验 目 的

（1）掌握函数的定义方法及参数值传递。
（2）掌握库函数及自定义函数的正确调用。
（3）掌握局部变量与全局变量的定义。
（4）掌握宏定义的方法及调用方式。
（5）掌握"#include"文件包含的处理方法。

5.2 实 验 内 容

1. 填空题

（1）给定程序中，函数 fun 的功能是计算下式前 n 项的和，并作为函数值返回。

$$s=\frac{1\times3}{2^2}+\frac{3\times5}{4^2}+\frac{5\times7}{6^2}+\cdots+\frac{(2\times n-1)\times(2\times n+1)}{(2\times n)^2}$$

例如，当形参 n 的值为 10 时，函数返回：9.612558。 请在程序的下划线处填入正确的内容并把下划线删除,使程序得出正确的结果。

注意：不得增行或删行，也不得更改程序的结构！

```
#include  <stdio.h>
double fun(int  n)
{
   int  i;    double  s, t;
/***********found***********/
   s=__1__;
/***********found***********/
   for(i=1;i<=__2__;i++)
   { t=2.0*i;
/***********found***********/
    s=s+(2.0*i-1)*(2.0*i+1)/__3__;
   }
   return  s;
}
main()
{
   int  n=-1;
      while(n<0)
      { printf("Please input(n>0): "); scanf("%d",&n);}
      printf("\nThe result is: %f\n",fun(n));
}
```

（2）给定程序中，函数 fun 的功能是在 3×4 的矩阵中找出在行上最大、在列上最小的那个元素，若没有符合条件的元素，则输出相应信息。

例如，有如下矩阵：

```
1    2    13    4
7    8    10    6
3    5    9     7
```

程序执行结果为 find: a[2][2]=9

请在程序的下划线处填入正确的内容并把下划线删除，使程序得出正确的结果。

注意：不得增行或删行，也不得更改程序的结构！

```c
#include  <stdio.h>
#define    M    3
#define    N    4
void fun(int  (*a)[N])
{
int  i=0,j,find=0,rmax,c,k;
  while( (i<M) && (!find))
  {
  rmax=a[i][0];  c=0;
    for(j=1; j<N; j++)
     if(rmax<a[i][j]) {
/************found************/
        rmax=a[i][j]; c=  1  ;}
    find=1; k=0;
    while(k<M && find) {
/************found************/
     if (k!=i && a[k][c]<=rmax)  find=  2  ;
     k++;
    }
    if(find) printf("find: a[%d][%d]=%d\n",i,c,a[i][c]);
/************found************/
     3  ;
  }
  if(!find) printf("not found!\n");
}
main()
{
int  x[M][N],i,j;
  printf("Enter number for array:\n");
  for(i=0; i<M; i++)
    for(j=0; j<N; j++) scanf("%d",&x[i][j]);
  printf("The array:\n");
  for(i=0; i<M; i++)
  {
  for(j=0; j<N; j++) printf("%3d",x[i][j]);
    printf("\n\n");
  }
  fun(x);
}
```

2. 改错题

（1）给定程序 MODI1.C 中，fun 函数的功能是求出以下分数序列的前 n 项之和。通过函数值返回 main 函数。

$$\frac{2}{1} \quad \frac{3}{2} \quad \frac{5}{3} \quad \frac{8}{5} \quad \frac{13}{8} \quad \frac{21}{13} \cdots$$

例如，若 n = 5，则应输出：　8.391667。
请改正程序中的错误，使它能得出正确的结果。

```
#include <stdio.h>
/*************found*************/
fun(int n)
{
int  a=2,b=1,c,k;
    double  s=0.0 ;
    for(k=1;k<=n;k++)
    {
    s=s+1.0*a/b;
/*************found*************/
        c=a;a+=b;b+=c;
    }
    return(s);
}

main()
{
int   n=5;
    printf("\nThe value of  function is: %lf\n", fun(n));
}
```

（2）给定程序 MODI1.C 中函数 fun 的功能是应用递归算法求形参 a 的平方根。求平方根的迭代公式如下：

$$x1 = \frac{1}{2}\left(x_0 + \frac{a}{x_0}\right)$$

例如，当 a 为 2 时，平方根值为 1.414214。
请改正程序中的错误，使它能得出正确结果。

```
#include <stdio.h>
#include <math.h>
/*************found*************/
double fun(double a, dounle x0)
{
    double   x1,y;
    x1=(x0+a/x0)/2.0;
/*************found*************/
    if(fabs(x1-x0)>0.00001)
    y=fun(a,x1);
    else  y=x1;
    return   y;
}
main()
{
    double   x;
    printf("Enter x: "); scanf("%lf",&x);
    printf("The square root of %lf is %lf\n",x,fun(x,1.0));
}
```

3. 编程题

（1）请编写函数 fun，函数的功能是移动一维数组中的内容；若数组中有 n 个整数，要求把下标从 0 到 p(含 p,p≤n−1)的数组元素平移到数组的最后。

例如，一维数组中的原始内容为 1,2,3,4,5,6,7,8,9,10；p 的值为 3。移动后，一维数组中的内容应为 5,6,7,8,9,10,1,2,3,4。

注意：部分源程序在文件 PROG1.C 中。

请勿改动主函数 main 和其他函数中的任何内容，仅在函数 fun 的花括号中填入你编写的若干语句。

```c
#include <stdio.h>
#define    N    80
void  fun(int  *w,int  p,int  n)
{



}
main()
{
int  a[N]={1,2,3,4,5,6,7,8,9,10,11,12,13,14,15};
    int  i,p,n=15;
    printf("The original data:\n");
    for(i=0;i<n;i++)printf("%3d",a[i]);
    printf("\n\nEnter  p:  ");scanf("%d",&p);
    fun(a,p,n);
    printf("\nThe data after moving:\n");
    for(i=0;i<n;i++)printf("%3d",a[i]);
    printf("\n\n");
}
```

（2）请编写函数 fun,函数的功能是统计各年龄段的人数。N 个年龄通过调用随机函数获得，并放在主函数的 age 数组中；要求函数把 0~9 岁年龄段的人数放在 d[0]中，把 10~19 岁年龄段的人数放在 d[1]中；把 20~29 岁年龄段的人数放在 d[2]中；依次类推，把 100 岁（含 100）以上年龄段的人数都放在 d[10]中。结果在主函数中输出。

注意：请勿改动主函数 main 和其他函数中的任何内容，仅在函数 fun 的花括号中填入你编写的若干语句。

```c
#include <stdio.h>
#define    N    50
#define    M    11
void  fun(int  *a,int  *b)
{


}
double  rnd()
{  static  t=29,c=217,m=1024,r=0;
   r=(r*t+c)%m;  return((double)r/m);
}
main()
{
    int  age[N],i,d[M];
    for(i=0;i<N;i++)age[i]=(int)(115*rnd());
    printf("The original data :\n");
```

```
    for(i=0;i<N;i++) printf((i+1)%10==0?"%4d\n":"%4d",age[i]);
    printf("\n\n");
    fun( age, d);
    for(i=0;i<10;i++)printf("%4d---%4d  :  %4d\n",i*10,i*10+9,d[i]);
    printf(" Over  100  :  %4d\n",d[10]);
}
```

实验 6   地址和指针

6.1   实 验 目 的

（1）通过实验掌握地址与指针变量的概念、地址运算符与间址运算符。
（2）掌握指针变量的操作。
（3）能正确使用指针做函数参数。

6.2   实 验 内 容

1. 填空题

（1）有以下程序：

```
#include <stdio.h>
void f(int *p,int *q);
main()
{
int m=1,n=2, *r=&m;
  f(r,&n); printf("%d,%d",m,n); }
  void f(int *p,int *q)
        {p=p+1; *q=*q+1;}
```

程序的输出结果是_____、_____。

（2）给定程序中，函数 fun 的功能是将不带头结点的单向链表逆置。即若原链表中从头至尾结点数据域依次为 2，4，6，8，10；逆置后，从头至尾结点数据域依次为 10，8，6，4，2。

请在程序的下划线处填入正确的内容并把下划线删除，使程序得出正确的结果。

注意：不得增行或删行，也不得更改程序的结构！

```
#include  <stdio.h>
#include  <stdlib.h>
#define   N   5
typedef struct node {
  int  data;
  struct node  *next;
} NODE;
/************found************/
    1    fun(NODE *h)
{ NODE *p,*q,*r;
  p=h;
  if(p==NULL)
    return NULL;
  q=p->next;
  p->next=NULL;
/************found************/
```

```
   while (____2____)
   {
   r = q->next;
     q->next=p;
     p=q;
/************found************/
     q=____3____;
   }
   return  p;
}
NODE *creatlist(int  a[])
{
NODE  *h, *p, *q;        int  i;
   h=NULL;
   for(i=0;i<N;i++)
   {
   q=(NODE *)malloc(sizeof(NODE));
     q->data=a[i];
     q->next=NULL;
     if(h==NULL)  h=p=q;
     else    {p->next=q;p=q;}
   }
   return  h;
}
void outlist(NODE  *h)
{
NODE  *p;
   p=h;
   if (p==NULL) printf("The list is NULL!\n");
   else
   {
   printf("\nHead  ");
     do
     { printf("->%d", p->data); p=p->next;}
     while(p!=NULL);
     printf("->End\n");
   }
}
main()
{
NODE  *head;
   int  a[N]={2,4,6,8,10};
   head=creatlist(a);
   printf("\nThe original list:\n");
   outlist(head);
   head=fun(head);
   printf("\nThe list after inverting :\n");
   outlist(head);
}
```

2. 改错题

（1）下列给定程序中函数 fun 的功能是从低位开始取出长整型变量 s 中奇数位上的数，依次构成一个新数放在 t 中。例如，当 s 中的数为 4576235 时，t 中的数为 4725。

请改正程序中的错误，使它能得到正确结果。

注意：不要改动 main 函数，不得增行或删行，也不得更改程序的结构。

```c
#include <stdio.h>
#include <conio.h>
/*************************found************************/
int fun(long s,long *t)
{
  long s1=10;
  *t=s%10;
  while(s>0)
    {
/*************************found************************/
      s=s%100;
      *t=s%10*s1+*t;
      s1=s1*10;
    }
}
main()
{
  long s, t;
  clrscr();
  printf("\nPlease enter s: ");
  scanf("%ld",&s);
  fun(s,&t);
  printf("The result is: %ld\n ",t);
}
```

（2）给定程序 MODI1.C 是建立一个带头结点的单向链表,并用随机函数为各结点赋值。函数 fun 的功能是将单向链表结点 (不包括头结点)数据域为偶数的值累加起来，并且作为函数值返回。

请改正函数 fun 中指定部位的错误，使它能得出正确的结果。

```c
#include <stdio.h>
#include <stdlib.h>
typedef  struct  aa
{ int data;  struct  aa  *next; }NODE;
int  fun(NODE *h)
{ int   sum = 0 ;
  NODE  *p;
/*************found*************/
  p=h;
  while(p)
   {
  if(p->data%2==0)
     sum +=p->data;
/*************found*************/
     p=h->next;
  }
  return  sum;
}
NODE  *creatlink(int  n)
{
NODE *h, *p, *s, *q;
  int  i, x;
  h=p=(NODE *)malloc(sizeof(NODE));
  for(i=1; i<=n; i++)
```

```
    {
        s=(NODE *)malloc(sizeof(NODE));
        s->data=rand()%16;
        s->next=p->next;
        p->next=s;
        p=p->next;
    }
    p->next=NULL;
    return  h;
}
outlink(NODE  *h, FILE  *pf)
{
NODE *p;
    p = h->next;
    fprintf(pf ,"\n\nTHE  LIST :\n\n  HEAD " );
    while(p)
    {
    fprintf(pf ,"->%d ",p->data ); p=p->next; }
        fprintf (pf,"\n");
}
outresult(int  s, FILE *pf)
{ fprintf(pf,"\nThe sum of even numbers  :  %d\n",s);}
main()
{
NODE  *head;    int  even;
    head=creatlink(12);
    head->data=9000;
    outlink(head , stdout);
    even=fun(head);
    printf("\nThe  result  :\n"); outresult(even, stdout);
}
```

3. 编程题

请编写函数 fun，其功能是求出数组的最大元素在数组中的下标并存放在 k 所指的存储单元中。

　　例如，输入如下整数：876，675，896，101，301，401，980，431，451，777。

　　输出结果为：6，980。

　　请勿改动主函数 main 和其他函数中的任何内容，仅在函数 fun 的花括号中填入你编写的若干语句。

```
#include <stdio.h>
int fun(int *s,int t,int *k)
{



}
main()
{
    int a[10]={876,675,896,101,301,401,980,431,451,777},k;
    fun(a,10,&k);
    printf("%d,%d\n",k,a[k]);

}
```

实验 7　字符与字符串

7.1　实验目的

（1）掌握字符型变量的定义、输入和输出。
（2）了解字符数组与字符串的关系。
（3）正确使用指针指向一个字符串。
（4）掌握字符串的输入、输出和字符串处理函数。

7.2　实验内容

1. 填空题

（1）请补充 main 函数，该函数的功能是从键盘输入一个字符串并保存在字符 str1 中，把字符串 str1 中下标为偶数的字符保存在字符串 str2 中并输出。例如，若 str1="cdefghij"，则 str2="cegi"。

请勿改动主函数 main 和其他函数中的任何内容，仅在函数 fun 的横线上填入所编写的若干表达式或语句。

```
#include <stdio.h>
#include <conio.h>
#define LEN 80
main()
{
    char str1[LEN],str2[LEN];
    char *p1=str1, *p2=str2;
    int i=0,j=0;
    clrscr();
    printf("Enter the string:\n");
    scanf(__1__);
    printf("***the origial string***\n");
    while(*(p1+j))
    {
        printf("__2__",* (p1+j));
        j++;
    }
    for(i=0;i<j;i+=2)
        *p2++=*(str1+i);
    *p2='\0';
    printf("\nThe new string is:%s\n",__3__);
}
```

（2）请补充函数 fun，该函数的功能是从'a'到'z'统计一个字符串中所有字母字符各自出现的次数，结果保存在数组 alf 中。

注意：不区分大小写，不能使用字符串库函数。

例如，输入 A =abc+5*c，结果为 a=2,b=1,c=2。

请勿改动主函数 main 和其他函数中的任何内容，仅在函数 fun 的横线上填入所编写的若干表达式或语句。

```c
#include <conio.h>
#include <stdio.h>
#define N 100
void fun(char *tt,int alf[])
{
    int i;
    char *p=tt;
    for(i=0;i<26;i++)
        ___1___;
    while(*p)
    {
        if(*p>='A'&&*p<='Z')
            ___2___;
        if(*p>='a'&&*p<='z')
            alf[*p-'a']++;
        ___3___;
    }
}

main()
{
    char str[N];
    char a='a';
    int alf[26],k;
    clrscr();
    printf("\nPlease enter a char string:");
    scanf("%s",str);
    printf("\n**The original string**\n");
    puts(str);
    fun(str,alf);
    printf("\n**The number of letter**\n");
    for(k=0;k<26;k++)
    {
        if(k%5==0)
            printf("\n");
        printf("%c=%d ",a+k,alf[k]);
    }
    printf("\n");
}
```

2. 改错题

（1）在下列给定程序中，函数 fun 的功能是在字符串 str 中找出 ASCII 码值最小的字符，将其放在第一个位置上，并将该字符前的原字符向后顺序移动。例如，调用 fun 函数之前给字符串输入 fagAgBDh，调用后字符串中的内容为 AfaggBDh。

请改正程序中的错误，使它能得到正确结果。

注意：不要改动 main 函数，不得增行或删行，也不得更改程序的结构。

```c
#include <stdio.h>
/**********************found**********************/

void fun(char p)
```

```
{
  char min, *q;
  int i=0;
  min=p[i];
  while (p[i]!=0)
    {
      if (min>p[i])
        {
/************************found************************/

          p=q+i;
  min=p[i];
        }
      i++;
    }
  while(q>p)
    {*q=*(q-1);
      q--;
    }
  p[0]=min;
}
main()
{
  char str[80];
  printf("Enter a string: ");
  gets(str);
  printf("\nThe original string: ");
  puts(str);
  fun(str);
  printf("\nThe string after moving: ");
  puts(str);
  printf("\n\n");
}
```

（2）在下列给定程序中，函数 fun 的功能是依次取出字符串中所有的字母，形成新的字符串，并取代原字符串。

请改正程序中的错误，使它能得到正确结果。

注意：不要改动 main 函数，不得增行或删行，也不得更改程序的结构。

```
#include <stdio.h>
#include <conio.h>
void fun(char *s)
{
    int i,j;
    for(i=0,j=0;s[i]!='\0';i++)
    /************************found************************/

        if((s[i]>='A'&&s[i]<='Z')&&(s[i]>='a'&&s[i]<='z'))
            s[j++]=s[i];
    /************************found************************/

    s[j]="\0";
}
main()
{
    char item[80];
```

```
    clrscr();
    printf("\nEnter a string: ");
    gets(item);
    printf("\n\nThe string is:\%s\n",item);
    fun(item);
    printf("\n\nThe string of changing is :\%s\n",item);
}
```

3. 编程题

（1）请编写一个函数 fun，它的功能是将 ss 所指字符串中所有下标为偶数位置的字母转换为小写（若该位置上不是字母，则不转换）。

例如，若输入 ABC4efG，则应输出 aBc4efg。

请勿改动主函数 main 和其他函数中的任何内容，仅在函数 fun 的花括号中填入所编写的若干语句。

```
#include <conio.h>
#include <stdio.h>
#include <string.h>
void fun(char *ss)
{


}
main()
{
  char tt[81];
  clrscr();
  printf("\nPlease enter an string within 80 characters:\n");
  gets(tt);
  printf("\n\nAfter changing, the string\n  \%s",tt);
  fun(tt);
  printf("\nbecomes\n \%s\n",tt);
}
```

（2）请编写函数 fun，函数的功能是将放在字符串数组中的 M 个字符串（每串的长度不超过 N），按顺序合并组成一个新的字符串。例如，字符串数组中的 M 个字符串为

```
AAAA
BBBBBBB
CC
```

则合并后的字符串的内容应是 AAAABBBBBBBCC。

请勿改动主函数 main 和其他函数中的任何内容，仅在函数 fun 的花括号中填入你编写的若干语句。

```
#include <stdio.h>
#define    M   3
#define    N   20
void  fun(char  a[M][N],char  *b)
{

}
main()
{
    char   w[M][N]={"AAAA","BBBBBBB","CC"},a[100];
```

```
        int i ;
        printf("The string:\n");
        for(i=0; i<M; i++)puts(w[i]);
        printf("\n");
        fun(w,a);
        printf("The A string:\n");
        printf("%s",a);printf("\n\n");
        NONO();
    }
```

实验 8 结构体、共用体

8.1 实 验 目 的

（1）用 typedef 说明一个新类型。
（2）结构体和共用体类型数据的定义和成员的引用。
（3）通过结构体构成链表，单向链表的建立，结点数据的输出、删除与插入。

8.2 实 验 内 容

1. 填空题

（1）程序通过定义学生结构体数组，存储了若干名学生的学号、姓名和 3 门课的成绩。函数 fun 的功能是将存放学生数据的结构体数组，按照姓名的字典序（从小到大）排序。请在程序的下划线处填入正确的内容并把下划线删除，使程序得出正确的结果。
注意：不得增行或删行，也不得更改程序的结构！

```
#include  <stdio.h>
#include  <string.h>
struct student
{
  long  sno;
  char  name[10];
  float  score[3];
};
void fun(struct student  a[],int  n)
{
/************found************/
    1   t;
  int  i,j;
/************found************/
  for(i=0;i<__2___;i++)
     for(j=i+1;j<n;j++)
/************found************/
        if(strcmp(__3___)>0)
        {  t=a[i];a[i]=a[j];a[j]=t;  }
}
main()
{
struct student  s[4]={{10001,"ZhangSan", 95, 80, 88},{10002,"LiSi", 85, 70, 78},
                 {10003,"CaoKai", 75, 60, 88}, {10004,"FangFang", 90, 82, 87}};
  int  i, j;
  printf("\n\nThe original data :\n\n");
  for (j=0; j<4; j++)
  {
  printf("\nNo: %ld Name: %-8s    Scores: ",s[j].sno, s[j].name);
    for (i=0; i<3; i++)  printf("%6.2f ", s[j].score[i]);
    printf("\n");
```

```
    }
    fun(s, 4);
    printf("\n\nThe data after sorting :\n\n");
    for (j=0; j<4; j++)
    {
    printf("\nNo: %ld Name: %-8s    Scores: ",s[j].sno, s[j].name);
        for (i=0; i<3; i++)  printf("%6.2f ", s[j].score[i]);
        printf("\n");
    }
}
```

（2）N名学生的成绩已放入主函数一个带头节点的链表结构中，h指向链表的头节点。请编写函数 fun，它的功能是找出学生的最低分，由函数值返回。

请勿改动主函数 main 和其他函数中的任何内容，仅在函数 fun 的花括号中填入所编写的若干语句。

```
#include <stdio.h>
#include <stdlib.h>
#define  N  8
struct  slist
{
double s;
  struct slist *next;
};
typedef struct slist  STREC;
double fun(STREC *h)
{


}
STREC * creat (double *s)
{
  STREC *h, *p, *q;
  int  i=0;
  h=p=(STREC*)malloc(sizeof(STREC));
  p->s=0;
  while(i<N)                        /*产生 8 个节点的链表，各分数存入链表中*/
    {q=(STREC*) malloc(sizeof(STREC));
     p->s=s[i]; i++; p->next=q; p=q;
    }
  p->next=NULL;
  return  h;                    /*返回链表的首地址*/
}
outlist(STREC *h)
{
  STREC *p;
  p=h;
  printf("head");
  do
    {printf("->%2.0f ",p->s);p=p->next;}    /*输出各分数*/
  while(p!=NULL);
  printf("\n\n ");
}
main()
{
  double s[N]={56,89,76,95,91,68,75,85}, min;
```

```
    STREC *h;
    h=creat(s);
    outlist(h);
    min=fun(h);
    printf("min=%6.1f\n ",min);
}
```

2. 改错题

给定程序 MODI1.C 中，函数 fun 的功能是对 N 名学生的学习成绩按从高到低的顺序
找出前 m(m≤10)名学生，并将这些学生数据存放在一个动态分配的连续存储区中，此存
储区的首地址作为函数值返回。

请改正函数 fun 中指定部位的错误，使它能得出正确的结果。

```
#include <stdio.h>
#include <alloc.h>
#include <string.h>
#define    N 10
typedef   struct  ss
{ char  num[10];
   int  s;
} STU;
STU *fun(STU  a[],int  m)
{ STU  b[N],*t;
   int  i,j,k;
/************found************/
   t=(STU *)calloc(sizeof(STU),m)
   for(i=0;i<N;i++)  b[i]=a[i];
      for(k=0;k<m;k++)
      {
      for(i=j=0; i<N; i++)
         if(b[i].s > b[j].s)  j=i;
/************found************/
         t(k)=b(j);
         b[j].s=0;
      }
      return  t;
}
outresult(STU  a[], FILE  *pf)
{
int  i;
   for(i=0;i<N;i++)
   fprintf(pf,"No = %s  Mark = %d\n", a[i].num,a[i].s);
   fprintf(pf,"\n\n");
}
main()
{
STU  a[N]={ {"A01",81},{"A02",89},{"A03",66},{"A04",87},{"A05",77},
          {"A06",90},{"A07",79},{"A08",61},{"A09",80},{"A10",71} };
   STU  *pOrder;
   int  i, m;
   printf("***** The Original data *****\n");
   outresult(a,stdout);
   printf("\nGive the number of the students who have better score:  ");
   scanf("%d",&m);
   while( m>10 )
```

```
{
    printf("\nGive the number of the students who have better score:  ");
      scanf("%d",&m);
}
pOrder=fun(a,m);
printf("***** THE  RESULT *****\n");
printf("The top  :\n");
for(i=0;  i<m;  i++)
```

$$A_1 = 1,\ A_2 = \frac{1}{1+A_1},\ A_3 = \frac{1}{1+A_2}, \cdots, A_n = \frac{1}{1+A_{n-1}}$$

```
printf("  %s    %d\n",pOrder[i].num , pOrder[i].s);
free(pOrder);
}
```

3. 编程题

（1）学生的记录由学号和成绩组成，N 名学生的数据已放入主函数结构体数组 s 中，请编写函数 fun，它的功能是按分数的高低排列学生的记录，高分在前。

请勿改动主函数 main 和其他函数中的任何内容，仅在函数 fun 的花括号中填入你编写的若干语句。

```c
#include <stdio.h>
#define   N   16
typedef   struct
{ char   num[10];
   int    s;
} STREC;
int  fun(STREC  a[])
{


}

main()
{
    STREC  s[N]={{"GA005",85},{"GA003",76},{"GA002",69},{"GA004",85},
                 {"GA001",91},{"GA007",72},{"GA008",64},{"GA006",87},
                 {"GA015",85},{"GA013",91},{"GA012",64},{"GA014",91},
                 {"GA011",66},{"GA017",64},{"GA018",64},{"GA016",72}};
    int  i;FILE *out;
    fun(s);
    printf("The data after sorted :\n");
    for(i=0;i<N;  i++)
    {  if((i)%4==0)printf("\n");
       printf("%s  %4d  ",s[i].num,s[i].s);
    }
    printf("\n");
    out = fopen("c:\\test\\out.dat","w") ;
    for(i=0;i<N;  i++)
    {  if((i)%4==0&&i) fprintf(out,"\n");
       fprintf(out,"%4d",s[i].s);
    }
    fprintf(out,"\n");
    fclose(out);
}
```

（2）N名学生的成绩已放入主函数一个带头节点的链表结构中，h指向链表的头节点。请编写函数fun，它的功能是找出学生的最高分，由函数值返回。

请勿改动主函数main和其他函数中的任何内容，仅在函数fun的花括号中填入你编写的若干语句。

```c
#include <stdio.h>
#include <stdlib.h>
#define  N  8
struct  slist
{ double  s;
  struct slist *next;
};
typedef  struct slist  STREC;
double  fun( STREC *h  )
{


}

STREC * creat( double *s)
{
STREC  *h, *p, *q;   int  i=0;
  h=p=(STREC*)malloc(sizeof(STREC));p->s=0;
  while(i<N)
  { q=(STREC*)malloc(sizeof(STREC));
    q->s=s[i]; i++; p->next=q; p=q;
  }
  p->next=0;
  return  h;
}
outlist( STREC *h)
{
STREC  *p;
  p=h->next;  printf("head");
  do
  { printf("->%2.0f",p->s);p=p->next;}
  while(p!=0);
  printf("\n\n");
}
main()
{
double   s[N]={85,76,69,85,91,72,64,87}, max;
  STREC  *h;
  h=creat( s );  outlist(h);
  max=fun( h );
  printf("max=%6.1f\n",max);

}
```

实验 9 位 运 算

9.1 实 验 目 的

（1）掌握按位运算的概念和方法，学会使用位运算符。
（2）学会通过位运算实现对某些位的操作。
（3）编写简单程序实现特定功能。

9.2 实 验 环 境

turboC 或 VC++., 微型计算机，Windows XP 系统。

9.3 实 验 内 容

1. 填空题

实现一个整数的高字节和低字节分别输出的功能（用位运算方式实现）。

```
#include <stdio.h>
int main()
{
    int a,b,c;
    scanf("%d",&a);
    b=a&  1  ;
    c=a&  2  ;
    printf("高字节和低字节换为十进制后分别为%d\n",c,b);
    reture  3  ;
}
```

2. 改错题

请改正下列功能函数以实现输出一个整数的二进制形式。

```
#include <stdio.h>
main()
{
  int num,bit,i;
  unsigned text=0x800;
  printf("input  num: ");
  scanf("%d",&num);
  printf("binary of  %x  is:",num);
  for(i=1;i<=16;i++)
  {
      bit=((num&text)= =0)?0:1;
      printf("%d",bit);
      test>>=0;
  }
}
```

3. 编程题

（1）编写一个函数 getbits，实现对一个 16 位的单元二进制取出其中某几位的功能。函数调用形形式为 getbits(value,n1,n2) 其中 value 为该 16 位数的值，n1 为欲取的起始位，n2 为欲取出的结束位。

（2）编写 fun 函数，使其实现的功能为将 p 所指字符中每个单词的最后一个字母改成大写（这里的"单词"是指有空格隔开的字符串）。例如，若输入 jining medical university 则应输出 jininG medicaL universitY。

实验 10 文　　件

10.1　实验目的

（1）掌握文件以及缓冲文件系统、文件指针的概念。
（2）学会使用文件打开、关闭、读写等文件操作。
（3）熟悉文件操作的调试方法。

10.2　实验环境

turbo C 或 VC++，微型计算机，Windows XP 系统。

10.3　实验内容

1. 填空题

从键盘输入一个字符串，实现将字符串中的小写字母转换成大写字母的功能，然后保存在 jnmc.txt 中，输入的字符串以 ! 结束。

```
#include <stdio.h>
#include <stdlib.h>
#include <string.h>
void main( )
{
  FILE  1  ;
  char str[100];
  int i=0;
  if((fp=fopen("jnmc.txt","w"))=NULL)
    {
      printf("can not open file\n");
      exit(0);
    }
  printf("input a string:\n");
  get(str);
  while(str[i]!='!')
    {
    if(str[i]>='a'&&str[i]<='z')
        str[i]=str[i]-  2  ;
        fputc(str[i],fp);
    i++;
    }
  fclose(fp);
  fp=fopen("jnmc.txt","r");
  fgets(str,strlen(str)+1,fp);
  printf("%s\n",  3  );
  fclose(fp);
}
```

2. 改错题

请修改函数功能，以实现删除字符串 s 中的所有空白字符（包括 Tab 字符、回车符及换行符）。输入字符串时以#结束输入。

```
#include <string.h>
#include <stdio.h>
#include <ctype.h>
fun(char *p)
  {
int i,t; char c[80];
  For (i=0,t=0;p[i];i++)
  if(!isspace(*(p+i))) c[t++]=p[i];
  c[t]="\0";
  strcpy(p,c);
  }
  main ( )
   {
   char c,s[80];
      int i=0;
      printf("input a string:");
      c=getchar( );
      while(c!='#')
      { s[i]=c;i++;c=getchar( );}
      s[i]='\0';
      fun(s);
      puts(s);
   }
```

3. 编程题

（1）编程实现函数功能：程序的功能是调用 fun 函数建立班级通讯录。通讯录中记录每位学生的编号、姓名和电话号码。班级的人数和学生的信息从键盘读入，每个人的信息作为一个数据块写到名为 jnmcncre.dat 的二进制文件中。

（2）编写 fun 函数，其功能是将自然数 1~10 以及它们的平方根写到名为 mycfile.txt 的文件中，然后再顺序读出显示在屏幕上。

习 题 答 案

习 题 1

1. (C)　2. (A)　3. (D)　4. (C)　5. (D)　6. (D)　7. (B)　8. (D)

习 题 2

```c
1. #include <stdio.h>
   void main()
   {
     char a;
     short b;
     int c;
     long d;
     float e;
     double f;
     printf("char %d bit\n",8*sizeof(a));
     printf("short %d bit\n",8*sizeof(b));
     printf("int %d bit\n",8*sizeof(c));
     printf("long %d bit\n",8*sizeof(d));
     printf("float %d bit\n",8*sizeof(e));
     printf("double %d bit\n",8*sizeof(f));
   }
2. #include <stdio.h>
   void main()
   {
     double a,b,c,sum;
     printf("Enter three double:");
     scanf("%lf %lf %lf",&a,&b,&c);
     sum=(a+b+c)/3;
     printf("aver=%lf\n",sum);
   }
3. #include <stdio.h>
   void main()
   {
     double length,width,area;
     printf("Enter length of rectangle:");
     scanf("%lf",&length);
     printf("Enter width of rectangle:");
     scanf("%lf",&width);
     area=length*width;
     printf("Area of rectangle is %lf\n",area);
     printf("Perimeter of rectangle is %lf\n",2*(length+width));
   }
4. #include <stdio.h>
   void main()
   {
```

```
   double mile,k;
   printf("Enter mile:");
   scanf("%lf",&mile);
   k=mile*5280*12*2.54/100000;
   printf("%lf mile is %lf kilometre\n",mile,k);
 }
5. #include <stdio.h>
  void main()
  {
  double rmb,dollar;
  printf("Enter RMB:");
  scanf("%lf",&rmb);
  dollar=rmb/8.27;
  printf("RMB %.2lf can exchange dollar %.2lf\n",rmb,dollar);
  }
6. #include <stdio.h>
  void main()
  {
  float i,s;
  printf("Enter a data:");
  scanf("%f%f",&i,&s);
  s=s*(1+i);
  printf("I have %.2f yuan after 1 year",s);
  }
7. #include <stdio.h>
  void main()
  {
  float r,h;
  printf("Enter radius and height:");
  scanf("%f%f",&r,&h);
  printf("the volume is %.2f\n",3*3.14*r*r*h);
  }
```

习　题　3

一、选择题

1.（B）　2.（D）　3.（C）

二、编程题

```
1. #include <stdio.h>
  #include <math.h>
  main()
  {
  float  a,b,c,disc,x1,x2,realpart,imagpart;
     scanf("%f%f%f",&a,&b,&c);
  printf("the equation");
     if(fabs(a)<=1e-6)
     printf("is not quadratic");
    else disc=b*b-4*a*c;
    if(fabs(disc) <=1e-6)
    printf("has two equal roots:%8.4f\n",-b/(2*a));
    else if (disc>1e-6)
    {
      x1=(-b+sqrt(disc))/(2*a);
      x2=(-b-sqrt(disc))/(2*a);
```

```
        printf("has distincr real roots: %8.4f\n",x1,x2);
    }
    else
    {
        realpart=-b/(2*a);
        imagpart=sqrt(-disc)/(2*a);
        printf("has complex roots:\n");
        printf("%8.4f+%8.4fi\n",realpart,imagpart);
        printf("%8.4f-%8.4fi\n",realpart,imagpart);
    }
}
```

2.
```
main()
{
    printf("I am a student.\n");
    printf("I love China.\n");
}
```

习 题 4

一、选择题

1.（D） 2.（B） 3.（A） 4.（A） 5.（B） 6.（C） 7.（B） 8.（D） 9.（C） 10.（A）

二、填空题

1. 4   2. 非 0   3. 1217   4. 20 0

三、编程题

1.
```
#include <stdio.h>
void main()
{
    float a,b,t;
    scanf("%f,%f",&a,&b);
    if(a>b)
    {
        t=a;
        a=b;
        b=t;
    } /* 实现 a 和 b 的互换 */
    printf("%5.2f, %5.2f\n",a,b);
}
```

2.
```
#include <stdio.h>
void main()
{
    float score;
    int grade;
    scanf("%f",&score);
    grade=score/10;
    switch(grade)
    {
    case 10:
    case 9:  printf("A\n"); break;
    case 8:  printf("B\n");  break;
    case 7:  printf("C\n");  break;
```

```
        case 6: printf("D\n"); break;
        default: printf("E\n"); break;
    }
}
```

习 题 5

```
1. #include <stdio.h>
   void main()
   {
       int size = 0;
       printf("请输入乘法表的大小（勿超过 9）: ");
        scanf("%d", &size);
       if(size>9)
       {
           printf("\n 输入的表格大小过大，已强制改为 9! ");
           size = 9;
       }
       else if(size<2)
           {
               printf("\n 输入的表格大小过大，已强制改为 2! ");
               size = 2;
           }
       for(int row = 1 ; row<= size ; row++)
           {
               for(int col = 1 ; col<=row ; col++)
               {
                   printf("%d*%d=%d ", row, col, row*col);
               }
               printf("\n");
           }
   }
2. #include <stdio.h>
   #include <ctype.h>
   void main()
   {
       char ch = 0;
       for(int i = 0 ; i<128 ; i++)
       {
           ch = (char)i;
           if(ch%2==0)
           printf("\n");
           printf(" %4d   %c",ch,(isgraph(ch) ? ch : ' '));//如果不可打印，则输出
           空格
       }
   printf("\n");
   }
3. #include <stdio.h>
   void main()
   {
   int width = 0;
   int height = 0;
   printf("输入宽和高，中间用回车隔开 ");
   scanf("%d", &width);
   scanf("%d", &height);
```

```
        for(int row = 0 ; row<height ; row++)
        {
            printf("\n");
            for(int col = 0 ; col<width ; col++)
            {
             if(row == 0||row==height-1)
             {
                printf("*");
                continue;
             }
             printf("%c", ((col==0 || col==width-1) ? '*' :' '));
            }
        }
        printf("\n");
    }
```

4.
```
#include <stdio.h>
void main()
{
    char guess = 0;
    char answer = 'Y';
    printf("\n 请猜测一下我事先设定的字符是什么！输入后请回车确认！");
    do { scanf(" %c", &guess); //注意%c 前面需要有空格
        if (guess == answer)
        {
            printf("\n 你猜对啦!!! \n");
            break;
        }
        printf("\n 你没有猜对，请继续! \n");
    } while (1);              //循环条件始终为真，直到猜对为止
}
```

习 题 6

一、选择题

1.（D）　2.（C）　3.（C）　4.（C）

二、填空题

1. 1 4（注：输出两个数 1 和 4）　　2. 3

三、编程题

1.
```
#include <stdio.h>
void main()
{
    int i,t;
    int a[10]={0,1,2,3,4,5,6,7,8,9} ;
    for (i=0;i<=4;i++)
    {
    t=a[i]; a[i]=a[9-i]; a[9-i]=t;}
    for(i=0;i<=9;i++)
    printf("%d",a[i]);
}
```

2.
```
#include <stdio.h>
```

```
void main()
{
  int i,j,sum=0;
  int a[4][4] ;
  for(i=0 ;i<4 ;i++)
    for(j=0 ;j<4 ;j++)
      scanf("%d",&a[i][j]) ;
  for(i=0 ;i<4 ;i++)
    for(j=0 ;j<4 ;j++)
      if(i= =j) sum=sum+a[i][j];
  printf("sum=%d",sum);
}
```

习　题　7

一、选择题

1.（A）　2.（D）　3.（D）　4.（C）　5.（B）　6.（C）　7.（B）

二、编程题

```
1. #include <stdio.h>
  float GetInch(float feet);
  float GetMeter(float inch);
  float GetCentiMeter(float meter);
  void main()
  {
    float inch;
    float meter;
    float centimeter;
    float feet;
    printf("请输入英尺的值\n");
    scanf("%f",&feet);
    inch=GetInch(feet);
    printf("转换成英寸的结果是%.2f:",inch);
    printf("\n");
    meter=GetMeter(GetInch(feet));
    printf("转换成米的结果是%.2f:",meter);
    printf("\n");
    centimeter=GetCentiMeter(GetMeter(GetInch(feet)));
    printf("转换成米的结果是%.2f:",centimeter);
    printf("\n");
  }
  float GetInch(float feet)
  {
    float inch;
    inch=feet*12;
    return inch;
  }
  float GetMeter(float inch)
  {
    float meter;
    meter=inch*2.54;
    return meter;
  }
  float GetCentiMeter(float meter)
```

```
{
    float centimeter;
    centimeter=meter*100;
    return centimeter;
}
```

2.
```
#include <stdio.h>
int GetFactorial(int number);
void main()
{
    int number;
    unsigned long int result;
    printf("请输入 number 的值\n");
    scanf("%d",&number);
    result=GetFactorial(number);
    printf("结果是%d\n",result);
}
int GetFactorial(int number)
{
    int result;
    if(number==1)
    {
        result=1;
    }
    else
    {
        result=GetFactorial(number-1) *number;
    }
    return result;
}
```

习　题　8

1. 6   2. 25   3. 2

习　题　9

一、选择题

1.（A）　2.（D）　3.（B）

二、填空题

1. 110　2. 7 1　3.（1）char*p;（2）p=&ch;（3）*p='A';

三、编程题

1.
```
#include <stdio.h>
void main()
{
    int *p1,*p2,*p3,*p,a,b,c;
    scanf("%d,%d,%d",&a,&b,&c);
    p1=&a;
    p2=&b;
```

```
       p3=&c;
       if(a<b)
       {
       p=p1;
       p1=p2;
       p2=p;
       }
       if(a<c)
       {
       p=p1;
       p1=p3;
       p3=p;
       }
       if(b<c)
       {
       p=p2;
       p2=p3;
       p3=p;
       }
       printf("%d,%d,%d",*p1,*p2,*p3);
   }
2. #include <stdio.h>
   void copy(char *pa,char *pb);
   int main(void)
   {
     char a[80],b[80];
     printf("Input string:\n");
     gets(a);
     printf("\nOldString=%s\n",a);
     printf("\n");
     copy(a,b);
     printf("\nNewString=%s\n",b);
     return 0;
   }
   void copy(char *pa,char *pb)
   {
     while(*pa != '\0')
     {
      *pb=*pa;
      pa++;
      pb++;
     }
    *pb='\0';
   }
3. #include <stdio.h>
   int search(int *pa,int n,int *pmax,int *pflag);
   int main()
   {
     int a[10],i,max,flag,pmax;
     printf("Input 10 numbers:");
     for(i=0;i<10;i++)
         scanf("%d",&a[i]);
     pmax=search(a,10,&max,&flag);
     printf("Max is:%d\n",max);
     printf("Max position is:%d\n",flag);
   }
   int search(int *pa,int n,int *pmax,int *pflag)
```

```
    {
        int i,*max;
        max=pmax;
        *pmax=pa[0];
        for(i=1;i<n;i++)
        {
            if(*pmax<pa[i])
                {
                *pmax=pa[i];
                *pflag=i;
                }
        }
        return *max;
    }
```

```
4. #include <stdio.h>
   void fun(int (*p)[3]);
   int main()
   {
        int a[5][3],i,j;
        printf("请输入 5*3 矩阵 a:\n");
        for(i=0;i<5;i++)
            for(j=0;j<3;j++)
                    scanf("%d",&a[i][j]);
        fun(a);
        return 0;
   }
   void fun(int (*p)[3])
   {
        int i,j,sum=0;
        for(i=0;i<5;i++)
        {
            printf("第%d 行元素之和为: ",i+1);
            for(j=0;j<3;j++)
                    sum+=p[i][j];
            printf("%d\n",sum);
            sum=0;
        }
   }
```

习 题 10

一、选择题

1.（C） 2.（A） 3.（B） 4.（D） 5.（B） 6.（D） 7.（A） 8.（B） 9.（D） 10.（A）

二、填空题

1. fabcde   2. '\0'   3. 4, 10   4. How are you? How

三、编程题

```
1. #include <stdio.h>
   void main()
   {
```

```
char a[20]="hello";
   char b[10]="world";
   int i, n;
   n=strlen(a);
   for(i=0;b[i]!='\0';i++)
       a[n+i]=b[i];
   a[n+i]='\0';
   puts(a);
}
```

2. `char delchar(char *s,int pos)`

```
{
int i;
   char ch=s[pos];
   if(pos<0||pos>=strlen(s)) return 0;
   for(i=pos;s[i];i++) s[i]=s[i+1];
   return ch;
}
```

习 题 11

一、选择题

1.（B）　　2.（C）　　3.（D）　　4.（B）　　5.（C）

二、填空题

1. 1001, ChangRong, 1098.0　　　2. p=p->next

三、编程题

（1）`int find_node(SLIST *head)`

```
{
SLIST *p;
   int max;
   p=head->next;
   max=p->data;
   for(p=p->next;p;p=p->next)
   if(max<p->data)  max=p->data;
   return max;
}
```

（2）`SLIST * find_node(SLIST *head)`

```
{
SLIST *p,pmax;
   int max;
   p=head->next;
   max=p->data; pmax=p;
   for(p=p->next;p;p=p->next)
   if(max<p->data)  {max=p->data; pmax=p;}
   return pmax;
}
```

习 题 12

一、选择题

1.（B） 2.（A） 3.（D） 4.（A） 5.（D）

二、填空题

1.（A） 2.（C） 3.（C） 4. 1111000 5. 01010101 6. 00100100 7. 80 8. 3 9. 8 10. 4,3

习 题 13

一、选择题

1.（C） 2.（B） 3.（C） 4.（C） 5.（C）

二、填空题

1. FILE 2. NULL 3. 123456

习 题 14

一、算法部分

【真题1】

解析：算法的有穷性是指算法必须能在有限的时间内做完，即算法必须能在执行有限个步骤之后终止。

答案：（C）

【真题2】

解析：算法的空间复杂度是指执行这个算法所需要的计算机内部存储空间（简称内存空间）。

答案：（C）

【真题3】

解析：

（1）算法的时间复杂度是指执行算法所需要的计算工作量。算法的工作量用算法所执行的基本运算次数来度量，而算法所执行的基本运算次数是问题规模的函数；算法的空间复杂度一般是指执行这个算法所需要的内存空间。

（2）算法的时间复杂度与空间复杂度并不相关。

（3）数据的逻辑结构就是数据元素之间的逻辑关系，它是从逻辑上描述数据元素之间的关系，是独立于计算机的；数据的存储结构是研究数据元素和数据元素之间的关系如何在计算机中表示，它们并非一一对应。

（4）算法的执行效率不仅与问题的规模有关，还与数据的存储结构有关。

答案：（D）

【真题4】

解析：算法复杂度包括时间复杂度和空间复杂度，是衡量一个算法好坏的度量。算法的时间复杂度主要是基本运算次数。

答案：（B）

二、数据结构部分

【真题1】

解析：线性结构，是最简单最常用的一种数据结构。线性结构的特点是结构中的元素之间满足线性关系，按这个关系可以把所有元素排成一个线性序列，如线性表、串、栈和队列都属于线性结构。而非线性结构是指在该类结构中至少存在一个数据元素，它具有两个或两个以上的前件或后件，如树和二叉树等。

答案：（A）

【真题2】

解析：影响程序执行效率的因素有很多，如数据的存储结构、程序处理的数据量、程序的算法等。顺序存储结构和链式存储结构在数据插入和删除操作上的效率就存在差别。其中，链式存储结构的效率要高一些。

答案：（C）

【真题3】

解析：主要考查了栈、队列、循环队列的概念，栈是"先进后出"的线性表，队列是"先进先出"的线性表。根据数据结构中各数据元素之间的前后件关系的复杂程度，一般将数据结构分为两大类型：线性结构与非线性结构。循环队列是线性结构。有序线性表既可以采用顺序存储结构，又可以采用链式存储结构。

答案：（B）

【真题4】

解析：可以从存储密度的角度比较链式存储结构和顺序存储结构的存储空间。所谓存储密度是指结点数据本身所占的存储量除以结点结构所占的存储总量所得的值。这个值越大，存储空间利用率越高。顺序表是静态分配的，其存储密度为1；而链式存储是动态分配的，其存储密度小于1。

答案：（B）

【真题5】

解析：循环队列中，由于入队时尾指针向前追赶头指针；出队时头指针向前追赶尾指针。所以队头指针可以大于队尾指针，也可以小于队尾指针。

答案：（B）

【真题6】

解析：在循环队列中因为头指针指向的是队头元素的前一个位置，所以是从第6个位置开始有数据元素，即计算6~29有多少个元素，所以队列中的数据元素的个数为29-6+1=29-5=24。

答案：24

【真题7】

解析：队列的顺序存储结构一般采用循环队列的形式。所谓循环队列，就是将队列存储空间的最后一个位置绕到第一个位置，形成逻辑上的环状空间，供队列循环使用，其实质还是顺序存储结构。

答案：顺序

【真题8】

解析：对于队列来讲，是先进先出。

答案：A,B,C,D,E,F,5,4,3,2,1

【真题9】

解析：栈底指针到栈顶指针就是当前栈中的所有元素的个数。（注意，此处最容易错误地算成19）

答案：20

【真题10】

解析：栈是一种限定在一端进行插入与删除的线性表。在主函数调用子函数时，要首先保存主函数当前的状态，然后转去执行子函数，把子函数的运行结果返回到主函数调用子函数时的位置，主函数再接着往下执行，这种过程符合栈的特点。所以一般采用栈式存储方式。

答案：（C）

【真题11】

解析：栈是按照"先进后出"或"后进先出"的原则组织数据的。所以出栈顺序是EDCBA54321。

答案：（D）

【真题12】

解析：本题主要考查栈的出入操作。栈是一种先进后出的数据结构。此题将5，4，3，2，1依次入栈，然后退栈一次，很显然这时退栈的是1，接着将A，B，C，D入栈，然后全部退栈，其栈中各元素的退栈顺序是 DCBA2345。所以最后出栈的顺序应该是1DCBA2345。

答案：1DCBA2345

【真题13】

解析：顺序存储方式主要用于线性的数据结构，它把逻辑上相邻的数据元素存储在物理上相邻的存储单元里，结点之间的关系由存储单元的邻接关系来体现。而链式存储结构的存储空间不一定是连续的。

链式结构的结点由两部分组成：一部分是数据信息；另一部分是地址域。因此在存储空间上要多于顺序存储所占用的空间。

答案：（C）

【真题14】

解析：数据的逻辑结构是指反映数据元素之间逻辑关系的数据结构。数据的逻辑结构在计算机存储空间中的存放形式称为数据的存储结构（也称数据的物理结构）。一般来说，一种数据的逻辑结构根据需要可以表示成多种存储结构，常用的存储结构有顺序、链接、索引等。

答案：（D）

【真题15】

解析：根据二叉树的性质，在任意二叉树中，度为 0 的结点（即叶子结点）总是比度为 2 的结点多一个。

答案：（A）

【真题16】

解析：在二叉树中，深度为 N 的满二叉树的叶子结点数目为 2(N–1)。

答案：16

【真题17】

解析：在二叉树中，叶子结点个数为 N0，则度为 2 的结点数 N2=N0–1。

本题中叶子结点的个数为 70，所以度为 2 的结点个数为 69，因而总结点数=叶子结点数+度为 1 的结点数+度为 2 的结点数=70+80+69=219。

答案：（C）

【真题18】

解析：在任意一棵二叉树中，度为 0 的结点(即叶子结点)总是比度为 2 的结点多一个。所以该二叉树的叶子结点数等于 n+1。

答案：（C）

【真题19】

解析：中序遍历是指先遍历左子树，然后访问根结点，最后遍历右子树；并且，在遍历左、右子树时，仍然先遍历左子树，然后访问根结点，最后遍历右子树。所以中序遍历的结果是 DBXEAYFZC。

答案：DBXEAYFZC

【真题20】

解析：假设度为 0 的节点用 N0 表示，度为 1 的节点用 N1 表示，度为 2 的节点用 N2 表示。其中度为 0 的结点数比度为 2 的结点数多 1 个，即 N0=N2+1。所以 N=N0+N1+ N2=(N2+1)+N1+N2=N1+2×N2+1=3+2×5+1=14。

答案：14

【真题21】

解析：计算一棵二叉树结点个数的公式为度为 2 的结点数*2+度为 1 的结点数*1+1。根据这个公式可以知道题目中描述的二叉树结点数为 25 个。

答案：25

习　题　15

【真题1】

解析：编译程序和汇编程序属于支撑软件，操作系统属于系统软件，而教务管理系统属于应用软件。

答案：（A）

【真题2】

解析：计算机软件是指计算机系统中与硬件相互依存的另一部分，是程序、数据与相关文档的完整集合。软件由两部分组成：一是机器可执行的程序和数据；二是机器不可执行的，与软件开发、运行、维护、使用等有关的文档。

答案：（B）

【真题3】

解析：只有操作系统是系统软件。

答案：（D）

【真题4】

解析：软件＝程序＋数据＋相关文档

答案：程序

【真题5】

解析：软件工程包括的3个要素是方法、工具和过程。方法是完成软件工程项目的技术手段；工具支持软件的开发、管理、文档生成；过程支持软件开发的各个环节的控制、管理。

答案：过程

【真题6】

解析：通常将软件产品从提出、实现、使用、维护到停止使用的过程称为软件生命周期。软件生命周期分为软件定义、软件开发和软件运行维护 3 个阶段。定义阶段包括可行性研究、初步项目计划和需求分析两个活动阶段；开发阶段包括概要设计、详细设计、编码实现、测试 4 个活动阶段；维护阶段包括使用、维护、退役 3 个活动阶段。

答案：开发

【真题7】

解析：在软件开发中遇到的问题找不到解决办法，使问题积累起来，形成了尖锐的矛盾，因而导致软件危机。软件危机表现在以下几个方面。

（1）经费预算经常超支，完成时间一再拖延。

（2）开发的软件不能满足用户要求。

（3）开发的软件可维护性差。

（4）开发的软件可靠性差。

（5）软件开发费用不断增加。

（6）软件开发生产效率低下。

答案：（C）

【真题8】

解析：软件生命周期是指从软件定义、开发、使用、维护到报废的整个过程。一般包括问题定义、可行性分析、需求分析、总体设计、详细设计、编码、测试和维护等阶段。

答案：（C）

【真题 9】

解析：数据流图是从数据传递和加工的角度，来刻画数据流从输入到输出的移动变换过程。其中，带箭头的线段表示数据流，沿箭头方向传递数据的通道，一般在旁边标注数据流名。

答案：（B）

【真题 10】

解析：在软件开发中，需求分析阶段常使用的工具有数据流图(DFD)、数据字典(DD)、判断树和判断表。

答案：（D）

【真题 11】

解析：数据字典(data dictionary，DD)的作用是对 DFD 中出现的被命名图形元素进行确切解释。通常数据字典包含的信息有名称、别名、何处使用、如何使用、内容描述、补充信息等。

答案：数据字典

【真题 12】

解析：数据流图(data flow diagram，DFD)用来描绘系统的逻辑模型，它以图形的方式描绘数据在系统中流动和处理的过程，反映系统必须完成的逻辑功能。DFD 是结构化分析的工具，结构化分析是需求分析的一种方法。

答案：（A）

习　题　16

【真题 1】

解析：数据库管理系统是运行在操作系统之上的支撑软件，是数据库系统的核心。

答案：（D）

【真题 2】

解析：数据库管理系统是数据库的结构，它是一种系统软件，负责数据库中数据组织、数据操纵、数据维护、控制及保护和数据服务等。数据库管理系统是数据库系统的核心。

答案：数据库管理

【真题 3】

解析：数据管理技术的发展经历了三个阶段：人工管理阶段、文件系统阶段和数据库系统阶段。人工管理阶段无共享，冗余度大；文件管理阶段共享性差，冗余度大；数据库系统管理阶段共享性大，冗余度小。

答案：（A）

【真题 4】

解析：在数据库管理系统提供的数据定义语言、数据操纵语言和数据控制语言中，数据定义语言负责数据的模式定义与数据的物理存取构建，数据操纵语言负责数据的操纵，包括查询及增、删、改等操作，数据控制语言负责数据完整性、安全性的定义与检查以及并发控制、恢复等功能。

答案：数据定义

【真题5】

解析：数据库系统由如下几个部分组成：数据库(数据)、数据库管理系统(软件)、数据库管理员(人员)、系统平台的硬件平台(硬件)、系统平台的软件平台(软件)。这五个部分构成了一个以数据库为核心的完整的运行实体，称为数据库系统。数据库技术的根本目的是要解决数据的共享问题。数据库中的数据具有"集成"、"共享"之特点，亦即数据库集中了各种应用的数据，进行统一地构造与存储，从而使它们可被不同应用程序所使用。数据库管理系统(DatabaseManagementSystem，简称DBMS)是一种系统软件，负责数据库中的数据组织、数据操作、数据维护、控制及保护和数据服务等，它是数据库系统的核心。

答案：（D）

【真题6】

解析：在数据库系统中，数据的物理结构必须与逻辑结构不一定是一致的。

答案：（C）

【真题7】

解析：数据库管理系统是一种系统软件，负责数据库中的数据组织、数据操纵、数据维护、控制及保护和数据服务等。数据库管理系统是数据库系统的核心。

答案：数据库管理系统

【真题8】

解析：数据库管理系统DBMS是数据库系统中实现各种数据管理功能的核心软件。它负责数据库中所有数据的存储、检索、修改以及安全保护等，数据库内的所有活动都是在其控制下进行的。所以，DBMS包含数据库DB。操作系统、数据库管理系统与应用程序在一定的硬件支持下就构成了数据库系统DBS。所以，DBS包含DBMS，也就包含DB。

答案：（A）

【真题9】

解析：数据库管理系统(DBMS)是整个数据库系统的核心，它对数据库中的数据进行管理，还在用户的个别应用与整体数据库之间起接口作用。

答案：（D）

【真题10】

解析：在数据库系统管理阶段，数据是结构化的，是面向系统的，数据的冗余度小，从而节省了数据的存储空间，也减少了对数据的存取时间，提高了访问效率，避免了数据的不一致性，同时提高了数据的可扩充性和数据应用的灵活性；数据具有独立性，通过系统提供的映像功能，使数据具有两方面的独立性：一是物理独立性，二是逻辑独立性；保证了数据的完整性、安全性和并发性。综上所述，数据独立性最高的阶段是数据库系统管理阶段。

答案：数据库系统

【真题 11】

解析：数据定义语言 DDL 的目的是进行模式定义和物理数据存取的构建。

答案：（C）

【真题 12】

解析：数据库产生的背景就是计算机的应用范围越来越广泛，数据量急剧增加，对数据共享的要求越来越高。共享的含义是多个用户、多种语言、多个应用程序相互覆盖地使用一些公用的数据集合。在这样的背景下，为了满足多用户、多应用共享数据的要求，就出现了数据库技术，以便对数据库进行管理。因此，数据库技术的根本目标就是解决数据的共享问题。

答案：（D）

【真题 13】

解析：本题考核数据库技术的根本目标，属于记忆性题目，很简单。数据库技术的根本目标就是要解决数据的共享问题。

答案：（C）

【真题 14】

解析：数据具有两方面的独立性：数据具有两方面的独立性：一是物理独立性，即由于数据的存储结构与逻辑结构之间由系统提供映射，使-15-得当数据的存储结构改变时，其逻辑结构可以不变，因此，基于逻辑结构的应用程序不必修改；二是逻辑独立性，即由于数据的局部逻辑结构(它是总体逻辑结构的一个子集，由具体的应用程序所确定，并且根据具体的需要可以作一定的修改)与总体逻辑结构之间也由系统提供映射，使得当总体逻辑结构改变时，其局部逻辑结构可以不变，从而根据局部逻辑结构编写的应用程序也可以不必修改。

答案：（B）

【真题 15】

解析：数据独立性分为逻辑独立性与物理独立性。当数据的存储结构改变时，其逻辑结构可以不变，因此，基于逻辑结构的应用程序不必修改，称为物理独立性。

答案：物理

【真题 16】

解析：本题主要考查数据库设计的三种模式。数据库设计的三种模式分别是内模式、概念模式(模式)和外模式。其中概念模式是对数据库中数据的整体逻辑结构和特征的描述，是对所有用户的数据进行综合抽象而得到的统一的全局数据视图；外模式是对各个用户或程序所涉及的数据的逻辑结构和数据特征的描述，是完全按用户自己对数据的需要，站在局部的角度进行设计的；内模式是对数据的内部表示或底层描述。

答案：（A）

【真题 17】

解析：在 E-R 图中，用矩形表示实体集，用椭圆形表示属性，用菱形(内部写上联系名)表示联系。

答案：（A）

【真题18】

解析：在 E-R 图中，用菱形框来表示实体之间的联系。矩形框表示实体集，椭圆形框表示属性。

答案：菱形

【真题19】

解析：将 E-R 图转换为关系模式时，实体和联系都可以表示为关系。

答案：（A）

【真题20】

解析：两个实体集间的联系可以有下面几种：一对一的联系、一对多或多对一联系、多对多。由于一个宿舍可以住多个学生，但一个学生只能住在一个宿舍，所以它们的联系是一对多联系。

答案：（D）

【真题21】

解析：矩形表示实体，椭圆形表示属性，菱形表示联系。

答案：实体

【真题22】

解析：E-R 图具有三个要素：①实体用矩形框表示，框内为实体名称。②属性用椭圆形来表示，并用线与实体连接。属性较多时也可以将实体及其属性单独列表。③实体间的联系用菱形框表示。用线将菱形框与实体相连，并在线上标注联系的类型。

答案：（A）

【真题23】

解析：在 E-R 图中，用三种图框分别表示实体、属性和实体之间的联系，其规定如下：用矩形框表示实体，框内标明实体名；用椭圆状框表示实体的属性，框内标明属性名；用菱形框表示实体间的联系，框内标明联系名。

答案：（C）

【真题24】

解析：元组分量的原子性是指二维表中元组的分量是不可分割的基本数据项。

答案：分量

【真题25】

解析：在关系数据库中，用关系来表示实体之间的联系。

答案：关系

【真题26】

解析：二维表中元组的分量是不可分割的基本数据项，这就是元组分量的原子性；二维表中元组的分量是不可分割的基本数据项，这就是元组分量的原子性；关系的框架称为关系模式；二维表中元组的分量是不可分割的基本数据项，这就是元组分量的原子性；

关系的框架称为关系模式；一个满足"元组个数有限性、元组的唯一性、元组的次序无关性、元组分量的原子性、属性名唯一性、属性的次序无关性、分量值域的同一性"7 个性质的二维表称为关系。

答案：（C）

【真题 27】

解析：关系是关系数据模型的核心。关系可以用一个表来直观地表示，表的每一列表示关系的一个属性，每一行表示一个记录。

答案：记录

【真题 28】

解析：在关系模型中，把数据看成一个二维表，每一个二维表称为一个关系。因此，本题的正确答案是关系。

答案：关系

【真题 29】

解析：在数据库系统中，由于采用的数据模型不同，相应的数据库管理系统(DBMS)也不同。目前常用的数据模型有三种：层次模型、网状模型和关系模型。在层次模型中，实体之间的联系是用树结构来表示的，其中实体集(记录型)是树中的结点，而树中各结点之间的连线表示它们之间的关系。

答案：（A）

【真题 30】

解析：在关系模型中，把数据看成一个二维表，每一个二维表称为一个关系。表中的每一列称为一个属性，相当于记录中的一个数据项，对属性的命名称为属性名表中的一行称为一个元组，相当于记录值。

答案：关系

【真题 31】

解析：学生与可选课程之间是多对多的关系。学生与可选课程之间是多对多的关系。一个学生可以选择多个"可选课程"，一个"可选课程"又可以有多个学生。所以为多对多的关系。

答案：多对多

【真题 32】

解析：本题考核实体集之间的联系。实体集之间的联系有三种：一对一、一对多和多对多。因为一类商品可以由多个顾客购买，而一个顾客可以购买多类商品，所以，"商品"与"顾客"两个实体集之间的联系一般是"多对多"。

答案：（B）

【真题 33】

解析：数据独立性分为逻辑独立性与物理独立性。当数据的存储结构改变时，其逻辑结构可以不变，因此，基于逻辑结构的应用程序不必修改，称为物理独立性。

答案：物理

【真题 34】

解析：层次模型、网状模型和关系模型是目前数据库中最常用的三种数据模型，划分它们的原则是数据之间的联系方式。层次模型用树型结构来表示各实体与实体间的联系；而网状模型用网状结构来表示各实体与实体间的联系；而关系模型用表格形式表示实体类型及其实体间的联系。

答案：（B）

【真题 35】

解析：此题所列联系同"课程与学生"之间联系是一样的，即一个工作人员可以使用多台计算机，而一台计算机可被多个人使用，则实体工作人员与实体计算机之间具有多对多联系。

答案：（A）

实验 1　VC++上机环境介绍、数据类型、运算符和表达式

1. 填空题

（1）1

（2）0，20

2. 改错题

（1）char c1，char c2

（2）int y，x= =y

3. 编程题

（1）
```
#indlude <stdio.h>
void main()
{
    float c;
    int h=89;
    c=5.0/9*(h-32);
    printf("%f",c);
}
```
（2）
```
#indlude <stdio.h>
void main()
{
    char E,e;
    scanf("%c",&E);
    e=E+32;
    printf("%c",e);
    printf("%c",e+1);
    printf("%c",e-1);
    printf("%d",e+1);
    printf("%d",e-1);
}
```

实验 2　顺序结构、选择结构程序设计

1. 填空题

（1）5,5,4

（2）2

（3）–1

2. 改错题

（1）变量定义 float x；输入函数格式改为%f；判断语句 else if(x>1&&x<10)

（2）leap 函数中增加 return isleap；leap 函数形式参数(int year)

（3）main 函数中增加函数声明 float max(int,int)；max 函数形式参数(float x,float y)；max 函数中增加 return z;

3. 编程题

（1）
```c
#include <stdio.h>
void main()
{
  float r,s,c;
  scanf("%f",&r);
  s= 3.14*r*r;
  c=2*3.14*r;
  printf("s=%f,c=%f\h",s,c);
}
```
（2）
```c
#include <stdio.h>
void main()
{
  int num,a,b,c,sum;
  printf("请输入一个三位数:");
  scanf("%d",&num);
  a=num/100;
  b=(num-a*100)/10;
  c=num-a*100-b*10;
  sum = a+b+c;
  printf("这个三位数各位之和为:%d\n",sum);
}
```
（3）
```c
#include <stdio.h>
void main()
{
  char ch;
  scanf("%c",&ch);
  ch=(ch>='A'&&ch<='Z')?ch+32:ch;
  printf("%c",ch);
}
```
（4）
```c
#include <stdio.h>
#include <math.h>
void main()
```

```
{
    float x,y;
    scanf("%f",&x);
    if(x<1)  y=x;
    else if(x>=1&&x<10)  y=2*x+1;
    else  y=abs(3*x-11);
    printf("%f",y);
}
```

（5）

```
#include <stdio.h>
void main()
{
    float grade;
    int x;
    scanf("%f",&grade);
    x=grade/10;
    switch(x)
    {
        case 10:
        case 9:printf("A\n");   break;
        case 8:printf("B\n");   break;
        case 7:printf("C\n");   break;
        case 6:printf("D\n");   break;
        default:printf("E\n");
    }
}
```

实验 3 循环控制

1. 填空题

（1）第 1 处答案：0；第 2 处答案：n；第 3 处答案：(t*t)

（2）第 1 处答案：999；第 2 处答案：t/10；第 3 处答案：x

2. 改错题

（1）① 错误：int fun(int m)

　　　正确：double fun(int m)

　　② 错误：for(i=1;i<m;i++)

　　　正确：for(i=2;i<=m;i++)

（2）① 错误：k++

　　　正确：k++;

　　② 错误：if(m=k)

　　　正确：if(m==k)

3. 编程题

（1）

```
double fun(int n)
{
    int i;
    double s;
```

```
    for(i=1;i<=n;i++)
    { s+=1.0/(i*(i+1));
    }
    return s;
}
```

（2）

```
double fun(int  n)
{
    int i;
    double s=0;
    for(i=1;i<n;i++)
    {
        if(i%3==0&&i%7==0)  s+=i;
    }
    return sqrt(s);
}
```

实验 4 数 组

1. 填空题

（1）第 1 处答案：sum+=x[i]；第 2 处答案：avg*1000；第 3 处答案：(avg+5)/10

（2）第 1 处答案："%d",&n；第 2 处答案：str2[i]=str1[i]；第 3 处答案：str2

2. 改错题

（1）① 错误：if((s[i]>= 'A'&&s[i]<= 'Z')&&(s[i]>= 'a'&&s[i]<= 'z'))

　　　正确：if((s[i]>= 'A'&&s[i]<= 'Z')||(s[i]>= 'a'&&s[i]<= 'z'))

　　② 错误：s[j]= "\0"；正确：s[j]='\0'；

（2）① 错误：for(j = 0; j < n−1; j++)；正确：for(j = 0; j < n − 1; j++)

　　② 错误：a[p]=t；正确：a[j]=t；

3. 编程题

```
fun (int a[][M])
{
    int i,j,min=a[0][0];
    for(i=0;i<4;i++)
    for(j=0;j
    if(min>a[i][j])
    min=a[i][j]; /*求出二维数组的最小值*/
    return min;
}
```

实验 5 函数、编译预处理

1. 填空题

（1）第 1 处答案：s=0；第 2 处答案：for(i=1; i<=n; i++)；第 3 处答案：s=s+(2.0*i-1)*(2.0*i+ 1)/(t*t)

（2）第 1 处答案：j；第 2 处答案：0；第 3 处答案：i++

2. 改错题

（1）① 错误：fun(int n)

正确：double fun(int n)

② 错误：s=s+1.0*a/b

正确：s=s+(double)a/b;

（2）① 错误：double fun(double a, double x0)

正确：double fun(double a, double x_0)

② 错误：if(fabs(x1-x0)>0.00001)

正确：if(fabs(x_1-x_0)>0.00001)

3. 编程题

（1）
```
int i,j,t;
for(i=p;i<=n-1;i++)  /*循环右移 n-p 次*/
{
    t=w[n-1];
    for(j=n-2;j>=0;j--)  /*实现循环右移*/
    w[j+1]=w[j];
    w[0]=t;
}
```

（2）
```
int i,j;
    for(i=0;i<M;i++)  b[i]=0;
    for(i=0;i<N;i++)
    {
        j=a[i]/10;
        if(j>10) b[M-1]++; else b[j]++;
    }
```

实验 6　地址和指针

1. 填空题

（1）1，3

（2）第 1 处答案：NODE * fun(NODE *h)；第 2 处答案：r=q–>next；第 3 处答案：q=r

2. 改错题

（1）① 错误：int fun(long s, long *t)

正确：void fun(long s, long *t)

② 错误：s=s%100;

正确：s=s/100;

（2）① p=h; 改为 p=h->next;

② p=h->next; 改为 p=p->next;

3. 编程题

```
int i,max;
max=s[0];
for(i=0;i<=t;i+t)
```

```
    if(s[i]>max)
      {
        max=s[i];
         *k=i;
      }
```

实验 7　字符与字符串

1. 填空题

（1）第 1 处答案："%s", str1；第 2 处答案：%c；第 3 处答案：str2

（2）第 1 处答案：alf[i]=0；第 2 处答案：*p+=32；第 3 处答案：p++

2. 改错题

（1）① 错误：void fun(char p)

　　　正确：void fun(char *p)

　　② 错误：p=q+i;

　　　正确：q=p+i;

（2）① 错误：if((s[i]>= 'A'&&s[i]<= 'Z')&&(s[i]>= 'a'&&s[i]<= 'z'))

　　　正确：if((s[i]>= 'A'&&s[i]<= 'Z')||(s[i]>= 'a'&&s[i]<= 'z'));

　　② 错误：s[j]= "\0";

　　　正确：s[j]= '\0';

3. 编程题

（1）

```
int i;
for(i=0;ss[i]!='';i++)  /*将 ss 所指字符串中所有下标为偶数位置的字母转换为小写*/
if(i%2==0&&ss[i]>='A'&&ss[i]<='Z')
ss[i]=ss[i]+32;
```

（2）

```
int i,j,d;
for(i=0;i< 100;i++)
b[i]=0;
for(i=0,d=0;i< M;i++)
for(j=0;a[i][j];j++)
b[d++]=a[i][j];
```

实验 8　结构体、共用体

1. 填空题

（1）第 1 处答案：struct student t；第 2 处答案：n–1；第 3 处答案：if (strcmp(a[i].name, a[j].name) > 0)

（2）

```
double min=h->s;
while(h!=NULL)           /*通过循环找到最低分数*/
{
    if(min>h->s)
    min=h->s;
```

```
    h=h->next;
}
return min;
```

2. 改错题

（1）　错误：t=(STU *)calloc(sizeof(STU),m)

　　　正确：t=(STU *)calloc(sizeof(STU),m);

（2）　错误：t(k)=b(j);

　　　正确：t[k]=b[j];

3. 编程题

（1）

```
int i,j;
strec t;
for(i=0;i<n-1;i++)
for(j=i;s<n;j++)
if(a.s<a[j].s =
{
t=a;
a=a[j];
a[j]=t;
}
```

（2）

```
double max;
STREC *q=h;
max=h->s;
do
{
if(q->s>max)
max=q->s;
q=q->next;
}
while(q!=0);
return max;
```

实验 9　位　运　算

1. 填空题

第 1 处答案：377；第 2 处答案：0177400；第 3 处答案：0

2. 改错题

（1）　错误：0x800

　　　正确：0x8000

（2）　错误：0

　　　正确：1

3. 编程题

（1）

```c
#include <stdio.h>
getbits(unsigned value, int n1, int n2)
{
    unsigned int z;
    z=~0;
    z=(z>>n1)&(z<<(16-n2));
    z=value&z;
    z=z>>(16-n2);
    return(z);
}
void main()
{
    unsigned  int a;
    int n1,n2;
    printf("input an octal  number:");
    scanf("%o",&a);
    printf("input n1,n2:");
    scanf("%d,%d",&n1,&n2);
    printf(« result :%o\n »,getbits(a,n1-1,n2));
}
```

（2）

```c
#include <conio.h>
#include <ctype.h>
#include <stdio.h>
#include <string.h>
void fun(char *p)
{
    int k=0;
    for( ; *fp;p++)
      if(k)
        {
            if(*p==' ')
                {
                    k=0;
                    *(p-1)=toupper(*(p-1));
                }
        }
      else

            k=1;
}
main()
{
    char chrstr[64];
    int d;
    printf("\nplease enter an english sentence within 63 letters:");
    gets(chrstr);
    d=strlen(chrstr);
    chrstr[d]=' ';
    chrstr[d+1]=0;
    printf("\n Before changing:\n  %s",chrstr);
    fun(chrstr);
    printf("\n after changing:\n  %s",chrstr);
}
```

实验 10 文 件

1. 填空题

第 1 处答案：*fp；第 2 处答案：32；第 3 处答案：str

2. 改错题

（1）For 应改为 for

（2）c[t]="\0"应改为 c[t]='\0'.

3. 编程题

（1）
```c
#include <stdio.h>
#include <stdlib.h>
#define N  5
typedef  struct
{ int num;
   char name[10];
   char tel[10];
}STYPE;
void check();
int  fun(STYPE  *std)
{
   FILE  *fp; int i;
   if((fp=fopen("jnmcncre.dat","wb"))= =NULL)
    return(0);
    prinft("\n output data to file !\n");
    for  (i=0;i<N;i++)
    fwrite(&std[i],sizeof(STYPE),1,fp);
    fclose(fp);
    return (1)
  }
  main()
  {
     STYPE S[10]={{1,"aaaaa","111111"},
                  {2,"bbbbb","222222"},
                  {3,"cccccc","333333"},
                  {4,"dddddd","444444"},
                  {5,"eeeeee","555555"}};
     int  k;
     k=fun(s);
     if (k==1)
       {printf("succeed!");check( );}
     else
       printf("fail!");
  }
     void  check()
      { FILE  *fp; int i;
        STYPE  s[10];
        if ((fp=fopen("jnmcncre.dat","rb"))= =NULL)
         {printf("Fail!!\n");exit(0);}
          printf("\nread  file and output to screen:\n");
          printf("\n num   name    tel\n");
```

```
            for (i=0;i<N;i++)
             { fread(&s[i],sizeof(STYPE),1,fp);
                printf("%6d  %s   %s\n",s[i].num,s[i].name,s[i].tel);
             }
            fclose(fp);
        }
```

（2）
```
#include <math.h>
#include <stdio.h>
 int fun(char *fname)
 {
 FILE *fp; int i,n; float x;
   if((fp=fopen(fname,"w"))==NULL) return 0;
   for(i=1;i<=10;i++)
       fprintf(fp,"%d %f\n",i,sqrt((double)i));
   printf("nsucceed!\n");
   fclose(fp);
   printf("\nthe data in file :\n");
   if((fp=fopen(fname,"r"))==NULL)
       return 0;
   fscanf(fp,"%d%f",&n,&x);
   while(!feof(fp))
     {
      printf("%d %f\n",n,x);
      fscanf(fp,"%d%f",&n,&x);}
      fclose(fp);
      return 1;
     }
    main()
    {
    char fname[]="mycfile.txt";
       fun(fname);
    }
   }
```

参 考 文 献

甘玲，刘达明，张虹. 2012. 解析 C 程序设计. 2 版. 北京: 清华大学出版社.

郭来德，常东超，吕宝志，等. 2012. 新编 C 程序设计. 北京: 清华大学出版社.

蒋清明. 2005. C 语言程序设计. 北京: 人民邮电出版社.

教育部考试中心. 2012. 全国计算机等级考试二级教程——C 语言程序设计（2012 年版）. 北京: 高等
  教育出版社.

孔浩，张华杰，陈猛. 2011. C 指针编程之道. 北京: 人民邮电出版社.

郎六琪. 2012. 国家计算机等级考试二级机试试题——C 语言程序设计百签题解. 长春: 吉林大学出版社

李瑞，徐克圣，刘月凡，等. 2011. C 程序设计基础. 2 版. 北京: 清华大学出版社.

李胜. 2009. 全国计算机等级考试考纲·考点·考题透解与模拟（2010 版）——二级 C 语言. 北京: 清华大
  学出版社.

戚桂杰，姚云鸿. 2008. 程序设计基础与数据结构. 北京: 清华大学出版社.

任文，孔庆彦. 2009. C 语言程序设计. 北京: 机械工业出版社.

孙燮华. 2011. C 程序设计导引. 北京: 清华大学出版社.

谭浩强. 2007. C 程序设计. 3 版. 北京: 清华大学出版社.

田淑清. 2012. 全国计算机等级考试二级教程——C 语言程序设计. 北京: 高等教育出版社.

王婧，刘福荣. 2009. C 程序设计. 北京: 电子工业出版社.

许勇. 2006. C 语言程序设计教程. 2 版. 北京: 清华大学出版社.

占跃华. 2008. C 语言程序设计. 北京: 北京邮电大学出版社.

张磊. 2012. C 语言程序设计. 3 版. 北京: 清华大学出版社.

附录 I   C 语言常用字符与 ASCII 码对照表

ASCII 码	控制字符	ASCII 码	控制字符	ASCII 码	控制字符	ASCII 码	控制字符
0	NUT	32	(space)	64	@	96	、
1	SOH	33	!	65	A	97	a
2	STX	34	"	66	B	98	b
3	ETX	35	#	67	C	99	c
4	EOT	36	$	68	D	100	d
5	ENQ	37	%	69	E	101	e
6	ACK	38	&	70	F	102	f
7	BEL	39	,	71	G	103	g
8	BS	40	(	72	H	104	h
9	HT	41	)	73	I	105	i
10	LF	42	*	74	J	106	j
11	VT	43	+	75	K	107	k
12	FF	44	,	76	L	108	l
13	CR	45	-	77	M	109	m
14	SO	46	.	78	N	110	n
15	SI	47	/	79	O	111	o
16	DLE	48	0	80	P	112	p
17	DCI	49	1	81	Q	113	q
18	DC2	50	2	82	R	114	r
19	DC3	51	3	83	X	115	s
20	DC4	52	4	84	T	116	t
21	NAK	53	5	85	U	117	u
22	SYN	54	6	86	V	118	v
23	TB	55	7	87	W	119	w
24	CAN	56	8	88	X	120	x
25	EM	57	9	89	Y	121	y
26	SUB	58	:	90	Z	122	z
27	ESC	59	;	91	[	123	{
28	FS	60	<	92	/	124		
29	GS	61	=	93	]	125	}
30	RS	62	>	94	^	126	~
31	US	63	?	95	—	127	DEL

附录 II 常用 C 语言标准库函数

每一种 C 语言编译系统都提供了众多的预定义库函数。用户在编写程序时，可以直接调用这些库函数。本书从 ANSI C 标准建议提供的库函数中选择了初学者常用的一些库函数，简单介绍了各函数的用法和所在的头文件。

II.1 数 学 函 数

头文件：math.h

abs
　　　　原型：int abs（int i）
　　　　功能：返回整数型参数 i 的绝对值

acos
　　　　原型：double acos（double x）
　　　　功能：返回双精度参数 x 的反余弦三角函数值

asin
　　　　原型：double asin（double x）
　　　　功能：返回双精度参数 x 的反正弦三角函数值

atan
　　　　原型：double atan（double x）
　　　　功能：返回双精度参数的反正切三角函数值

ceil
　　　　原型：double ceil（double x）
　　　　功能：返回不小于参数 x 的最小整数

cos
　　　　原型：double cos（double x）
　　　　功能：返回参数 x 的余弦函数值

cosh
　　　　原型：double cosh（double x）
　　　　功能：返回参数的双曲线余弦函数值

exp
　　　　原型：double exp（double x）
　　　　功能：返回参数 x 的指数函数值

fabs
　　　　原型：double fabs（double x）
　　　　功能：返回参数 x 的绝对值

floor
　　　　原型：double floor（double x）

功能：返回不大于参数 x 的最大整数

fmod

原型：double fmod（double x，double y）

功能：计算 x/y 的余数。返回值为所求的余数值

log

原型：double log（double x）

功能：返回参数 x 的自然对数（ln x）的值

log10

原型：double log10（double x）

功能：返回参数 x 以 10 为底的自然对数（lg x）的值

pow

原型：double pow（double x，double y）

功能：返回计算 xy 的值

rand

原型：int rand（void）

功能：随机函数，返回一个范围在 0~215-1 的随机整数

sin

原型：double sin（double x）

功能：返回参数 x 的正弦函数值

sqrt

原型：double sqrt

功能：返回参数 x 的平方根值

tan

原型：dounle tan（double x）

功能：返回参数 x 的正切函数值

II.2　字符串函数

头文件：string.h

strcat

原型：char*strcat（char * destin，const char * source）

功能：把串 source 复制链接到串 destin 后面（串合并）。返回值为指向 destin 的指针

strchr

原型：char*strchr（char * str，char c）

功能：查找串 str 中某给定字符（c 中的值）第一次出现的位置：返回值为 NULL 时表示没有找到

strcmp

原型：int strcmp（char * str1，char * str2）

功能：把串 str1 与另一个串 str2 进行比较。当两字符串相等时，函数返回 0；str1<str2 返回负值；str1>str2 返回正值

strcpy

　　　　原型：int*strcpy（char * str1，char * str2）

　　　　功能：把 str2 串复制到 str1 串变量中。函数返回指向 str1 的指针

strcspn

　　　　原型：int strcspn（char * str1，* str2）

　　　　功能：查找 str1 串中第一个出现在串 str2 中的字符的位置。函数返回该指针
　　　　　　　位置

strdup

　　　　原型：char * strdup（char * str）

　　　　功能：分配存储空间，并将串 str 复制到该空间。返回值为指向该复制串的指针

stricmp

　　　　原型：int stricmp（chat * str1，char * str2）

　　　　功能：将串 str1 与另一个串 str2 进行比较，不分字母大小写。返回值同 strcmp

strlen

　　　　原型：unsigned strlen（char * str）

　　　　功能：计算 str 串的长度。函数返回串长度值

strlwr

　　　　原型：char*strlwr（char * str）

　　　　功能：转换 str 串中的大写字母为小写字母

strstr

　　　　原型：char*strstr（char * str1，char * str2）

　　　　功能：查找串 str2 在串 str1 中首次出现的位置。返回指向该位置的指针。找
　　　　　　　不到匹配则返回空指针

II.3　输入/输出函数

头文件：stdio.h

fclose

　　　　原型：int fclose（FILE * stream）

　　　　功能：关闭一个流。stream 为流指针；返回 EOF 时，表示出错

fcloseall

　　　　原型：int fcloseall（void）

　　　　功能：关闭所有打开的流。返回 EOF 时，表示出错

feof

　　　　原型：int feof（FILE * stream）

　　　　功能：检测流上文件的结束标志。返回非 0 值时，表示文件结束

ferror

　　　　原型：int ferror（FILE * stream）

　　　　功能：检测流上的错误。返回 0 时，表示无错

fgetc

　　　　原型：int fgect（FILE * stream）

　　　　功能：从流中读一个字符。返回 EOF 时，表示出错或文件结束。

fgetchar

原型：int fgechar（void）

功能：从 stdin 中读取字符。返回 EOF 时，表示出错或文件结束

fgets

原型：char*fgets（char * string, int n, FILE * stream）

功能：从流中读取一字符串。string 为存串变量；n 为读取字节个数；stream 为流指针；返回 EOF 时，表示出错或文件结束。

fopen

原型：FILE*fopen（char*filename, char*type）

功能：打开一个流。filename 为文件名；type 为允许访问方式；返回指向打开文件夹的指针。

fprintf

原型：int fprintf（FILE*stream, char*format[, argument, …]）

功能：传送格式化输出到一个流。strem 为流指针；format 为格式串；argument 为输出参数

fputc

原型：int fpuct（int ch, FILE*stream）

功能：送一个字符到一个流中。ch 为被写字符；stream 为流指针；返回被写字符。返回 EOF 时，表示可能出错

fputchar

原型：int fputchar（char ch）

功能：送一个字符到标准的输出（stdout）流中。ch 为被写字符；返回被写字符。返回 EOF 时，表示可能出错

fputs

原型：int fputs（char*string, FILE*stream）

功能：送一个字符串到流中，string 为被写字符串；stream 为流指针；返回值为 0 时，表示成功

fread

原型：int fread（void*ptr, int size, int nitems, FILE*stream）

功能：从一个流中读数据，ptr 为数据存储缓冲区；size 为数据项大小（单位是字节）；nitems 为读入数据项的个数；stream 为流指针；返回实际读入的数据项个数

fscanf

原型：int fscanf（FILE*stream, char*format[, argument, …]）

功能：从一个流中执行格式化输入。stream 为流指针；format 为格式串；argument 为输入参数

fwrite

原型：int fwrite（void*ptr, int size, int nitems, FILE*stream）

功能：写内容到流中。ptr 为被写出的数据存储缓冲区；size 为数据项大小（单位是字节）；nitems 为写出的数据项个数；stream 为流指针。返回值为实数写出的完整数据项个数

getc
　　　原型：int getc（FILE*stream）
　　　功能：从流中取字符。stream 为流指针；返回所读入的字符
printf
　　　原型：int printf（char*format[，argument]）
　　　功能：从标准输出设备上格式化输出。format 为格式串；argument 为输出参数
putc
　　　原型：int putc（int ch，FILE*stream）
　　　功能：输出字符到流中。ch 为被输出的字符；stream 为流指针；函数返回被
　　　　　　输出的字符
remove
　　　原型：int remove（char*filename）
　　　功能：删除一个文件。filename 为被删除的文件名；返回–1 时，表示出错
rename
　　　原型：int rename（char*oldname，char*newname）
　　　功能：改文件名。Oldname 为旧名；newname 为新名；返回值为 0，表示成功